桑树实用栽培技术

朱方容　李　标　主编

广西科学技术出版社

图书在版编目（CIP）数据

桑树实用栽培技术 / 朱方容，李标主编 . —南宁：广西科学技术出版社，2021.7（2023.12 重印）

ISBN 978-7-5551-1618-9

Ⅰ. ①桑… Ⅱ. ①朱… ②李… Ⅲ. ①桑树—栽培技术 Ⅳ. ① S888.4

中国版本图书馆 CIP 数据核字（2021）第 124959 号

SANGSHU SHIYONG ZAIPEI JISHU

桑树实用栽培技术

朱方容　李　标　主编

组　　稿：池庆松　　　　装帧设计：韦娇林
责任编辑：丘　平　　　　责任印制：韦文印
责任校对：吴书丽

出 版 人：卢培钊
出版发行：广西科学技术出版社
社　　址：广西南宁市东葛路 66 号　　　　邮政编码：530023
网　　址：http://www.gxkjs.com

经　　销：全国各地新华书店
印　　刷：北京虎彩文化传播有限公司

开　　本：889 mm × 1194 mm　1/16
字　　数：480 千字　　　　印　　张：19.75
版　　次：2021 年 7 月第 1 版
印　　次：2023 年 12 月第 2 次印刷
书　　号：ISBN 978-7-5551-1618-9
定　　价：148.00 元

《桑树实用栽培技术》编委会

主　　编　朱方容　李　标

副 主 编　韦　伟　林　强　邱长玉　黄景滩

审　　稿　何　彬　罗　坚

编写人员　（按姓氏笔画排序）

韦　伟　卢　德　朱方容　朱光书　刘　丹　李　乙　李　标
李　韬　肖丽萍　邱长玉　何　骥　张朝华　林　强　施祖珍
聂良文　唐燕梅　黄　艺　黄景滩　曾燕蓉　蓝必忠　虞崇江
潘启寿

前　言

中华民族种桑养蚕迄今已6000多年，自从秦始皇打通灵渠使长江水系与珠江水系连通后，北方的文化、技术、衣服、食物也传到南方。种桑养蚕就是这个时候传到南方的，从北方到长江水系的湘江，过灵渠，到珠江水系的漓江，到梧州，经北流江到玉林，过鬼门关到南流江，最后到达出海通道——北海合浦。现如今，珠江流域（广东、广西）的蚕茧产量多于长江流域和黄河流域，仅广西的蚕茧产量就占全国总产量的50%。

由于珠江流域（广东、广西）与长江流域、黄河流域气候差别大，各地形成的桑树栽培技术有差异。到2015年，各省（自治区、直辖市）和全国审定（登记）的桑品种共有116个，其中适应珠江流域（广东、广西）的有21个，适应长江流域的有60多个，适应黄河流域的有30多个。珠江流域（广东、广西）的桑品种发芽早，约在1月上旬前发芽，3月可用桑叶养蚕。北方的桑品种耐寒，可在零下20摄氏度的环境下种植。北方的桑品种冬天处于休眠状态而耐寒，如果提前发芽，一旦遇到寒潮就会被冻死，因此耐寒品种都较晚发芽。

在桑树良种繁育方面，珠江流域（广东、广西）地区习惯采用种子繁育，当年播种当年可出圃，用直播成园形式或埋条成园形式当年就可成园采叶养蚕。研究表明，在赤道附近的桑树很容易发根长成植株。长江流域和黄河流域的很多地方习惯嫁接繁育桑树良种，嫁接后要苗木生长粗大、充分木质化才能出圃，这样苗木才能耐寒耐存放。苗木没有木质化很难种活，然而这样培育的苗木成本高，不适宜密植。珠江流域（广东、广西）地区的桑树良种大多用种子繁育，苗价低，高度密植5 000～8 000株/亩，苗木成本不高。嫁接桑树一般也会争取当年成园。近年，在珠江流域地区甚至有经营者专卖嫁接体，而不是嫁接苗。

实际上桑树的建园有几种形式，传统的为大苗建园，即种植商品桑苗。桑苗有实生苗（用种子繁育的）、嫁接苗和插条苗（数量不多），也有用种子或枝条直接成园的，成本比种实生苗还要低。食用桑园主要是种植可供人食用的桑品种，为了确保品种纯正，一般种嫁接苗。

桑园农事活动，各地有较大差别。南方春来早，2月的南方桑园已绿，进入桑园管理期。这时候北方可能还在下雪，桑树还不萌芽。近年来，桑树菌核病在各地时有发生，为了防治该病，很多地方需要在春季做预防工作。桑树菌核病感染时期是在菌核子囊孢子能接触到未谢桑花的时候，但在四川省凉山彝族自治州却无菌核病的影子，因为那里从春节到“五一”期间都不下雨，桑树发芽、开花时没有菌核发芽的环境和气候条件。在北方，桑树发芽晚，生长时间较短，桑园不需要夏伐降枝，但长江流域地区习惯养一造蚕后要夏伐降枝。珠江流域（广东、广西）地区7月夏伐，养蚕可到11月。桑园施肥标准是一样的，采叶、留叶因养蚕批次不同而有所不同。

桑树收获主要为摘叶片和采剪条桑。在广西平果县桑树大多种植在石山坡，那里的农户喜欢用条桑养蚕，近年来，5龄末期的蚕改为用机械切碎后的条桑喂养，解决熟蚕不上方格簇的问题；山东省应用收割机到桑园收获条桑，解决收割、打捆、运输的问题。桑园养蚕的目标是生产桑叶养蚕。日本在20世纪已经解决了条桑养蚕的机械化问题，但是日本蚕业还是衰退了，主要原因是投入大产出少。目前，中国农村的土地租赁费用并不便宜，提高单位面积效益是蚕桑可持续发展的必由之路。

养蚕桑园生产的目的是养蚕产茧，制种桑园生产的目的是养蚕制种。如果蚕吃了桑园的桑叶就死亡或发病，就不能评价桑叶质量是好的，叶质的好坏最后是由目标产物决定的。首先，桑叶不要被有毒有害物污染，即为稳产；其次，桑叶要“好吃又有营养”，即为高产。影响桑叶品质的主要因素是外因。桑园所处的区域生态环境优良，没有受到污染，没有病虫灾害，就为稳产打下基础。

食用桑的要求要高一些，有一定的标准。桑叶、桑果既是药品也是食品。食用桑的质量标准要高于养蚕桑。首先，食用桑养蚕要安全，其次，食用桑作为食品要有实际价值。例如，桑果园能产桑果，桑果能鲜食或制作成饮料。

日本的农业机械是世界较优秀的，不仅小型化，而且因地制宜很实用。中国农业机械正在向5G、数字化、智能化的方向发展，但在桑园研究和应用方面不多。例如，采叶助力器、采叶机器人没有开展研究应用；效仿机械收获樱桃果、桑果的机械也没有开展研究应用。

本书为广西科学技术厅公益性科技项目资助，图片、文字少量来源于网络。本书的编写得到了国家蚕桑产业技术体系岗位科学家、站长，以及向仲怀院士团队和有关专家的帮助，还得到了广西科学技术厅、广西农业农村厅相关处室及直属单位的大力支持和协助，对提供建议、帮助的领导、专家和单位（部门），在此一并表示衷心感谢！限于编写人员水平，本书难免存在不足之处，敬请广大读者批评指正。

编者

2021年5月

目　录

第一章　桑树的生物学基础

桑树是多年生木本植物，由根、茎、叶、花、果实、种子等器官构成（见图1–1），各个器官具有不同的形态特征和生理功能，在一定的生长条件下，相互影响，相互制约，共同进行生命活动。外界条件的变化、肥培管理和剪伐方法的不同，都能在桑树的形态特征上得到反映。桑树各器官形态特征的变化有一定的规律，可从外部形态的变化来判断生理上的变化和桑叶品质的优劣。在桑树品种鉴别上，在选种及良种繁育工作中，研究桑树的形态特征也具有重要意义。为了使桑树的生长发育向人们所要求的方向发展，必须了解桑树各器官的结构、机能及其相互之间的关系，只有了解桑树各器官的形态结构和生理功能及其与环境条件的关系，才能在桑树栽植过程中，采取合理的技术措施，改善桑树的生长条件，满足桑树生长发育的需要，从而达到桑叶优质高产的目的。另外，熟悉桑树的形态结构，是鉴定识别桑树品种和选育品种的主要依据。

图1–1　桑树的主要器官（朱方容提供）

第一节　桑树的器官

桑树是多年生木本植物，由根、茎、芽、叶、花、果等器官组成。研究桑树各器官的形态结构和生长规律，对桑树栽培具有重要意义。

一、根

根是桑树的地下部分，是重要的营养器官之一。根的主要功能是从土壤中吸取水分、CO_2和无机盐类，供应地上部分生长发育的需要，同时还有贮藏有机物质、合成多种有机化合物和固定支持树体等作用。由于桑树体内的很多代谢活动由根系决定，因此，根系发育的好坏直接影响地上部分的长势，强壮的根系能促进地上部分健壮生长。在桑园管理中，通过耕耘、灌溉、施肥等措施改善土壤。了解根系的生长特点，对改进栽培技术、创造根系生长的有利条件具有重要意义。

桑树与其他植物一样，种子萌发时，胚根最先突破种皮，向下生长，发育成粗壮的主根。主根生长到一定长度，在一定部位上从内部侧向生出许多支根，称为侧根。侧根按发生的次序不同，又分一级侧根、二级侧根、三级侧根等。即在主根上直接发生的侧根称为一级侧根，一级侧根上再发生的根称为二级侧根，以此类推。主根和侧根上着生的直径为 1 mm 以下的细根，统称为须根。须根的数量很多，一般寿命较短，大部分须根在营养生长末期死亡，未死亡的须根发育成骨干根。实生苗由主根、侧根和须根组成根系，排列比较匀称。压条苗和扦插苗的根叫作不定根，由种子发育而来的根叫作定根。

桑根的颜色为鲜黄色，幼根色淡，老根色深。桑根的表面分布着较大的横向隆起的皮孔。皮孔内有时含有紫色填充细胞，易被误认为紫纹羽病。根与茎的交界处称为根颈。

（一）根的构造

1. 根尖

须根的尖端部分叫作根尖，一般长 1 ～ 3 mm，呈乳白色。观察根尖的纵切面，自尖端向后，可以分为根冠、生长点、伸长区和根毛区 4 个部分。各部分的细胞形态构造以及生理机能各有不同，各区之间没有严格的界限，而是逐渐过渡的。

2. 根冠

根冠位于根尖的顶端，是薄壁细胞组织，类似一个帽状结构，其作用是保护幼根伸入土壤时，不被坚硬的土粒所损伤。当根在土壤中生长时，根冠的细胞不断遭到摩擦破坏而脱落。由于根冠能得到生长点产生新细胞的补充，因而能维持一定的形状。根冠常分泌黏液，使根容易伸入土壤之中（见图 1–2）。

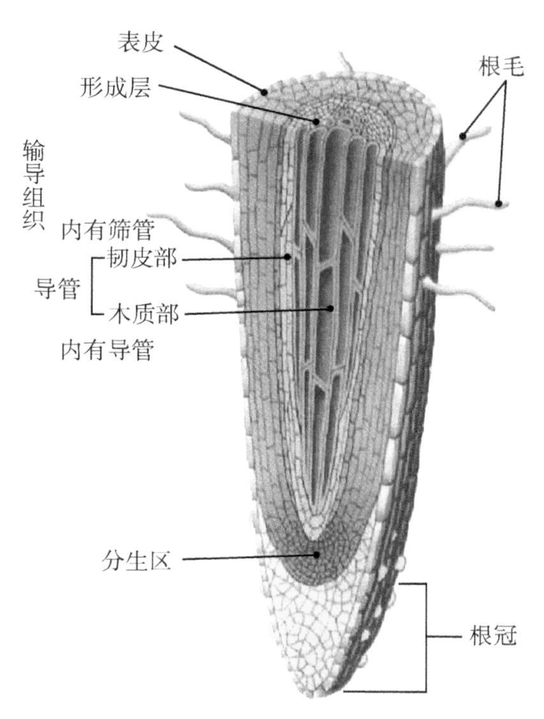

图 1-2　桑树根的构造

3. 生长点

生长点位于根冠的后面，属于分生组织。这部分细胞能不断分裂，产生新细胞，向前补充根冠所损失的细胞，向后增加到伸长区。

4. 伸长区

伸长区位于生长点后面。这部分细胞已逐渐失去分生能力。这时细胞内出现较大的液泡，细胞体积逐渐增大。但长度的增加远远超过宽度的增加，同时根内各种组织已开始分化。这一部分细胞的剧烈延长和生长点新细胞的补充，使根部在土壤中不断向前延伸。

5. 根毛区

根毛区紧接在伸长区的后面，这部分细胞不再延长，已经分化为各种组织。它的特点是最外层的部分细胞的细胞壁能向外突起形成管状的根毛。根毛区是进行吸收、输导等生理活动的重要部位。根毛能分泌酸类，使土壤中不易溶解的无机盐类变成溶解状态，以利根系吸收。根毛的生活时间很短，少则几天，多则十多天。随着根尖的伸长，老根毛逐渐死亡，在伸长区的上部，又逐渐形成新的根毛来补充。因此，根毛区随着根的生长而不断在土壤中移动，从而增加了吸水、吸肥效率。

由于根毛细胞液浓度往往大于土壤溶液浓度，因而土壤中的水分向根毛渗透而被吸收。如果土壤溶液浓度大于根毛细胞液浓度，就会阻碍根毛吸收水分，甚至使根毛枯死。根毛很敏感，易受外界环境的影响，例如桑树夏伐，根毛就会枯萎，等到重新抽芽时，又长出新的根毛，这是桑树生理上的适应性。

主根、侧根和须根构成桑树的根系。侧根在土壤中的伸展方向因分布地位而不同，一般愈接近地面的侧根，愈呈水平状生长，这种根称为水平根。水平根发达，能大量吸收上层肥沃土壤中的养分，从而保证和加强桑树的营养供应。着生在下部的侧根，离地面愈远的愈向直下方或斜下方生长，使根系向深处发展，这样就能吸收和利用土壤深处的水分和养分。在土壤水分较少的地区，这种根比较发达，对增强桑树抗旱性有一定的作用。

（1）根的初生结构。

在根毛区的横切面上，可以看到根由表皮、皮层和中柱3部分组成。这些部分是由根的初生分生组织所产生，所以叫作初生结构。

①表皮。

表皮是根最外面的一层细胞，这层细胞的细胞壁很薄。很多细胞的外壁突起，形成根毛。表皮细胞没有角质层，所以水分和无机盐类很容易透过。

②皮层。

表皮以内的部分为皮层，由许多薄壁细胞组成。皮层最外面一层的细胞排列紧密，当表皮死亡后，这层细胞外壁木栓化代替了表皮，起保护作用。皮层中部的细胞排列疏松，有较大的细胞间隙。根毛吸收的水分和无机盐类是通过这些细胞进入中柱的。皮层的最里面一层叫作内皮层，这层细胞排列紧密，无细胞间隙，是水分和无机盐类进入中柱的必经之路。皮层同时又是营养物质的贮藏场所。

③中柱。

皮层以内的部分叫作中柱，由中柱鞘、木质部和韧皮部及薄壁细胞组成。中柱鞘由多层细胞构成，位于中柱的最外层，排列成环状，这些细胞具有潜在的分生能力，在根的加粗生长中，部分中柱鞘细胞可以转变为形成层，侧根就是由中柱鞘的一些细胞转变成分生组织，穿过皮层而形成的。

木质部位于根的中心，排列成两束，为二原型木质部，是水分和无机盐类运输的通道。韧皮部和木质部是相间排列的，中间有薄壁细胞相隔。韧皮部是运输有机物质的通道。因为木质部和韧皮部是由初生分生组织所产生，所以叫作初生木质部和初生韧皮部。

（2）根的次生构造。

根毛区以上的部分，是由次生分生组织产生和分裂形成的新的组织，使根能加粗生长。由次生分生组织分生出来的组织所形成的构造，叫作次生构造。根的增粗是形成层和木栓形成层分裂的结果。

根部形成层的产生，首先是韧皮部内侧的薄壁组织转变成分生组织而产生形成层。当形成层分裂时，向内形成次生木质部（次生木质部由导管、管胞、木纤维和木薄壁细胞组成），向外形成次生韧皮部（次生韧皮部由筛管、伴胞、韧皮纤维、韧皮薄壁细胞及乳汁管组成）。随着形成层的活动，还可在木质部和韧皮部内产生很多射线。射线由薄壁细胞组成，具有执行物质的横向运输和贮藏养分的功能。

在形成层活动的同时，中柱鞘的薄壁细胞也渐渐变成分生组织，它能向外产生木栓层，向内产生栓内层，这种分生组织叫作木栓形成层。木栓层不透水不透气，所以当木栓层形成后，中柱鞘以外的皮层和表皮等逐渐死亡脱落，由木栓层代替表皮起保护作用。

（3）侧根的形成。

在根的生长过程中，根尖的根毛区和老根都能产生新的侧根，不断扩大根系的分布，增加根的吸收面积。从根毛区产生的侧根叫作定根，从老根上产生的侧根叫作不定根。

（二）根系的分布

桑树根系在土壤中的分布情况往往因树龄、树型、土壤和肥培管理条件的不同而有显著的差异（见图 1–3）。根系的分布面积通常大于树冠的面积。桑树定植以后，桑根的分布随着树龄的增长、树冠的增大而不断扩展，到达一定树龄后逐渐减慢扩展，保持着较稳定状态。栽培的桑树，由于人工修剪为高干、中干、低干等不同树型，随着树型的改变，根系的分布也相应地发生变化，从而影响了根系在土壤中的分布。低干桑的根系分布范围比高干桑小得多。

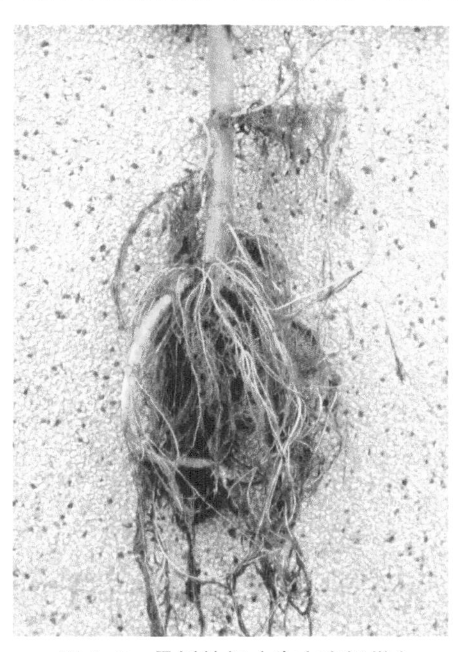

图 1–3　桑树的根（朱方容提供）

同树龄、同树型的桑树根系分布情况因土壤条件而有不同。一般在土壤结构良好，土层深厚，地下水位较低，土壤排水通气良好的情况下，根系发达。例如，河堤土质疏松，桑树根系能深入土中 3 ～ 4 m，根系分布范围大；相反，在土质黏重，土壤结构紧密，空气流通较差或地下水位太高，桑园容易积水的情况下，根系生长常常受到抑制，故根系分布范围小。土层深厚，心土疏松，根系深入土中；反之，土层薄，下面有岩盘层的，根系常常被限制在岩盘层以上，因此分布浅。地下水位的高低也能影响桑树根系的分布，山地及丘陵地带的桑树，由于地下水位低，根系分布深。

根系分布的深浅对地上部分枝叶的生长有很大的影响。一般扎根深的桑树，枝叶生长旺盛，对干旱的抵抗力也强。因此，栽桑土地要求土层深厚，地下水位较低。在土层薄或地下水位高的土地栽桑，应采取深翻或降低地下水位等措施。

耕作也能影响根系的分布。一般浅耕或少耕的桑园，根系大多分布在表土层；深耕的桑园，根系向深处发展。特别是栽植前深耕和施基肥，能改善下层土壤的性状，为以后桑树根系向深层发展创造有利条件。

桑园翻耕时常会切断部分根系。桑树的根有较强的再生力，少量断根，对桑树无害，但断根过多，会减弱桑树的吸收能力，对桑树生长不利。断根对桑树的影响程度，因翻耕时期和树龄大小而不同。冬季断根对桑树影响小，夏秋季断根影响大；成年树断根影响小，幼年树断根影响大。所以在决定翻耕深度时，应依照桑树根系的分布深浅、树龄大小及翻耕时期等情况灵活掌握。

桑树的地上部分同地下部分有着密切的相互关系，两者之间保持着一定的平衡状态。培养桑树具有强大的根系，使根系向深处和四周发展，扩大它的吸收面积，对地上部分的枝叶生长具有重要作用。在桑树栽培实践中，必须了解桑树根系生长的情况，采取各种农业技术措施，如深翻土壤，增施肥料，改良土壤的理化性质等，以促使根系发达，为桑叶丰产打下基础。

二、茎

茎是桑树的营养器官之一，是组成地上部分的枝干，包括树干、枝条和芽 3 部分（见图 1–4）。树干和枝条具有运输物质、支持叶片和贮藏养分的功能。

图 1–4　桑树的茎（朱方容提供）

枝条和根一样能够伸长和增粗，但它们的生长分化和内部构造有一定的差异。枝条顶端有生长点，在生长期间不断进行细胞分裂，产生新细胞。新细胞经过不断的生长分化，形成茎的各种构造。加长生长形成初生构造，加粗生长形成次生构造，在一年内完成一个生长周期。

1. 树干、枝条的性状

树干有主干、支干之分。桑树每年都要剪伐，枝条大部分是一年生的。枝条姿态有直立型、开展型、下垂型。生产上一般采用直立型、开展型枝条，有利于密植和机械操作管理。枝条的长短粗细与桑树品种及桑叶产量有密切关系。

桑树枝条生长的初期为绿色，随后逐渐转变成赤褐色或黄褐色、灰白色等。一年生成熟枝条的皮色是鉴定桑树品种的依据之一。

枝条表皮上的气孔发育为皮孔，是枝条与外界环境进行气体交换的通道。皮孔色泽由幼嫩时的白色逐渐变成黄色，最后变成褐色。单位面积皮孔的多少因桑树的品种不同而各异。皮孔有圆形、椭圆形、纺锤形等。皮孔色泽的变化与相应叶位叶片的成熟度有一定的相关性。

冬季桑叶脱落后枝条上留下凹陷的痕迹叫叶痕。叶痕的大小、形状与桑树品种有关。叶痕的形状有半圆形、圆形、马蹄形等。

枝条上着生叶的部位叫节，节与节之间称为节间。在同一株枝条上，由于生长速度不同，形成中间节间较长，上部和基部节间较短。节间的长短是影响单位条长产叶量的因素之一，节间距离短的，单位条长产叶量高。节间距离因品种而不同，广西桑树品种的节间距离一般为 2 ～ 5 cm。选种时，一般选择节间距离短的品种。同一品种的节间距离又随枝条的生长速度而变化，一般枝条中部的节间距离较长，上下两端的节间距离较短，这是枝条生长初期和末期生长速度较慢的缘故。节是芽的着生部位，也是桑树生长不定根的主要部位，进行扦插时，应保留这部位，以利生根。

2. 树干、枝条的初生生长

与根一样，枝条也进行伸长和增粗生长，形成初生构造和次生构造。茎的初生构造由外向内可以分为表皮、皮层和中柱 3 部分。

分生区：位于新梢顶端的生长点，它和根尖一样具有很强的分生能力。

伸长区：位于分生区后面，是由分生区的细胞直接分裂而成，始形成表皮、维管束和髓等部分。

成熟区：位于伸长区后面，各种初生结构已基本形成。由于成熟区是由初生分生组织分化产生而成，故称为初生构造。

3. 树干、枝条的次生生长

位于初生木质部和韧皮部之间的形成层细胞会进行切向分裂，向内形成次生木质部，向外形成次生韧皮部。形成层向内产生的细胞较多，所形成的木质部占茎的比例较大。紧接着皮层细胞恢复分裂产生木栓形成层。木栓形成层的活动结果是向外产生木栓层，向内产生栓内层。木栓层由数层细胞壁栓化的死细胞组成。木栓层、木栓形成层和栓内层合称为周皮。

形成层的活动受气温的影响。春季气温高，形成层细胞分裂快，使导管细胞直径大，木纤维少，管壁较薄；而秋季形成层活动缓慢，所形成的导管细胞直径小，木纤维多，管壁较厚。这样就形成平常所说的“年轮”。“年轮”是判断树龄的依据之一。

4. 枝条的生长及剪伐

桑叶产量决定单位面积的总条长，这两者与枝条的性状有密切关系。因此，只有了解了枝条的性状，采取选用良种、合理剪伐和肥培管理等技术措施，才能增加总条长和总条数，从而获得丰产。

伐条以后由休眠芽或潜伏芽抽长新梢，形成枝条。枝条的形态特征和生长习性因品种而不同，其中某些特征特性还受剪伐技术、肥培管理及气候等条件的影响而发生变化。

枝条的长短和粗细，除品种特性不同外，在很大程度上取决于树龄、土壤、气候以及剪伐和肥培管理等条件。

枝条的长短和粗细与树龄有密切关系。幼年树和壮年树有旺盛的生长力，故枝条粗而长。桑树到达一定的年龄后，枝条逐渐变短，这说明树势已进入衰老阶段，应采取更新复壮措施，以提高桑叶产量。桑树枝条的长短和粗细与剪伐的关系很大，不剪伐的桑树枝条细而短，剪伐的桑树枝条粗而长。

土壤肥力对枝条的长度有很大的影响。土壤疏松、养分丰富、含水量适当的桑园，枝条的生长力强，可以充分发挥桑树的丰产性能。反之，土壤坚实，肥力不足的桑园，枝条的正常生长就会受到不良影响。如果气候干旱，土壤水分不足，枝条也不能很好生长。因此，必须加强桑园的肥培管理，促使桑树枝条加速生长。

桑树单株发条数多也是桑叶丰产的条件之一。发条数是指桑树经过伐条后发芽抽条的数量。桑树具有耐伐的特性，伐条以后再生力很强，通过夏伐，能由休眠芽或潜伏芽萌发出更多新的枝条。但桑树伐条后的发条力因品种不同而不同。发条数的多少除与品种特性有关外，与树形大小也有关系，一般树形、支干数较多的，比树形矮小、支干数少的单株发条数多。

剪伐对增加条数和促进条长有很大作用，是桑叶增产的重要措施之一。如前所述，地上部分与地下部分应保持一定的平衡，如果把枝条伐去，桑叶采去，就打破了两者之间的平衡，加深了树体内部的矛盾。桑树本身为了化解这个矛盾，重新达到平衡，势必会加速长出新的枝叶。因此，人为剪去桑树枝叶，有促进桑树生长枝叶的作用。不剪伐的桑树，枝条多而细短，叶形小，花果多，桑叶的收获量低。

新生的枝条称新梢，皮呈绿色。随着枝条的成长，在表皮下形成木栓层，内含色素，这种色素是一年生枝条固有的皮色。桑树枝条的皮色因品种不同而不同，它是鉴别桑品种的依据之一。

三、芽

桑树的茎（枝条）、叶和花都是由芽发育而来的，因此芽是茎、叶、花的原始体，芽对不良环境有较强的抵抗力。在桑树栽培中，了解芽的特性，对剪伐、繁殖和复壮都具有重要的意义。

（一）芽的种类和性质

根据芽在枝条上着生的位置，芽可分顶芽和侧芽。桑树在落叶休眠前，枝条上端的生长点首先停止生长，其后随着气温降低而枯死脱落，因此着生在最顶端的腋芽成为顶芽。生长点的枯死脱落和顶芽的形成，标志着枝条的伸长结束，桑树准备越冬休眠。侧芽着生在枝条侧面的叶腋中，又称腋芽，最初呈淡绿色，随着芽鳞的生长，一般呈褐色，冬季落叶以后，称为冬芽（见图 1–5）。通常腋芽在当年不萌发，当新梢受到损伤时，腋芽才萌发。多发侧枝的品种在生产上一般是不受欢迎的。可是因为生产上的需要，常常会采取剪梢、摘叶等措施，有目的地促使腋芽萌发。一般顶芽比侧芽的萌发力强。顶芽在形成的第二年都能萌发，而侧芽在第二年并不一定都能萌发。第二年不萌发的芽叫休眠芽，它的寿命很长。隐没在树干上的休眠芽又叫潜伏芽。桑树的夏伐以及截干更新，能激发休眠芽或潜伏芽萌发成新枝。

图 1–5　桑树的芽（朱方容提供）

根据芽在同一节上着生的数目和位置，可分主芽和副芽。正中一个饱满的芽称为主芽，着生在主芽两侧或背面的芽称为副芽。副芽的有无或多少因品种不同而有差异。在正常情况下，只有主芽萌发，副芽常不萌发，但当主芽受到损伤时，副芽即萌发。在易受晚霜为害的地区，以有副芽的品种为好。

（二）芽的形态

人们习惯把生长季节中叶柄基部叶腋中的芽称为腋芽，把冬季落叶后枝条上的芽称为冬芽。桑树冬芽的形状、色泽和着生位置是辨别桑树品种的重要依据。冬芽颜色有褐色（长乐桑）、棕色（六万山桑）、黄色（黎塘桑、钦州花叶白）等，形状有三角形（红苍牛）、卵圆形（7707、龙金3号）、正三角形（湖201）、近球形（黄屋2号）、盾形（恭同5号）等。有些品种的芽紧贴枝条着生（大墨斗、大寺3号），还有一些品种的芽则偏离枝条着生（7719、六万山桑）。老树更新常采用降干、截枝促使休眠芽、潜伏芽萌发新枝。能形成枝叶的为叶芽，只开花不长枝叶的叫花芽，既能形成枝叶又开花的叫混合芽。桑芽通常由3～8片鳞片包裹，内有2枚托叶；托叶有茸毛，数层幼叶围一个中轴生长。

在春季气温达到12 ℃以上时，冬芽开始萌发，但枝条下部的芽仍保持休眠状态，这种芽称为休眠芽。春季发芽率的高低与品种特性有关，一般湖桑发芽率比较低，新疆的桑树品种发芽率较高。

伐条能促使休眠芽萌发而抽长新的枝条。在生产实践中，利用这一特性，通过伐条增加单株的发条数，能增加桑叶产量，因此，对休眠芽的保护和利用非常重要。伐条后仍未萌发的休眠芽，能保持长久的生命力，并随着树干的加粗生长而隐伏在树皮内，这种芽称为潜伏芽。数年之后，如果把上部树干截去，潜伏芽仍能萌发，长成新枝条，使老树更新复壮。潜伏芽以树干分歧部分最多，故应在分歧部的上部截干，使发芽的机会增多。

在栽培实践中，必须保护桑芽不受损伤，夏秋季采叶不可损伤腋芽，注意桑芽害虫的防治，并采取合理施肥、适时剪梢等措施，促使桑芽充实健壮。

四、叶

桑叶是栽培桑树的目的收获物，又是桑树执行光合作用、蒸腾作用及呼吸作用等生理机能的主要器官，也是桑树与环境进行气体交换的主要门户。叶的产量、质量与蚕茧的生产有直接关系。了解桑叶的特征特性，对良种选育、栽培技术都有重要意义。

桑叶为完全叶。由托叶、叶柄和叶片3部分组成。叶片是叶子的主要部分，它的形态因品种而异，某些特征与气候及栽培等条件有关。叶片包括叶尖、叶底、叶缘和叶脉等部分，这些部分的形态因品种不同而异，都是鉴定桑品种的项目（见图1-6）。托叶两片，披针形，着生在叶柄基部的两侧，初期有保护幼叶的作用，属早落性，随叶片的成长及腋芽的成熟，托叶也逐渐脱落。叶柄连接叶片和枝条，也是枝叶之间水分和养分流转的通道。叶柄的机械组织发达，可以支持叶片充分接受日光。叶柄上面有浅沟，叶柄内的维管束为茎叶之间的物质通道。叶柄的长度因品种不同而不同。

图 1-6　桑树的叶子形状

叶可分为全缘叶和裂叶两大类。我国大多数品种属全缘叶，也有少数品种是裂叶和全缘叶混生的。按照全缘叶的形状可分为心形、椭圆形、卵圆形等。根据桑叶缺刻的数目，裂叶可分为三裂或多裂等。缺刻又可分为深裂和浅裂两个类型。

叶尖和叶基也有多种形状。桑叶叶尖的形状因品种不同而有差异，大体上可分为锐头、钝头、尾状、双头等（见图 1-7）。叶基的叶底也因品种不同而有差异，叶脉分布于叶片的各部分，属网状脉，不论主脉、侧脉，都有输导组织和机械组织，具有输导水分、养分和支持叶片的作用。

1—短尾状；2—长尾状；3—锐头；4—钝头；5—双头

图 1-7　桑叶的叶尖形状

桑叶的叶面有平滑与粗糙、有光泽与无光泽之分。有的桑树品种叶面粗糙，无光泽，也有少数的桑树品种叶面呈缩皱，易积灰沙。

叶片由表皮、叶肉和叶脉 3 部分组成。表皮是覆盖在叶片外表的组织，分上表皮和下表皮，均由一层生活细胞组成。表皮外有角质层，能防止水分过度蒸腾散失。有些上表皮细胞发育成巨大细胞，内有碳酸钙积累形成的钟乳体。下表皮上有许多气孔，是与外界进行气体交换的门户。气孔由一对肾脏形保卫细胞抱合而成（每个保卫细胞有 3 ～ 4 个叶绿体），依靠保卫细胞的膨压变化来调节气孔开闭（见图 1-8）。

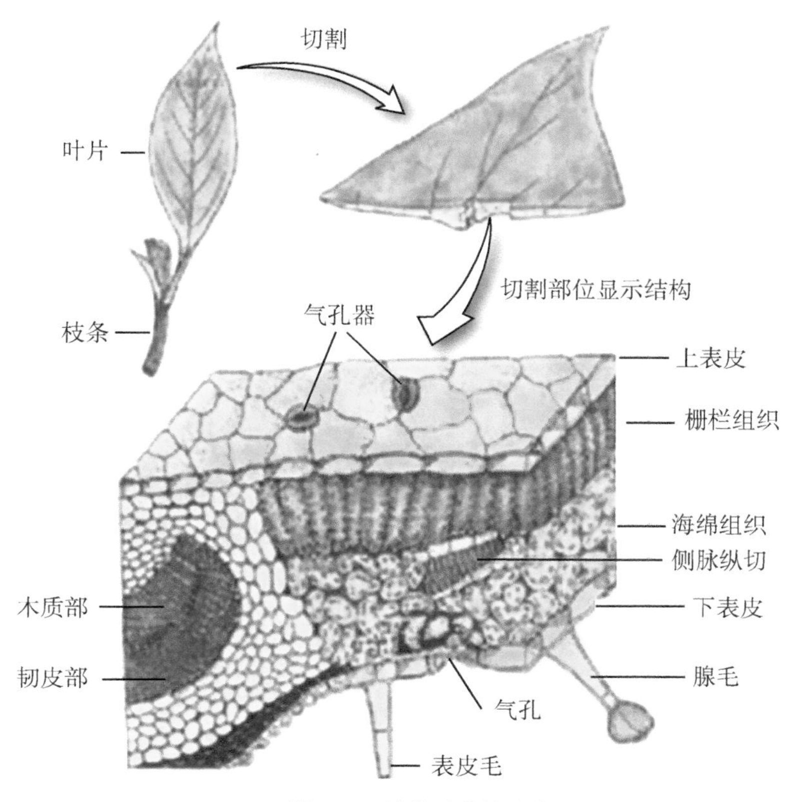

图 1-8　植物叶片的结构

叶肉位于上下表皮之间，由栅栏组织和海绵组织两部分构成。栅栏组织紧挨上表皮，细胞圆柱形，纵向密集排列，细胞内有许多叶绿体。海绵组织的细胞间隙较大，排列较疏松，含有叶绿体。

桑叶在枝条上着生的顺序称为叶序。桑树为互生叶序，从取节上的叶为起点，然后螺旋而上，追溯到与起点叶同一条垂直线的另一叶之间计数，节间为分子，总数为分母，即为几分之几叶序，有 1/2、1/3、2/5、3/8、5/13 等。

一般以叶长、叶幅和叶面积表示叶的大小。开叶后，叶片逐渐增大，经过若干天后，即停止增大，标志着桑叶已开始成熟，这时的桑叶称为成叶（定型叶）。叶片的大小厚薄在成叶时调查，从开叶到成叶所需的天数，因气温的高低而不同。江浙等地的湖桑，一般春期需 25 天左右，夏秋期需 17 天左右。两广地区的桑叶，在 5 月约需 13 天。叶片从开叶时起逐渐增大，在江苏地区经过 20 天左右到达最大程度。在最初的 4 ～ 5 天，生长缓慢，随后快速增长，15 ～ 16 天以后，又逐渐缓慢，最后停止生长，表明此时桑叶已经成熟。在同一枝条上的叶片，下部小而上部大；在同一年之中，春叶大而夏秋叶小。桑树剪伐与否，对叶形大小的影响也很显著，剪伐的桑树叶形较大，不剪伐的叶形很小。这是因为剪伐后养分集中，随着枝条的生长，叶片也增多增大。

桑叶的颜色随着桑叶的成长由嫩绿变为深绿，桑叶的上表面呈深绿色，下表面呈淡绿色。在同一发育时期又因品种特性而有深浅。叶色也受光照和肥料等条件的影响而有深浅，光照充足的叶色深，光照不足的叶色浅；施肥多的叶色深，施肥少的叶色浅。因此，观察叶色可以辨别桑叶的成熟度和土壤的肥瘠等。

五、花、桑椹和种子

大部分桑树花为单性花，雌雄异花，偶尔也有雌雄同花。桑树的花是由数十个小花集生在花轴上，形成花穗，小花无柄，叫作穗状花序或葇荑花序。桑树的花穗先端先开，属有限花序。桑树的小花又有雌雄之分，着生雌花的叫作雌花序，着生雄花的叫作雄花序，雌雄花混生的叫作混合花穗（见图 1–9）。桑树的花性因品种不同而不同，有的是雌雄同株，有的是雌雄异株。一般是雌雄异穗，偶有雌雄同穗。根据对雌雄同株的花性试验，外界环境条件的改变能影响花性的表现。高温、长日照、强光能促使多生雄花；反之，低温、短日照、弱光能促使多生雌花。

图 1–9　桑树的花（左为雄花、右为雌花）

雌花有 4 个花被萼片，中央有 1 个雌蕊。雌蕊由子房、花柱、柱头 3 部分组成。花萼将子房紧密包住。柱头在子房顶部，左右分开成牛角状或蛾眉状，柱头上有茸毛或瘤状突起。花柱在柱头下，连接子房，花柱有长短、有无之分。柱头的形状及花柱的长短、有无是桑树分类的重要依据。子房居中，由 4 个萼片包裹，子房内有胚囊，倒悬于子房壁上，胚囊是孕育卵核的场所。雌花未开放时花柱、柱头包裹于花萼中，开放时伸出。花柱的顶端是柱头，雌花开放时，柱头分开如牛角状。柱头上面密生茸毛或微小突起，有利于黏附花粉粒。柱头里面有无茸毛，也是桑树分类的一个依据。

雄花由 4 片萼片、4 枚雄蕊组成（萼片里面各有 1 枚雄蕊）。每个雄蕊由 1 根花丝和 2 个花药组成。每个花药内有 2 个花粉囊，花粉囊有花粉粒。在花蕾未开放前，花丝卷曲在花的中央；开放时，花丝向外伸展，花丝的顶端有花药，花药呈肾脏形，分为 2 个药室，药室中孕育着花粉，成熟后开裂，散出大量花粉，随风传播，在空气中可飘散 200 m 或更远。花粉在适合环境下可萌发，或人工诱导成植株。

桑树是风媒花植物。花粉粒呈黄色球形，有两层膜，内膜较薄，外膜较厚，有保护作用。一般有 2 个发芽孔。在受精过程中，当花粉粒落到雌花柱头上时，受柱头分泌的糖液和激素的影响，花粉粒内容物膨胀，萌发孔伸长形成花粉管，进入花柱，向下生长，延伸至胚珠，由珠孔进入胚囊，花粉管先端膨胀而破裂，其中的原生质、营养核和 1 个雄性细胞分裂的 2 个精子，一并倾入胚囊中，1 个精细胞和 1 个卵细胞融合形成合子，以后发育为胚，另 1 个精细胞与极核融合，将来发育成胚乳。

桑树的授粉在同花、异花、同株、异株、同种、异种间均能进行。由于桑树是风媒传粉，因此在种内授粉容易成功，在属间授粉不易进行。产生的种子多为自然杂种。从同一桑椹采取的种子，很少产生全部具有同一形质的个体。

桑树的花性不是固定不变的，而是受环境、营养条件或某些激素的影响而发生变化。据南泽（1963 年）的研究认为，温度、湿度、日照时间长短、激素类型、枝条的 C/N 值、栽培方式等都将影响桑树的花性表现。在其所研究的 220 个品种中，只开雌花或雄花的品种占 62%，同一品种有雌株和雄株的占 2%，雌雄同株的占 34%，在雌雄同株中有混合花穗的占 73%。外界条件的改变也能影响花性分化，在低温、短日照条件下能促进雌花形成；在高温、长日照下能促进雄花的分化。在雌雄同株的桑树上，往往在枝条下部和上部多出现雌花，枝条中部多出现雄花。林寿康等人（1993 年）8 月喷施 10 ～ 250 μL/L 赤霉素和乙烯利能有效地使次年桑的花性发生转换，乙烯利能极显著地增加雌花、减少雄花，赤霉素则相反。

当雌花的柱头向左右分开呈牛角状时，胚囊也已发育成熟。当花粉粒随风附着在雌蕊柱头上后，由于柱头上有糖液分泌，花粉粒吸收了糖液而膨胀，花粉粒的内膜穿过萌发孔而形成花粉管。花粉管通过花柱伸入子房的胚囊中，经过一系列的生理变化完成双受精过程。

雌花受精后，柱头逐渐枯萎，花萼和子房发育膨大，形成多肉的核果，许多小核果着生在一根花轴上，组成聚花果即桑椹。桑椹初时为绿色，逐渐变为红色，成熟时为紫黑色。也有少数桑树品种的桑椹为玉白色或粉红色、黄绿色，味甜多汁（见图 1–10）。

图 1–10 成熟时的桑椹（左为紫黑色、右为玉白色）（苏超提供）

桑椹里面为桑种，偏卵形，黄褐色或淡黄色，由种皮、胚和胚乳组成。种皮分内层和外层，内层薄而狭，外层厚而坚硬。胚由子叶、胚芽、胚轴和胚根组成。胚乳是贮藏养分的场所，含有淀粉、蛋白质和 30% 左右的脂肪。桑种是短命的种子，在自然环境中存放数月后大部分丧失发芽能力，但在低温、低湿的贮藏条件下，可保持 3 年以上的发芽能力。

雌花授粉后柱头及花柱即萎蔫以致脱落（一部分桑树如鸡桑柱头具有永存性，始终不脱落），花被及子房壁逐渐增厚肥大，形成多汁多肉的假果，数十个小果密集于果梗周围，产生出集合假果，这就是桑椹，也称之为桑果。成熟的桑椹去除果肉即可得到种子。

桑树种子扁卵圆形，黄色，一端有一脐孔，是胚根伸出的地方（见图 1-11）。桑树种子外有薄而坚硬的种壳，属小坚果，内为种皮、胚乳、胚 3 部分。胚乳为营养物质，油脂性，可以提供种子发芽需要的养分。胚由胚根、胚轴、子叶 3 部分组成，卷曲于胚乳中，是种子最具有生命力的部分。种子吸水膨胀时即可胀破种壳，在一定的温度影响下，胚乳贮藏的营养物质转化为蛋白质和碳水化合物，供胚分裂生长之需。胚恢复活力后胚根先伸出种壳外，在适宜的环境中分化出须根和根毛，吸收水分和养分。胚轴也分化伸直，2 片子叶展开，接受光照后子叶由白色变为绿色，这就是种子发芽。种子子粒较小，每克 500 ～ 700 粒，贮藏营养物质的量少，加之种子的呼吸消耗能量，所以桑树种子的自然寿命很短。

图 1-11　桑树种子

第二节　桑树的生长发育

桑树是多年生植物，从种子萌发，长成苗木，经栽植后抽枝长叶，开花结果，形成种子，繁殖后代，经多年的生长发育，直至衰老死亡，这就是桑树一生的生长发育过程。

桑树又是落叶性植物，每年受季节气候的影响，有规律地进行着生长与休眠，一年中植物体内外都将发生一系列变化。随着生长与休眠的交替，植株不断从一个生长发育状态，进入到另一个生长发育状态，推动着桑树的生命活动。

桑树的生长发育有其自身的规律，也受环境和人为的影响，研究和掌握桑树生长发育规律，控制环境和人为措施的影响，是桑树栽培的重要任务。

一、营养器官的生长发育

（一）发芽期

生产上一般把生长期分为 3 个时期，即发芽期、旺盛生长期和缓慢生长期。

自发芽到开 1 叶止为桑树的发芽期。桑树越冬后，春季气温逐渐转暖，一般到 12 ℃以上时，冬芽开始萌动发芽。通常把桑芽开放的过程分为脱苞期、燕口期（鹊口期）、开叶期等 3 个时期。

脱苞期：树液流动后，桑芽逐渐膨大，当芽鳞裂开，露出幼叶叶尖时，称脱苞期，从膨芽到脱苞经 7 ～ 11 天。

燕口期（鹊口期）：桑芽脱苞后，幼叶陆续生长，当有 2 ～ 3 片幼叶的叶身大半露出，叶尖张开呈燕口状时称燕口期（鹊口期）。从脱苞期到燕口期经 3 ～ 7 天。

开叶期：幼叶继续生长，叶柄逐渐向外斜出，叶面展开成一片独立的叶子时，称为开叶期（开 1 叶）。从燕口期到开叶期经 2 ～ 4 天。发芽时期和发芽速度因地区及历年气温高低而不同。两广地区的桑树一般 1 ～ 2 月开始萌发生长，江浙地区的桑树一般 3 ～ 4 月开始萌芽生长。在同一枝条上的桑芽萌发时间先后也不一样。一般上中部的芽先萌发，萌发后的芽生长也快。顶端的几个芽，表现出明显的顶端优势；中下部的芽萌发稍迟，枝条基部的芽常常不萌发，成为休眠芽。

（二）旺盛生长期

桑树开叶后，随气温的增高，新梢生长逐渐加速而进入旺盛生长期。由于桑树体内生长素的形成、分布以及营养物质的分配关系，枝条上的新梢生长快慢不均，一般表现为上部的新梢抽长快，下部的慢。枝条中下部的芽，在抽叶 3 ～ 5 片后即停止生长，成为止芯芽（三眼叶）。上部继续生长的芽称为生长芽。生长芽与止芯芽的比例，因桑树品种的不同而不同。一般湖桑品种的止芯芽较多，广东荆桑则生长芽较多。

在同一株桑树中，粗壮枝条上的新梢生长快，细弱枝条上的新梢生长慢。在同一新梢上的叶片，下部叶成熟早、叶形小，越向上则叶形越大，成熟也越慢。因此，先采下部桑叶有促进上部桑叶生长的作用。

在桑树旺盛生长初期，随着地温的增高，根的吸收机能更旺盛，吸水量多。枝叶的蒸腾面积不大，散失水分较少，树体内水分比较充足，所以新梢生长特别迅速，在新梢抽叶 5 ～ 6 片以前，仍以消耗贮藏养分为主。此后叶面积逐渐增多增大，桑叶的光合产物也逐渐增多，逐渐转入养分的贮藏时期，为夏伐后的桑树再发芽提供养分。

（三）缓慢生长期

一般情况下，成年桑树的新梢生长量，在脱苞后 40 天左右达到高峰。脱苞后 40 天以前，新梢的每天增长量为 2% ～ 3%，此后则逐渐减少。

春季桑树生长达到高峰时，正是春蚕大量需要桑叶的时期，应利用缓慢生长期及时做好夏伐工作，争取夏伐后早发芽，迅速进入旺盛生长期。

二、生殖器官的生长发育

雌花受精后，柱头逐渐枯萎，花萼和子房发育膨大，形成多肉的核果，许多小核果着生在一根花轴上，组成聚花果即桑椹。成熟的桑椹去除果肉即可得到种子。桑种内分为种皮、胚乳、胚 3 部分。种皮分内层和外层，内层薄而狭，外层厚而坚硬。胚乳是贮藏养分的场所，含有淀粉、蛋白质和 30% 左右的脂肪，油脂性，提供种子发芽需要的养分。胚由胚根、胚轴、子叶 3 部分组成，卷曲于胚乳中，是种子最具有生命力的部分。

三、桑树生长的季节性周期

桑树是多年生植物，桑树的生长随一年四季气候的变化而发生相应变化，出现了季节性周期。多年生植物生长的这种季节性周期，是它长期适应环境的结果，与它原产地的四季变化是相适应的。例如在春季枝条上的冬芽萌发、春夏季的旺盛生长和秋冬季的落叶休眠等现象，主要是受四季的温度、水分和光照等条件所影响。

桑树在一年之中可明显地分为生长期和休眠期两个时期。从萌发开始到落叶为止，称为生长期；从落叶开始到下一年春冬芽萌发为止，称为休眠期。

桑树发芽或落叶的迟早都受当年气候条件的变化影响。在同一地区种植的桑树，又因不同品种而有差异，有些品种春期发芽较早，有些品种秋期硬化、落叶较迟。因此，必须采取合理的栽培技术措施，才能充分发挥桑树的丰产性能。

（一）生长期

当气温逐渐回升到 12 ℃以上时，冬芽就开始萌动发芽，从脱苞到开叶的天数与当时的气候关系极大，如脱苞后连续晴天，气温高，则经过日数短。此外发芽的时间和发芽率又与冬耕和施冬肥等有关，土壤疏松含水量适当的，往往可提前发芽，并提高发芽率。桑树的生长期见图 1–12。

图 1–12　桑树的生长期（朱方容提供）

桑树在发芽时期，气温的增高使新梢的生长加速，由于有机物质多集中在枝条顶部，促使枝条上部的新梢生长较快，并引起下部的新芽在抽长 3 ～ 5 片叶后，即停止生长，成为止芯芽（三眼叶）。

桑树在这段时期内，由于土温增高，根系活动旺盛，吸水量多，而枝叶又未达到茂盛程度，蒸腾面积不大，散失水分少，因而桑树体内水分充足，利于促进细胞分裂和伸长，生长特别迅速，如桑树体内贮藏养分多新梢生长就迅速和繁茂。到春末夏初时期，叶片大量增多，扩大了光合作用面积，有利于光合产物的制造和积累，枝叶仍逐渐增加，但由于温度增高，体内散失水分多，致使生长逐渐缓慢。

夏伐后的桑树，经过一周左右，便会重新发芽生长，此时也依靠树体内贮藏的营养物质生长，因气温较高，而且剪伐后的根系吸收的水肥集中供给生长芽部分，促使枝叶迅速生长，对水肥的要求也较迫切，增施夏肥和适期灌水极为重要。至秋季，气温渐降，尤其昼夜温差增大，白天光合作用仍正常进行，而夜间气温下降，呼吸作用减弱，有利于桑树体内有机物质的积累，但因散失水分较多，生长趋向缓慢，更因秋季日照缩短，引起桑树落叶休眠。当气温下降到 12 ℃以下时，全部枝条停止生长，进入休眠状态。

从桑树在一年中生长的速度来看，桑树受水分和贮藏物质的影响较为明显。如能增减树体内的含水量，就可控制其生长速度。在生产上，常会剪去部分枝叶，以减少水分蒸腾量，从而达到促进嫩枝生长的目的，也有通过摘芯剪梢等措施，抑制顶端生长，减少养分消耗，促使体内有机物质积累增高，使枝叶充实。

总之，为了获得桑园的全年丰产，必须根据桑树各期生长特点，采取各项技术措施，满足桑树生长的需要。

（二）休眠期

植株的休眠，有自然休眠和被迫休眠两种状态。自然休眠是落叶性植物的自然属性，生长到一定程度，它们就要落叶休眠，即使环境条件尚好，也不能继续生长。通过自然休眠以后，植株具备了生长的能力，一旦条件允许，植株即行生长。通过自然休眠以后，具备了生长能力的植株，由于环境条件的不允许，不能满足植株生长的需要，植株仍然表现为休眠状态的就叫被迫休眠。

一般落叶树木秋冬的休眠是对冬季寒冷的适应。在晚秋季节，枝叶停止生长，枝条全部木栓化，腋芽已完全成熟，叶片中的养分如蛋白质和淀粉等复杂的有机物质，分别在蛋白酶和淀粉酶的水解作用后，变成氨基酸和糖类，输送到枝条和根部贮藏，叶片内的叶绿素也因气温降低不再合成，而原有的叶绿素受秋季强光照射，遭破坏分解，又因土温降低，根系吸水量减少，引起水分平衡失调，因此在落叶之前桑叶先呈现枯黄失水状态，同时叶柄基部形成离层组织，最后落叶休眠。

桑树进入休眠期以后，内部生理作用仍然进行，只是代谢强度较生长时期明显减弱，在树体的有生命部分仍然继续进行呼吸作用，枝条内贮藏的淀粉，在低温的影响下大部分转化为糖类，从而提高了细胞液的浓度，增强了抗寒力。此时又因细胞内原生质含水量较低，趋向凝胶状态，透性减少，代谢作用极为微弱，对外界的刺激较不敏感，即其抗逆力增强。在生产实践中，可以利用桑树休眠时期的这些特点，抓紧桑园管理工作，如冬耕和整枝修剪等，如有伤根、破皮等情况，树液流失少，不至于影响树势。又如，移苗栽植也以在秋冬季进行较为适宜。

休眠开始前，植株根系吸水能力急剧下降，体内水分含量减少，叶柄基部形成离层组织，隔断水分的通路，叶片变黄脱落，以便最大限度地缩小蒸腾面积。与此同时，植株体表栓皮增厚，冬芽外层的鳞片也增厚，鳞毛加密，以防止体内水分大量散失，增强植株和冬芽的御寒能力。

休眠时植株体内细胞组织也将发生一系列变化，例如，细胞含水量降低，原生质胶体从溶胶状态变为凝胶状态，生理活动接近停滞；细胞膜表面拟脂质增多，以防止水分出入；细胞间相互连通的原生质丝——胞间连丝发生断裂，以减少物质交流；细胞内贮藏的营养物质从难溶的淀粉状态转变为可溶的蔗糖、葡萄糖，以提高细胞液的浓度，这样就可以使细胞的冰点下降，防止细胞结冰。

桑树的休眠期受自然条件和肥培管理的影响而有迟早的差异，如在秋季气候干旱、土壤缺水、氮肥不足等情况下，桑树会提早落叶休眠；反之，如气温较高，土壤水分充足、肥料较多，则落叶休眠延迟（见图 1-13）。为使桑树安全越冬，秋季施肥和灌溉不宜过迟，并在冬至前后进行冬伐，冬留长枝，有利于提高翌年春季的发芽率，争取春叶高产。

图 1-13　桑树落叶休眠（朱方容提供）

桑树休眠期的长短与品种特性及地区气候条件有密切关系，一般认为广东桑树休眠期短，为 15 天左右；四川的嘉定桑、小冠桑休眠期居中；山东的鲁桑、江浙的湖桑休眠期长，为 40 ～ 50 天。因此，广东桑引入四川和江浙、北方地区栽培，春季发芽仍早，而鲁桑、湖桑在广东栽培，春季发芽也迟。

植株生长或者休眠的一系列变化，是由于植株体内生长调节机制在内外条件作用下，所产生的物质类型和作用方向上的不同；当条件适合生长时，植株体内生长调节机制所产生的物质为生长激素、细胞激动素、赤霉素等刺激生长的物质，其作用方向是促进物质的合成，促进细胞的分裂增殖，植株即表现为生长；当条件不适合生长时，植株体内生长调节机制所产生的物质为乙烯、脱落酸等抑制生长的物质，其作用方向是促进物质分解，抑制细胞分裂增殖，植株即表现为休眠。

桑树发育的过程，以及生长和休眠的生理机制，应当在桑树栽培上起到很好的指导作用。

四、桑树各部分生长发育的相关现象

在植物的个体发育中，个别部分或个别器官的形成和生长，都不是独立进行的，而是会影响另一部分或器官的形成和生长，这种关系称为“相关现象”。从各器官生长和发育的相关现象中，可了解到植物有机体是统一的整体，它的所有部分都是密切配合和相互影响的。植物各部分间所有表现相关现象的原因相当复杂，主要取决于体内营养物质的分配和激素的作用，一般表现互相促进和互相抑制两种现象。这两种现象是植物有机体整体性的表现。利用桑树各部分或各器官生长的相关规律，可以有效地控制桑树生长，使它为生产服务。现将几种主要的相关现象分述如下：

（一）顶芽和侧芽的相关性

一般植物的顶芽生长较快，而侧芽生长较慢。例如向日葵，它的全部侧芽甚至在整个生命周期，都处于休眠状态，但只要切去茎的顶端，就可使大部分侧芽萌发成侧枝。这种由于顶芽对侧芽生长的抑制，而造成顶芽生长较强的现象称为“顶端优势”。在根系的生长上，也出现类似的情况，根的顶端在其生长过程中，有阻止附近侧根形成的作用，如把根尖除去，则侧根很快形成。所以在移栽桑苗时，常将部分主根截断，可促使发生较多侧根，扩大吸收面积，有利于桑苗的生长。

顶端优势是植株自我调节的一种方式，植株体内的水分和养分优先保证供应最有利的生长点，争取得到最好的光照、气流、温度等条件，使植株尽快地生长。与此同时，制约和抑制植株过多的处于不利地位的生长点的生长，以减少水分和养分的消耗。这种自我调节对植株整体来说是有利的，也是对环境条件的一种适应。

关于形成顶端优势的内部机制，目前还不是很清楚，据研究可能与生长激素的产生、流通与作用特性有关。一般认为茎的顶端能形成较多的激素，这些激素向下传导，其浓度足以抑制侧芽的萌发和生长。此外，在植物体内的有机营养物质、水分及无机盐类的供应上，往往首先满足植株顶端幼嫩部位生长的需要，因而出现顶端生长占优势的现象。

（二）地下部分与地上部分的相关性

在桑树各器官的相互关系中，根系与地上部分的相关最为密切。这是因为根系生命活动所需要的营养物质和某些特殊物质，主要是由地上部分的叶子光合作用生产制造的。这些物质沿着枝干的韧皮部下运以供根系的需要。同样，地上部分生长所需要的水分和矿质元素，主要是由地下部分的根系吸收供应。另外根系也具有代谢性能，能合成多种氨基酸，还能提供核酸一类的活性物质。这些物质可以参与代谢和蛋白质的合成，对生长极为重要。因为桑树体内经常进行着这种向上或向下的交换，所以它们之间每时每刻都在相互影响着，在正常生长过程中经常保持着一定的动态平衡关系。或者说，桑树在生长量上常保持一定的比例，这个比例称为根冠比。一般在桑树落叶后调查地上部分和地下部分的鲜重量，计算其根冠比。根冠比的大小常依树体状态和环境条件而变化。一般乔木桑的根冠比大，剪伐型中，高干桑的根冠比低干桑的大。在不同的土壤条件下，沙土的根冠比壤土、黏土的大。在肥水良好的情况下，一方面，等量的根系，由于吸收机能旺盛，能促使枝叶的生长；另一方面，枝叶茂盛向根系输送有机物质多，反过来促进根系的生长。

在桑树生长过程中，病虫害、自然灾害和采叶伐条等，都会使原有的地上部分和地下部分的协调关系遭到破坏，势必要建立新的平衡。例如，采叶伐条能促进新枝叶的生长，同时对根的生长反而有抑制作用。又如桑树断根也能促使多发新根，但断根过多时会抑制地上部分枝叶的生长。

“根深叶茂，树大根深”，充分体现桑树地上部分与地下部分的相互关系。在栽桑实践中，必须在认识两者关系的基础上，根据生产需要，利用矛盾统一规律，提高桑园肥水供应水平，采取合理修剪措施，为促进地上部分枝条生长创造有利条件。

相反，如果根系发育不良，枝叶必将稀疏；枝叶损伤严重，根系必然细弱，树势衰弱。

（三）营养器官与生殖器官的相关性

营养生长和生殖生长是两种不同的生育过程，一般来说，营养生长促使营养器官发达，枝叶繁茂，对水分和氮元素消耗较多。生殖生长促使生殖器官发达，花果累累，对碳、磷等元素要求较高，在正常情况下，植株要在营养生长充分的基础上才能逐渐过渡到生殖生长，营养生长不良，物质基础很差，花果稀疏，子实产量就很低，对于以生产果实和种子为目的的作物栽培来说，应当注意这点。

在异常情况下，由于条件不同，营养生长和生殖生长将出现不同的情况。一是养分不足，营养生长很差，促使生殖生长提前，植株反而提早开花结果，完成繁衍后代的任务，在这种情况下，子实产量和品质是很差的；二是氮素过多，营养生长过度旺盛，拉长了营养生长的时间，也就延长了生殖生长的到来，延误了植株开花结果的时机，以致不能开花结果，这对子实生产不利，而且过度旺盛的营养生长，对植株本身也不利，因为引起过度营养生长的因子是水分和氮素，这将使细胞组织幼嫩疏松，植株徒长软弱，抗性降低，易遭病虫害。另外，过度营养生长，碳素营养物质积累贮藏不足，将对多年生植物的再生长产生不良影响。

因为生殖器官生长所需的有机养料主要是依赖营养器官供给的，所以花果生长必然影响枝叶的生长。果实在生长过程中对枝叶的生长之所以会有抑制作用，主要是由于果实从植物体中截获了碳水化合物和含氮物质，使根的吸收机能和生长都受到影响。

营养器官的生长为生殖器官的生长提供物质基础。没有根、茎、叶的生长，就不会有开花结实的现象，所以生殖器官的生长是受营养器官生长所制约的。这种相互的关系，主要表现在有机营养物质分配上存在一定的矛盾，在生产实践上，必须认识和掌握这些矛盾，发挥人的主观能动性，创造条件，促使矛盾向有利于人类需要的方向转化，再根据具体情况加以适当调节。桑树是以营养器官为收获的作物，所以必须设法抑制或减少花果的形成。如适当增施氮肥，运用剪伐摘除花果等，以促使枝叶生长繁茂，争取丰收。

桑树各部分在生长发育上存在着相互促进、相互制约、自我调节、平衡发展的密切关系，以维持植株整体的生命活动。这些相互关系能够得到协调平衡时，植株生长旺盛，树势强健；平衡失调，又得不到补偿时，植株就衰败，甚至死亡。

第三节　桑树的生理机能

桑树在生长过程中进行着各种生理活动，与环境频繁交换物质和能量。桑树不同的器官有着特定的生理机能，又互相制约，是一个有机的整体。只有对桑树的基本生理机能有较全面的了解，才能因地制宜更好地采取适当的栽培措施，满足桑树生长发育的需要，达到丰产质优的目的。

一、桑树的光合作用

植物区别于动物的特征之一就是植物不需要摄取现成的有机物，而是通过光合作用利用它的根、茎、叶乃至整个植物体从环境中吸收水（H_2O）、二氧化碳（CO_2）、矿质元素和阳光，利用体内特定的生理过程，把这些无机物转化为有机物，变成自身的营养物质。光合作用是桑树最重要的生理活动之一，合成的有机物质为桑树提供了生长发育所需的物质和能量。桑树90%以上的干物质来源于桑叶的光合作用，研究桑树光合特性，对提高和延长有效光合作用、增加养分的制造与积累、提高桑叶质量意义重大。

（一）桑树光合作用的基本理论

桑树光合作用是指桑树利用太阳的光能，把 CO_2 和 H_2O 合成为有机物，释放 O_2，同时贮存能量的过程，亦称碳素同化作用（见图1-14）。叶片是桑树进行光合作用的主要器官，叶绿体则是光合作用中最重要的细胞器，因为光能的吸收、CO_2 的固定及还原、淀粉的合成，都可以在叶绿体内独立完成。可以认为，叶绿体是桑树光合作用的功能单位，是光合作用的细胞器。桑树的光合作用与一般农作物的基本相同，可用方程式简略表示如下：

$$CO_2+2H_2O^* \xrightarrow{\text{光、桑叶}} (CH_2O)+O^*_2+H_2O$$

桑树光合作用的机理是极为复杂的，概括地说，可分为3个主要阶段：原初反应、电子传递和光合磷酸化、碳同化。其中，前两个阶段均为光合膜上的反应，第三个阶段则发生在叶绿体基间质中。原初反应是光合作用的起始，包括光能的吸收、传递和光化学反应。光能通过原初反应转化为电能，再通过电子传递和光合磷酸化形成 $NADPH+H^+$ 和ATP，电能转换成了活跃的化学能。碳同化则把活跃的化学能转化为稳定的化学能，把无机物转化为有机物。

根据光合作用碳素同化的最初产物，高等植物大体上可分为 C_3 植物、C_4 植物和CAM植物。由 CO_2 示踪方法证明，经 CO_2 喂饲的桑叶，5秒后放射性出现在丙氨酸、甘氨酸、丝氨酸和3-磷酸甘油酸中，而以3-磷酸甘油酸为最多，据此推断桑树是 C_3 植物。与 C_4 植物相比，C_3 植物在饱和光强度下的净光合速率较低，而 CO_2 补偿点、光呼吸强度和蒸腾系数均较高。

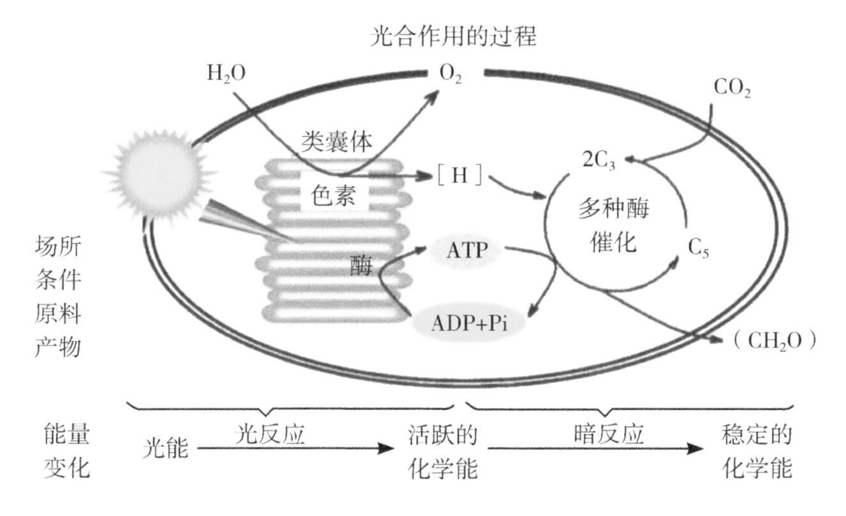

图1-14　植物光合作用

（二）影响桑树光合作用的因素

桑树光合作用强度或光合速率，一般用100 cm^2 叶面积在1小时内所吸收的 CO_2（或增加的干重）的毫克数表示。桑树光合作用主要受到遗传因素、环境因素和栽培因素的制约。所以，要想提高光合作用强度或光合速率，首先必须了解影响光合作用的主要因素是什么，这样才有可能提出改善措施来提高光合速率。

1. 品种

不同桑树品种的光合速率、光补偿点和光饱和点、光响应曲线均存在差异。楼程富等（1983年）测定了夏伐后不同桑品种的光合速率，得出剑持＞改良一之濑＞改良鼠返＞国桑 21。王茜龄等（2008 年）对选育的 3 个三倍体桑树新品系光合速率进行了比较分析，发现新培育的人工三倍体桑树嘉陵 31 号、嘉陵 32 号、嘉陵 33 号的产量高，光合速率极显著地高于二倍体对照品种湖桑 32 号，这可能是受叶片的结构包括叶片厚度、栅栏组织与海绵组织的比例、叶绿体和类囊体的数目等的影响。王茜龄等（2011 年）通过桑树多倍体诱导获得的果叶兼用新品种嘉陵 30 号（四倍体）的光合速率日变化曲线高于其二倍体亲本中桑 5801 号的光合速率日变化曲线，说明多倍体的光合速率比无性系亲本二倍体的光合速率要高。

2. 叶龄和叶位

桑叶在生长、成熟、衰老的过程中，光合能力由弱变强，逐渐达到一个峰值并保持一个稳定的时期，最后随着桑叶衰老逐步降低。春季开叶后经 5 ～ 7 天，夏季经 3 ～ 5 天，桑叶的净光合速率转为正值，随着叶龄的增加光合能力迅速增强。春季开叶后约经 3 周，夏伐桑树开叶后经 3 ～ 5 周达到峰值，随后下降。

楼程富（1985 年）对盆栽一之濑再次研究发现，光合速率以第 10 叶最大，桑树主要功能叶为第 8 ～ 12 叶位，随着叶位下移，光合速率趋于降低，第 12 ～ 21 叶位的光合速率变化平稳，第 22 叶以下光合速率急剧下降。

林强等（2010 年）克隆了桑树光合系统ⅠpsaE 基因，该基因 mRNA 在桑树不同组织及部位的转录水平有明显的差异，在幼叶和中部叶片的转录水平最高，其次为上部叶片、顶芽和下部叶片。扈东青等（2011 年）采取同样的方法克隆了光合系统ⅡMPsbR 基因，其在幼叶及顶芽的表达量最高，其次为上部叶片、中部叶片和下部叶片。二者可能只是显示出某些光合生理反应的亚基，随着受光位置的不同，基因的表达量也有所不同。

田间栽培时，桑树不同叶位的叶片除叶龄因素外，还因受光条件影响叶片本身光合作用的发生。因此，不同叶位的桑叶净光合速率也表现出有规律的变化。

3. 叶绿素含量

叶绿体是桑树整个光合作用的功能单位，叶绿素在光能捕捉和光化学反应中起着重要作用。余茂德等（1999 年）对人工三倍体桑品种嘉陵 16 号叶绿素含量及光合速率进行了比较分析。嘉陵 16 号叶片的叶绿素量为 0.313%，较对照湖桑 32 号的 0.204% 高 0.109%，其指数关系是对照湖桑 32 号为 100.00，嘉陵 16 号为 153.43；嘉陵 16 号的光合速率在光照强度 1.8 万 lx，水槽温度 30 ℃时，为 5.193 4 mg CO_2 /（dm^2·h），较对照湖桑 32 号的光合速率 4.049 2 mg CO_2 /（dm^2·h）高 1.864 2 mg CO_2 /（dm^2 · h），其指数关系是对照湖桑 32 号为 100.00，嘉陵 16 号为 153.43。研究结果表明桑叶叶绿素含量与其光合速率呈正相关关系。

有资料指出叶片叶绿素的含量高低对光合作用的影响并不总是举足轻重的。因为在正常情况下，叶片中含有充足的或过剩的叶绿素，叶绿素含量的高低并不成为光合作用的限制因素。然而，在异常情况下，比如极幼嫩或衰老的叶子以及别的原因，例如矿质元素缺乏、病虫害侵袭、水分逆境、污染物危害等导致叶片缺绿时，光合能力往往下降显著。一般认为，叶片叶绿素含量低于

5 mg/md^2 时，就会影响光合作用。此时，采取相应的措施提高叶片叶绿素含量，对于增强桑叶的光合作用是有积极意义的。

4. 光照

光是桑树光合作用的能量来源，是叶绿体发育和叶绿素合成的必要条件，能调节光合碳循环某些酶的活性。照射到桑园上方的太阳辐射中，只有波长在 400 ～ 700 nm 的可见光才能为桑树光合作用所利用。光照度习惯上常用勒克斯（lx）来表示。

在一定范围内，光合速率随着光照强度增加而加快，超过一定范围后增加变慢，当达到某一光照强度时光合速率不再增加，这种现象称为光饱和现象，开始达到光饱和现象时的光照强度称为光饱和点。在光饱和点以下，光合速率随光强的减弱而下降，当降至某一光强时，净光合速率等于零，此时光合作用吸收的 CO_2 等于呼吸作用放出的 CO_2，即净光合速率等于零时的光强称为光补偿点。桑树品种不同，光饱和点、光补偿点也不相同，与叶片厚薄、单位叶面积内叶绿素含量多少有关。

蒋文伟等（2007 年）研究了湖桑 32 号、农桑 14 号和丰田 2 号这 3 个桑树品种的光合特征，3 个品种的光补偿点为 3.58 ～ 50.10 μmol/（m^2・s），表观量子效率为 0.022 ～ 0.051，湖桑 32 号＞农桑 14 号＞丰田 2 号；光饱和点为 1 436.78 ～ 1 571.43 μmol/（m^2・s），丰田 2 号＞农桑 14 号＞湖桑 32 号。

谌晓芳（2008 年）研究鸡桑、川桑光合速率影响因素时发现，桑树在环境温度为 35 ℃时其光饱和点为 30 000 ～ 40 000 lx，光补偿点为 1 000 ～ 2 000 lx，当光照强度达到 1 100 lx 以上时，光合速率与光照强度之间几乎呈直线关系。

一般所说的光饱和点、光补偿点是针对单叶而言，对群体则不适用。因为大田作物群体对光能的利用，与单株叶片不同。群体叶枝繁茂，当外部光照很强，达到单叶光饱和点以上时，而群体内部的光照强度仍在光饱和点以下，中、下层叶片能比较充分地利用群体中的透射光和反射光。群体对光能的利用更充分，光饱和点就会上升。

5. CO_2 浓度

桑树光合作用所需的 CO_2 主要来自空气。一般来说，当环境中的 CO_2 浓度增加时，短期内桑叶的光合速率随之增加，直到其他因素成为限制因子为止。

谌晓芳（2008 年）研究认为鸡桑胞间 CO_2 浓度与光合速率呈负相关关系：胞间 CO_2 浓度越高，光合速率越低；胞间 CO_2 浓度较低时，光合速率下降趋势明显；当胞间 CO_2 浓度升至较高水平后，桑光合速率下降幅度减弱。

自然条件下，CO_2 供应不足常常影响光合作用。晴天无风的密植桑园内，由于叶片光合作用旺盛，桑园内 CO_2 浓度有时会降到 250 μL/L 以下，因此，只要适当增加环境中的 CO_2 浓度，就能改善桑树的光合作用。常温常压下，CO_2 是气态物质，容易散逸，因此 CO_2 施肥还只局限于密闭环境内栽培的蔬菜、花卉等作物，桑园内基本无实际应用。

6. 温度

从光合作用的过程来看，光合作用的暗反应是受温度控制的酶促反应。酶是一种蛋白质，一般只能在 0 ～ 60 ℃的温度范围内活动，高温会使蛋白质变性。因此光合速率与温度的关系很大，在一定的温度范围内，当温度增高时，酶促反应增强，光合速率加快，但当温度过高时，酶会变性失活，从而使反应速度下降。桑树光合作用的最适温度为 20 ～ 25 ℃，最高温度为 40 ℃。桑树在光合作用最适温时，光合速率最高。

谌晓芳等（2008 年）研究川桑叶片温度与光合速率的关系时发现，温度与光合速率呈正相关关系，在试验测试的温度范围内（30 ～ 34 ℃），光合速率随温度的升高而升高；温度高低的不同对光合速率的影响程度也不同，在较高的温度范围内，光合速率与温度之间呈近直线的正相关关系。

许楠等（2009 年）将桑树幼苗进行低温锻炼，3 ℃下 3 天冷胁迫，12 ℃下 3 天低温锻炼，其净光合速率、气孔导度、最大光化学效率明显高于对照（未经低温锻炼处理的桑树幼苗），而且其在常温下的恢复也比对照桑树幼苗迅速，说明经过一定低温锻炼的幼苗能有效避免叶细胞受冷胁迫造成的伤害。

7. 水分

水分是桑树光合作用的原料之一。桑叶的含水量对光合速率影响极大，当桑叶含水量比正常（稍离体）含水量稍有降低时，即引起桑叶光合速率和蒸腾强度的直线下降，嫩叶较成熟叶和偏老叶的影响程度小，以第 2 叶的影响最小，成熟叶第 8 叶和第 19 叶最为敏感，偏老叶次之。桑叶的气孔阻力（气孔开度）受叶片含水量的影响，当叶片含水量下降时，即引起气孔阻力增大（气孔开度变小直至关闭），光合原料 CO_2 进入量减少，光合机能减弱。嫩叶含水量下降时，初期反应较迟钝，随后气孔关闭。如果单位干重含水量比正常减少 50% 时，桑叶的光合作用几乎停止，气孔趋于关闭状态（楼程富，1984 年）。

干旱间接影响光合速率，缺水一方面会导致气孔关闭以减少蒸腾作用，阻止 CO_2 进入叶内；另一方面使叶片淀粉水解加强、糖类堆积、光合产物输出缓慢，导致光合速率下降。任迎虹（2009 年）对四川省攀西优良桑品种干旱胁迫的研究表明，随干旱程度的加强，桑树净光合速率降低并在严重胁迫时出现负值，在干旱胁迫的过程中，抗旱性较强的南叶 1 号和云桑 1 号的净光合速率大于抗旱性较弱的湖桑 32 号和新一之濑。因此在干旱胁迫条件下，桑树的净光合速率大小与桑树的抗旱性能强弱具有一定的相关性。梁铮（2010 年）研究发现聚乙二醇诱导的干旱胁迫对桑树的光合作用影响明显大于构树，这种影响不仅体现在净光合速率上，而且还体现在原初光能转化效率和实际光合效率以及电子传递能力上。

干旱缺水时，对光合作用影响最严重的就是叶面积生长停滞和促成叶子早衰。土壤长期干旱或过湿，会引起桑树某些敏感品种叶片大量黄化脱落，降低光合作用面积；干旱引起气孔关闭，使单位叶面积的光合速率锐减。

8. 矿质营养

矿质营养元素不足会降低叶绿素合成速率，减缓叶子生长，改变叶子结构，并降低气孔活性，从而直接和间接影响桑树的光合作用。例如，桑树缺硼后，桑叶光合作用比健康桑树降低 21%；桑叶叶绿素总含量及其组分平均减少 21%，叶绿素 b 减少显著，平均减少 63%，叶绿素 a 变化较小，平均减少 2%，叶绿素 a/b 值增大；叶位不同，桑叶叶绿素含量及组分也有差异，上位叶（第 3 ～ 5 位未完全成熟叶）叶绿素含量降低 15%，叶绿素 a 却增加 15%，叶绿素 b 减少 83%；中下位叶（第 7 ～ 11 位成熟叶）叶绿素含量降低 24%，叶绿素 a 减少 10%，叶绿素 b 减少 54%（钟勇玉等，1996 年）。

其中，氮素与光合作用的关系最为密切。叶绿素、光合作用碳循环中各种酶以及电子传递系统中各种电子传递体都含有氮，氮素不足时叶色发黄，光合作用减弱。

盐胁迫下，叶绿素含量下降的主要原因是 NaCl 提高了叶绿素酶的活性，加速了叶绿素的降解，同时抑制了叶绿素的合成（刁丰秋等，1997 年）。盐胁迫下桑树 3 种叶绿素含量均呈现下降趋势，其中叶绿素 a 下降幅度较大，叶绿素 b 较小，表明叶绿素 a 对盐胁迫较敏感，叶绿素 b 次之（宋尚文等，2010 年）。盐胁迫对桑树幼苗光合生理生态特性具有明显影响，低盐浓度下，桑树幼苗叶片净光合速率增加，而当盐浓度增加达到一定程度时，桑树幼苗叶片净光合速率则明显下降；高盐浓度则抑制其光合作用（柯裕州等，2009 年）。

柯裕州等（2009 年）采用盆栽加盐的方式来人工模拟盐胁迫环境，研究 NaCl 胁迫对桑树幼苗光合作用及其光响应和 CO_2 响应的影响。结果表明，0.1% NaCl 对桑树幼苗的光合生理生态特性没有明显影响；当 NaCl 浓度≥ 0.3% 时，盐胁迫显著降低桑树幼苗的净光合速率（Pn）、气孔导度（Gs）、蒸腾速率（Tr）、水分利用率（WUE）、光能利用效率（SUE）和羧化效率（CUE），增加胞间 CO_2 浓度（Ci）。造成桑树幼苗 Pn 降低的效应是由非气孔因素和气孔因素两者协同作用的结果；低盐浓度处理时，桑树幼苗 Pn 降低主要是气孔因素控制的，而高盐浓度处理时，则主要受非气孔因素控制。在光响应和 CO_2 响应的过程中，光强和 CO_2 浓度对各种处理的桑树幼苗净光合速率具有显著影响，但其影响的程度和盐浓度密切相关，且盐处理浓度越大，其影响效果越低。此外，盐胁迫能显著降低桑树幼苗的表观量子效率（AQY）、表观羧化效率（ACE）和光饱和点（LSP），增加光补偿点（LCP）、CO_2 补偿点（CCP）。

9. 栽培措施

对桑树光合作用产生影响的栽培措施主要有栽植密度与行向、树干环割、伐条处理、剪梢处理等。

普通桑园（行距 2 m）条长 60 cm 及 120 cm 时，行向愈接近东西向，早晨和傍晚受光愈不充分，光合速率愈低，东西向与南北向之差在 5% ～ 7%；条长 180 cm 时，入射光与行向关系不大，95% 以上的光可以利用，行向间光合速率差异很小。密植桑园（行距 1 m）条长 60 cm，东西向的光合速率比南北向的低 4%；条长 120 cm、180 cm 时，行向之间无多大差异（伊藤大雄，1991 年）。

对 1 年生嫁接苗环割处理后，桑叶的光合速率与叶绿素含量均下降，枝条生长变慢（久野胜治等，1983 年）。在测定光合标记叶的上下方节间环割，环割后几乎完全抑制了 ^{14}C 向树干和根部转运，向上运输也被严重抑制，只有少量的 ^{14}C 转移到条梢，叶片的光合速率降低；若只在标记叶上方或下方环割，亦会降低光合速率，但比在标记叶上下方同时环割要高（佐藤光政等，1982 年）。在发芽初期对树干进行环状剥皮，当时光合速率与不处理区相同，以后则逐渐下降，直至停滞在一定值上，即使相同部位的处理，不同的树种、时期，光合速率也不同（矢泽盈男等，1990 年）。

对 6 年生低干桑进行采伐，留叶区和无叶区相比，开始时光合速率值高，转为正值的时间要早些，达到最大值的日期也提早 5 天左右（冼幸夫，1986 年）。生长势中等的湖桑 32 号中晚秋条桑收获时，枝条剪伐后留下 2 ～ 4 叶的光合速率比对照区（不剪伐）提高 44% ～ 53%（沈增学，1991 年）。

生长季节在桑树枝条中部不同高度剪去新梢后，腋芽开放的新叶和留在枝条上老叶的光合速率比较，新梢剪去的老叶的光合速率比未剪植株同位叶上叶片的光合速率上升得快，而且以新梢剪去部位附近的叶片最显著。同时，新梢在基部剪去后，老叶的光合速率很快上升到较高水平，但在 30 天后，剪梢后一度上升的光合速率又逐渐下降，达到未剪植株的水平。新梢基部被剪去时，腋芽开放的新叶因发芽迟，光合速率较低（佐藤光政等，1971 年）。

10. 其他

用溴虫腈的乳油、水乳剂、微乳剂和悬浮剂的溶液喷施桑树，发现光合速率与对照组相比有不同程度的提高，对桑叶净光合速率的影响为微乳剂＞悬浮剂＞乳油＞水乳剂，桑园杀虫剂溴虫腈的 4 种剂型对桑叶光合特性无不利影响（刘政军等，2009 年）。

光合速率四倍体优于三倍体和二倍体，叶绿素含量以四倍体最高，三倍体略低（罗国庆等，1998 年）。

二、桑树的呼吸作用

植物生活的过程是与外界环境不断地进行物质交换，即新陈代谢的过程。它包括同化作用和异化作用两个方面。桑树的光合作用进行物质生产，属于同化方面，而呼吸作用是分解体内有机物，释放能量过程，属于新陈代谢的异化方面。桑树的呼吸作用和光合作用共同组成了桑树代谢的核心。光合作用所制造的有机物及其所贮存的能量，必须经过呼吸作用的转化才能变为构成桑树各组织和器官的成分及有效的能量，而且一些呼吸的中间产物和所释放的能量又参与桑树体内一些重要物质的合成过程，呼吸过程的中间代谢产物在桑树体内物质代谢中起着枢纽作用。因此，呼吸作用同桑树的生长发育、开花结果、抗病免疫及桑叶和桑果的贮藏保鲜有着密切的关系。

（一）桑树呼吸作用的概念和意义

桑树呼吸作用是指桑树的细胞经过某些代谢途径使有机物氧化分解，并释放出能量的过程。根据氧气是否参与，桑树呼吸可分为有氧呼吸和无氧呼吸两大类型。一般情况下，有氧呼吸是桑树进行呼吸的主要形式。桑树的生活细胞在 O_2 的参与下，通过有氧呼吸把某些有机物质彻底氧化分解，放出 CO_2 并形成水，同时释放出能量。但是，在短时间缺氧条件下（如淹水），桑树的生活细胞则进行无氧呼吸，呼吸底物降解为不彻底的氧化产物，同时释放能量。通过无氧呼吸，桑树可适应不利的环境条件，保持生命的延续。

呼吸作用是连续不断的，不但在日光下进行光呼吸，在黑夜也进行暗呼吸，即在不进行光合作用的时间内仍进行物质代谢和能量的消耗（见图 1–15）。叶片就是在这种营养物质积累多、消耗少的昼夜中变化，形成阶梯性的生长发育。

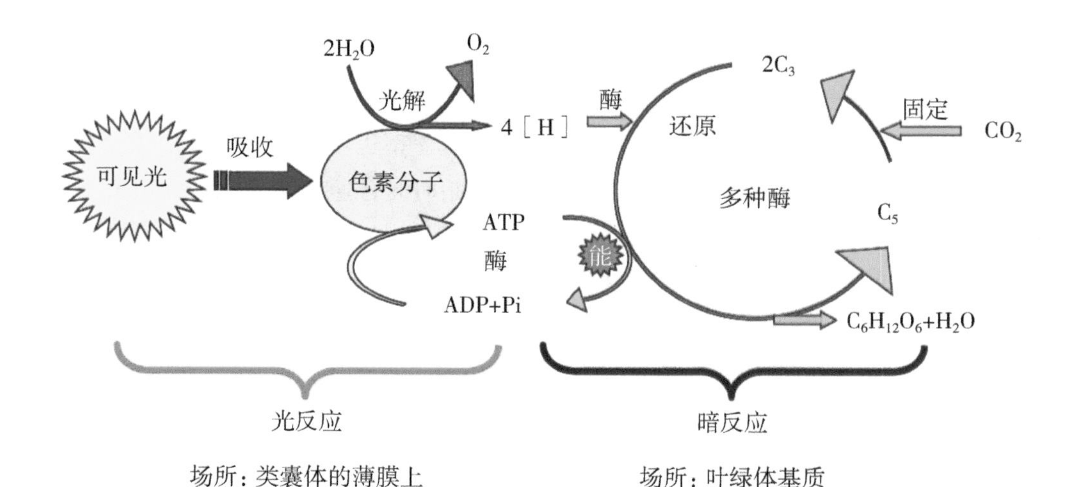

图 1–15　植物呼吸过程

呼吸作用对植物生命活动的重要性在于，呼吸作用为植物各种生命活动，如发芽、生长、吸收水肥、合成和运输有机物等不断提供能量。呼吸过程产生的许多中间产物，如有机酸等是细胞内物质合成的原料，如丙酮酸，α- 酮戊二酸是合成氨基酸的原料，利用乙酰辅酶 A 可以进一步合成脂肪等。植物体内的蛋白质、核酸、碳水化合物、脂肪和激素等重要有机物的合成，都有赖于呼吸作用的中间产物。另外，呼吸作用对植物本身还具有自卫作用。当病原菌侵害植物时植物呼吸急剧增高，植物可以依靠呼吸的氧化系统氧化分解病原微生物分泌的毒素，以消除毒害。此外，旺盛的呼吸还有利于伤口的愈合，使伤口迅速木质化，减少病菌的侵染。

（二）呼吸作用的影响因素

1. 内部因素

呼吸强度是衡量呼吸作用强弱、快慢的一个指标，也称为呼吸速率或呼吸率。以单位质量（鲜重或干重）在单位时间内释放 CO_2 的量、吸收 O_2 的量或干鲜重损失量的多少来表示。一般来说，桑树的呼吸强度随品种、年龄、器官和组织的不同而有所差别。桑树的不同器官，因为代谢不同，组织结构不同以及与氧气接触程度不同，呼吸强度有较大的差异，通常生长旺盛的、幼嫩的器官（根尖、茎尖、嫩根、嫩叶）的呼吸强度高于生长慢的、年老的器官（老根、老茎、老叶），生殖器官的呼吸强度高于营养器官；在花中，雌雄蕊的呼吸强度比花萼、花瓣强，雄蕊中又以花粉最强。同一植株或植株同一器官在不同的生长过程中，呼吸强度亦有较大的变化，以叶片为例，幼嫩时呼吸较快，成长后下降，到衰老时呼吸又上升，衰老后期呼吸下降到极其微弱。桑树在生长旺盛的 7 ～ 9 月，第 10 叶位以上，叶片越幼嫩，呼吸作用越强，刚开展的叶，呼吸速度为 5 ～ 6 mg CO_2 /（dm^2 · h），成叶为 1 ～ 2 mg CO_2 /（dm^2 · h）；第 10 叶位以下，呼吸速度的差异不显著。到 10 月，桑树的生长发育接近停止，第 10 叶位以上叶的呼吸作用减缓，并且叶片越幼嫩，降低越明显，但第 10 ～ 30 叶位的呼吸作用较 7 ～ 8 月同位叶的呼吸作用反见加速。充分成熟的叶，其呼吸作用在整个生长发育期间为 1 ～ 2 mg CO_2 /（dm^2 · h），夜间的暗呼吸为以上水平的 50% ～ 80%。

2. 温度

呼吸作用与温度的关系非常密切，因为温度能影响呼吸酶的活性，在一定温度范围内即桑树能够进行呼吸作用的最低温度和呼吸强度的最适温度之间，呼吸强度随温度的增高而加强；超过最适温度后，呼吸强度随温度的升高而降低。这是因为温度升高可以加快呼吸作用的反应速率，同时加快对酶的钝化作用和对原生质结构的破坏。

一般温度每升高 10 ℃引起呼吸强度增加的倍数，称为呼吸温度系数，通常用 Q_{10} 表示。在一般情况下，桑树 Q_{10}=2.05。但在春天桑树发芽期，呼吸强度受温度影响更大。桑树的发芽温度为 10 ℃，当气温在 10 ℃以上时，每上升 10 ℃，桑芽的呼吸强度可增大 3 ～ 4 倍。

呼吸作用的最适温度是指呼吸保持稳态的最高呼吸强度时的温度。桑树呼吸作用的最适温度为 25 ～ 35 ℃，在这样的温度下，呼吸强度最高。桑树光合作用的最适温度是 25 ～ 30 ℃，说明呼吸作用的最适温度比光合作用的最适温度高。因此，当气温超过 30 ℃时，由于呼吸消耗大于光合积累，对桑树生长不利。呼吸作用的最高温度界限为 50 ～ 55 ℃，超过这个界限，会破坏桑树的呼吸作用。温度是一个多变的因子，随时随地都可能发生周期性变化，对桑树的生长发育影响很大，呼吸作用是一系列生物化学变化，因此温度的变化对呼吸作用的影响特别显著。

3. 氧气和二氧化碳

氧气是桑树正常呼吸的重要因子，桑树的呼吸强度随氧浓度的升高而增大。氧浓度下降，有氧呼吸降低，无氧呼吸增高。正常大气含氧量为 21%，桑树以有氧呼吸为主，这对桑树的生长有利；当氧浓度下降到 10% 以下时，无氧呼吸上升，氧含量在 1% 时，无氧呼吸占了主要地位。短时期的无氧呼吸和局部的无氧呼吸对桑树的伤害不大，但无氧呼吸时间一久，桑树就会受伤死亡。

二氧化碳约占大气成分的 0.03%，二氧化碳浓度增大时，植物的呼吸作用相应减弱。但是植物根系在土壤中能适应低氧浓度（约 5%）和较高的二氧化碳浓度。当二氧化碳含量高于 5% 时，呼吸作用就受到抑制，当含量达到 10% 时，就会使植物死亡。因为氧浓度过低，根系有氧呼吸受到抑制，影响根系对水分和养分的吸收。这种现象在土壤板结的深处，尤其是在夏秋高温季节，植物根系和土壤微生物的呼吸活动旺盛的情况下常会出现。当土壤水分过多，氧气不足时，根系及微生物无氧呼吸上升，土壤中会积累二氧化碳和乙醇，对根系呼吸等生命活动都有不利影响。在作物生长期间，进行中耕松土、开沟排水等措施，目的之一就是改善土壤通气条件使根系能进行正常的呼吸作用，以利于根系生长。高浓度二氧化碳抑制呼吸作用，这个原理可用于桑果的贮藏保鲜。

4. 水分

水是生化反应的介质，细胞的含水量对呼吸作用的影响很大，在一定范围内呼吸强度随含水量的增加而增加。这种影响，在种子时期特别明显。当桑籽含水量保持 6% ～ 7% 时，呼吸作用十分微弱，可以安全贮藏，维持较久的生命力。这时的桑籽含水量称为安全贮藏含水量。当种子含水量处在安全界限以下时，水分在细胞内呈束缚水状态，不易参与生化反应，呼吸微弱，故呼吸消耗减少，也不易变质。但当桑籽吸水，细胞有较多的自由水，能参与生化反应，呼吸作用则加强。

桑叶和其他器官，一般不会因水分含量的稍有变化而影响呼吸强度，但当干旱缺水，桑叶失水过多呈萎蔫状态时，常出现呼吸强度反而上升的现象。这是因为缺水时，叶子内的光合产物运出比较困难，同时由于缺水酶反应以水解方向占优势，使水解产物较多，呼吸基质丰富，因此呼吸作用大大加强。有资料指出桑树的根、茎、叶和果实等器官在失水过多发生萎蔫时，会出现呼吸作用的暂时上升而后下降的现象。呼吸作用的暂时上升对桑树本身无多大的积极意义，反而是有机物的消耗骤然增加，加快受害进程。

5. 机械伤害

机械伤害会显著增加桑树组织的呼吸强度。正常生活的细胞内的酶与各种底物是隔开的，机械伤害破坏了这种分隔，使底物与酶接触而加快了底物的生物氧化过程。同时，有一部分未受伤的细胞转化为分生组织，形成愈伤组织去修补伤口，这些细胞的呼吸强度比原来休眠或成熟组织的呼吸强度要大些。因此，在桑果采收、包装、运输及贮藏过程中，应尽可能地防止桑果的机械损伤，避免造成损失。

6. 农药

桑树的呼吸作用受到各种农药的影响，包括杀虫剂、杀菌剂、除草剂、生长调节剂等。它们的影响机制很复杂，有的促进呼吸作用，有的降低呼吸作用，在农药使用上一定要注意。

三、桑树的蒸腾作用与水分代谢

水分是桑树主要的组成成分，是桑树生长最重要的生态因子之一。桑树在生长发育过程中，诸如营养物质的摄取和吸收，光合作用中淀粉、脂肪和蛋白质等的合成，以及树体温度的调节、细胞膨压的维持等都要依靠水分来进行。因此，了解桑树的水分代谢规律，创造适于桑树生长的水分条件，对于桑叶产量和质量的提高都有十分重要的意义。

（一）桑树体内的水分

水分对于桑树生命活动的必需性主要体现在以下几个方面：水是桑树细胞原生质的重要成分，生长旺盛的组织含有较多的水分；水是气体、矿物盐分和其他溶质的溶剂，溶质出入细胞和在器官之间移动都离不开水；水作为原料参与某些代谢过程；水是维持桑树膨润状态的必需物质，而一定程度的膨润状态是细胞分裂和增大以及气孔开放所必需的，保持枝叶挺拔也有利于吸收光能和气体的交换；水可以调节桑树体温，在散失水分的过程中能降低叶片温度，从而避免太阳辐射引起的高温危害。

水分在桑树体内的分布是不均等的。越是幼嫩的器官和组织，越是生长旺盛的器官和组织，水分含量越高；反之，成熟的、生长迟缓的、衰退或休眠的器官和组织，水分含量就比较低。

旺盛生长的桑叶，它的含水量占鲜重的 70% ～ 80%，随着叶片的成熟和衰老，含水量逐渐减少。枝条含水量一般低于叶片，已木质化的桑树枝条的含水量为 48% ～ 50%，但绿色嫩枝的含水量较高，可达 80% 以上。桑根的含水量较桑枝高但低于叶片，为 65% ～ 70%。树干的含水量则与木质化枝条相当。休眠器官的含水量较低，冬芽的含水量约为 40%，休眠桑籽的含水量为 6% ～ 7%。较低的含水量可降低代谢强度，从而有利于休眠器官的安全保存和抵御不良环境。

（二）桑树对水分的吸收

桑树生长需要的水分主要靠土壤提供，桑根是吸收水分的主要器官，只有极少的水分通过叶子甚至嫩梢吸收到桑树体内。桑根吸收水分最活跃的区域是根毛区，其次是位于根毛区下方的正在分化的后生木质部。

土壤中的水分按水势梯度扩散进入根中。根部对土壤中水分的吸收有两种不同的方式：主动吸水和被动吸水。桑根木质部导管内能产生一种压力，这种压力称为根压，根压迫使树液向上流动。根压产生的原因可能与根部木质部导管内汁液与土壤溶液之间渗透势差有关。根部汁液的水势比土壤溶液水势要小，所以水分能以渗透的方式从土壤向根部木质部导管移动。也有人认为，主动吸水过程不能完全用渗透机理来解释，因为水分可以逆浓度梯度移动，或者移动速度高于通常的渗透速度，所以认为根部呼吸活动提供的能量可以推动水分以非渗透的方式进行移动。被动吸水是桑树生长季节根部吸水最重要的动力来源，它是由桑树地上部分的蒸腾作用引起的。因蒸腾作用所产生的把水柱牵引向上的拉力称为蒸腾拉力。蒸腾拉力一般可达十几个大气压，可将水引到 100 多米的高度。桑叶蒸腾失水使叶子和其他器官的水势降低，从而形成和保持着与水的移动方向一致的水势梯度，在叶肉细胞和木质部管道之间的水势梯度，使木质部管道中的水分移向叶肉细胞，结果就是木质部中的水势相应降低了。因此，从根的外层到木质部的边缘，细胞的水势依次递减，而根的外层细胞的水势又低于土壤水势，于是土壤中的水分源源不断地从根的吸收表面进入输导系统从而到达叶子的蒸发表面。

影响根系吸收水分的因子很多，其中最重要的是土壤因子，如土壤温度、土壤渗透势、土壤通气性、土壤水分的可利用程度等。土壤温度对水分吸收速率的影响最为明显。低温不但使水分比较黏滞，降低了流动性，也使根细胞原生质通透性减低，同时根的生长也受到抑制，所以低温下根系吸收水分减慢。土壤溶液的浓度对根系吸水有很大影响，如果土壤溶液的渗透势比根细胞的水势小，则根系不但不能吸收土壤水分，相反根中的水分还会被土壤倒吸过去。土壤通气不良会阻滞根系对水分的吸收。在氧分压较低的条件下，根的生长和代谢迟缓；根系代谢活动的减慢，吸收和累积盐分能力的降低，将严重影响根系吸水能力。土壤 CO_2 累积对水分吸收的抑制作用较低氧分压更大，CO_2 浓度增加使根细胞原生质黏滞度增加、通透性降低，从而阻滞水分吸收，当然 CO_2 在土壤中累积而造成毒害的现象并不多见。

根系从土壤中吸收水分是一个生理过程，与根系活动及地上部分的蒸腾作用密切相关，因而凡是影响根系活动及蒸腾作用的因素，都会直接或间接影响根系的吸水。

（三）桑树的水分散失——蒸腾作用

桑树通过根系不断地从土壤中吸收水分，除直接参与代谢作用外，大量的水分通过桑树的地上部分散失到空中，从而牵动桑树体内水的流动，完成物质运输和营养分配。

水分从植物地上部分以水蒸气状态向外界散失的过程称为蒸腾作用。根系从土壤吸收的水分用作植物组成部分的不到 1%，99% 以上都是通过蒸腾作用散失到环境中。植物通过蒸腾作用产生蒸腾拉力，加强根系的水分吸收；蒸腾作用导致植物体内水分流动加快，从而促进植物体内的物质运输；水分由液体转化为气体散失到空气中，带走大量的热量，维持叶面温度的恒定（见图 1–16）。进行蒸腾作用的主要部位是气孔、角质层和皮孔，说明影响蒸腾作用快慢的生理指标是蒸腾强度，用在一定时间内单位叶面积散失的水量来表示。植物积累 1 g 干物质所消耗水分的克数称需水量（蒸腾系数），根据需水量可以计算出作物灌溉的用水量。

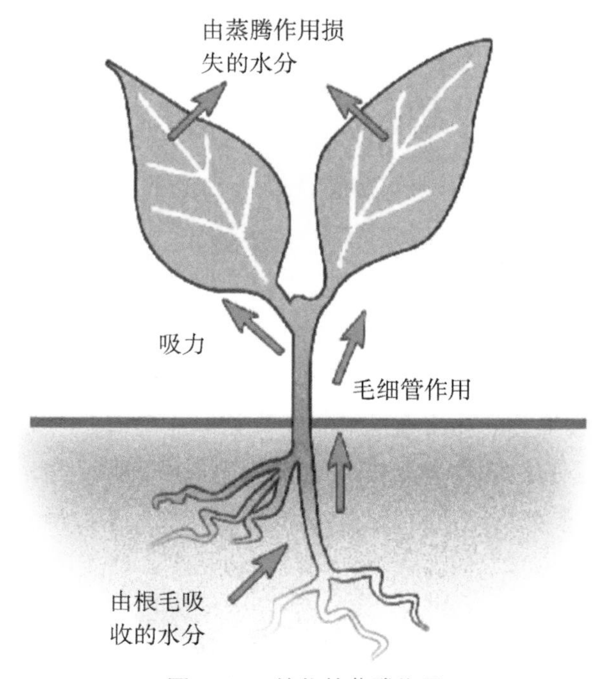

图 1–16　植物的蒸腾作用

在叶片蒸腾过程中，水分先从细胞壁蒸发到细胞间隙，再通过气孔扩散到外界环境中去。蒸腾作用不仅是一个物理过程，还是一个生理过程，与单纯的物理过程的蒸发作用有所不同。

蒸腾作用是植物体内水分通过植株表面向大气散失的过程，一切影响水汽扩散的因素都会对蒸腾作用的快慢产生影响。光照使叶温提高，加速叶肉水分蒸发，提高叶肉细胞间隙和气孔下腔的蒸汽压；光照使大气温度上升而相对湿度下降，增大了叶内外的蒸汽压差和叶片与大气的温差；光照使气孔开放，减少蒸腾作用的阻抗，因此，光照可以提高桑树的蒸腾作用。大气相对湿度越大，叶内的外蒸汽压差越小，蒸腾作用强度越弱；正常叶片气孔下腔的相对湿度在 91% 左右，当大气相对湿度为 40% ～ 48% 时，蒸腾作用就能顺利进行；天气干旱时，由于叶内外的蒸汽压差增大，蒸腾作用增强。在一定范围内温度升高，蒸腾作用加强；当土壤温度升高时，根系吸水加快，促进蒸腾作用的进行；当气温升高时，增加了水的自由能，水分子扩散速度加快，蒸腾作用强度提高。微风促进蒸腾，因为风能将气孔外边的水蒸气吹散，补充一些相对湿度较低的水蒸气，叶内外扩散阻力减小，蒸腾作用加强；强风则引起气孔关闭，叶片温度下降，使蒸腾作用减弱。

蒸腾作用受许多环境因子综合影响。一天内桑树的蒸腾作用强度随气温和空气相对湿度的变化呈规律性的变化：清晨日出后，温度升高，大气湿度下降，蒸腾作用随之增强，一般至下午 2 时前后达到高峰，而后由于光照逐渐减弱，桑树体内水分减少，气孔逐渐关闭，蒸腾作用随之减弱，日落后蒸腾作用降到最低点，形成一条单峰曲线。湖桑 32 号白天 12 小时内的平均蒸腾强度为 98 g/（m^2·h），夜间为 9 g/（m^2·h），只有白天的 10% 左右。

（四）水分和桑树生长

桑树生长需要的水分主要靠根系从土壤中吸取，土壤中的水分是桑树树体保持水分平衡的主要来源，土壤的含水量与桑树的生长发育及桑叶的产量和品质有密切的联系。

土壤干旱时，桑树叶片气孔关闭，叶片与外界气体交换减弱，光合作用和蒸腾作用降低或中止，细胞因缺水而停止伸长和分裂，各种器官的生长迟缓，新梢生长和出叶速度减慢乃至停止，严重干旱时叶片干枯脱落，桑树提早止蕊，根系生长量减少，特别是吸收根量锐减。土壤湿度过大或淹水时土壤中空气减少，影响根系的吸收和合成机能，造成“生理干旱”，也会影响桑树生长。

盆栽试验表明，在田间持水量 70% 左右的土壤中，桑树生长最为适宜，其枝条的伸长生长期比干旱区和淹水区的长 1 ～ 2 个月，单株桑叶量高 7 ～ 10 倍，地上部分生物量高 6 ～ 8 倍，根量高 10 ～ 22 倍。

土壤水分状况也影响桑叶的含水量和硬化时间，从而对叶质产生影响。70% 田间持水量区的桑叶片含水量比干旱区高 5%，叶龄长 52 ～ 61 天。用灌溉桑园和不灌溉桑园的桑叶分别饲蚕，饲育结果有明显的差异，灌溉区和不灌溉区全龄经过分别为 27 天 6 小时和 34 天 4 小时，死笼率分别为 0.83% 和 0.92%，万头茧层量分别为 2.77 kg 和 2.66 kg，全茧量分别为 1.38 g 和 1.15 g。

桑园积水过久，会导致根系腐烂死亡，桑叶成熟推迟，蛋白质、碳水化合物的含量减少。用这种桑叶养蚕，蚕体肥大，抗逆性差，容易诱发蚕病。

在桑树的成长过程中，桑树不断地从周围环境中吸收水分，以满足其正常生命活动的需要；同时，又将体内的水分不断地散失到环境当中去，维持体内的水分平衡。桑树对水分的吸收、水分在桑树体内的运输以及桑树的水分散失构成了桑树的水分代谢。土壤中的水分是桑树吸水的主要来源，桑树体内的水分通过蒸腾作用散失到空气中。因此，水分是桑树重要的组成物质，是其生长的最重要的生态因子之一，了解桑树的水分代谢规律，创造适宜桑树生长的水分条件，对桑叶产量和质量的提高有非常重要的意义。

四、桑树的氮素代谢

桑树在生长过程中，与外界环境进行着频繁的物质交换和能量交换。桑树不仅从空气中吸收CO_2和日光进行光合作用，还从土壤中摄取水分和营养物质。桑树要从土壤中吸收各种营养元素，才能正常生长发育。桑树在生长中需要最多的营养元素是氮，氮是桑树生育中不可缺少的元素。

氮元素在桑叶生长中占有极为重要的地位。氮素是构成细胞原生质的主要成分，占蛋白质重量的16%～18%，蛋白质又是酶的重要组成部分，酶是有机体新陈代谢作用最重要的接触剂，没有氮素，原生质和酶不能形成，细胞不会分裂，植株的新陈代谢就要停止，就不可能生长。氮素也是叶绿素的组成成分，缺乏氮素，叶绿素不能形成，光合作用就无法进行。据分析，春季的桑叶含氮量为1.30%，新梢为0.49%，枝条为0.41%；秋季的桑叶含氮量为1.22%。因此，给桑树增施氮肥，有利于蛋白质和叶绿素的形成，从而增加桑树的光合作用，促进桑树枝叶的迅速生长，使叶形增大，叶肉增厚，叶色加深，这样又反过来有利于光合作用面积的扩大，延长光合作用时期。此外，氮肥充足的桑树，因其叶片内蛋白质含量较高，可使硬化延迟，对桑叶增产、提高叶质起着决定性的作用。缺氮时，桑树枝条、树干瘦弱短小，新梢发育不良，桑叶内叶绿素的含量减少，叶片小、叶色黄、落叶早，产量和质量都降低。可见，氮素在蚕桑生产上的增产作用是十分明显的。

土壤中的氮，极大部分为存于有机质中的有机氮，这种氮一定要经过酶和微生物的作用才可逐步分解成为桑树可以直接吸收的铵态氮、硝态氮等无机氮。但硝态氮在土壤黏重、不通气的情况下，容易还原为氮气而挥发损失，并且桑树吸收的硝态氮不能直接用于合成，它必须还原成氨后才能参加到植物氮素代谢过程中去。桑树根系能直接吸收和利用铵态氮，而且速度很快。当桑树从土壤中吸收氨后，立即与呼吸过程中所产生的有机酸类（如丙酮酸等）形成相应的氨基酸和酰胺，再由一些氨基酸和酰胺经过氨基转移作用，形成其他种类的氨基酸，各种氨基酸在特殊酶的作用下合成蛋白质，新形成的蛋白质，立即参与植株的氮素代谢过程。愈幼嫩的器官，蛋白质的更新速度愈快，因此，如在桑树旺盛生长时追施氮肥，氨基酸的合成速度加快，蛋白质的更新速度更快，结果产叶量增加。

五、桑树养分的积累与利用

桑树在生长发育中需要多种营养元素，其中碳、氢、氧、氮是构成碳水化合物和蛋白质的主要成分，通常称之为有机物元素。除此以外，钾、钙、镁、铁、硫、磷、硼、锌、锰、铜等叫作灰分元素，或称为矿物质营养元素。矿物质营养元素在桑树生活中起着重大的作用，如影响细胞胶体的状态，决定原生质的通透性和持水能力，参与很多有机化合物的合成和转化、叶绿素的合成、糖类的代谢等。以上各元素的作用，不能互相代替，但能相互影响，当得不到任何一种必需的元素时，就能直接或间接影响植株的生长，从而导致产叶量的降低。有些桑树病症的出现，并不是微生物的侵染，而是土壤中缺少某些元素所引起，只要微量施用这些元素，就可以消除其病症使桑树发育正常。

桑树对养分的吸收主要是通过桑树的根系，在土壤溶液中进行，由水分将无机盐类溶解、电离供根系吸收。同时，通过水分的运输把养分运输到树体各部分，作为生命活动的物质基础。根毛除吸收水分外，还有吸收无机盐类的机能，根部吸收溶解水中的呈离子状态的养分如 PO_4^{3-}、NH_4^+、K^+ 等，根的吸收是靠离子置换作用进行的，与吸收作用有密切关系。首先，根部呼吸作用产生供给吸收无机盐所消耗的能量，同时呼吸作用产生的 CO_2 溶解于水中，生成 H_2CO_3 并离解成 H^+ 和 HCO_3^-，其变化反应如下：

$$CO_2+H_2O \longleftrightarrow H_2CO_3 \longleftrightarrow H^++HCO_3^-$$

根部原生质所吸附的 H^+ 就和土壤中盐类的阳离子如 NH_4^+、K^+ 等进行置换，而 HCO_3^- 和阴离子如 NO_3^-、HPO_4^{2-} 等进行置换，然后被置换下来的离子自原生质表面转到细胞内部，并从根毛细胞进入内层细胞。

水分和无机盐通过不同方式进入根毛细胞之后，由于盐类溶解于水中，因此盐类与水分共同由根毛经皮层、内皮层、中柱鞘、木薄壁细胞到达木质部的导管或管胞，这个过程是靠细胞间吸水力差来完成的。进入导管后，由叶片的蒸腾拉力把水及盐类往上拉，因为蒸腾强时，叶部细胞失水就向导管吸水，把水从根部引向叶部，蒸腾越强引起叶子失水越多，吸水力就越大，从导管拉水上来的力也越大。由于水分子本身有很大的内聚力，不会因拉力大而中断，因此水分子在导管中形成一根连续不断的水柱，水分就源源不断由下而上供应。水分及盐类上升到植株上部之后，水分除供应生理活动所需、作为光合作用的原料外，大半经过气孔蒸腾到大气中去，而无机盐类则运送到茎的生长点和叶子中去，在生长点中参与新细胞的形成，在叶子里参与进行有机物的合成过程。

桑叶生长期至成熟期就可利用，如继续发育至老硬期，非但叶片本身的营养价值降低，并且限制整个枝条的生长而减少新叶的形成。尤其在秋天，矮化的密植桑园叶面积指数愈大，水分的蒸腾量愈高，就出现土壤水分不足，枝条下部便出现黄叶而脱落，又因枝条数量达到一定时，待枝条长到一定长度或一定数量叶片时，即由于叶幕重叠而开始发生花绿叶和黄叶陆续脱落，这虽是桑树本身的一种自然调节现象，但对桑叶的收获造成了损失。因此，对枝条下部早期形成的成熟叶必须及早采摘，从而改善枝条下部的小气候环境。春季虽气温较低，湿度较大，叶的成熟慢，封行迟，但也应按早熟早采的要求分批采摘，以提高产量。

对桑树来说，作为营养器官的桑叶经常被采摘，尤其是光合作用最旺盛的成熟叶陆续被摘去，对树体营养物质的积累是有影响的，夏秋叶利用过多，势必削弱树势。所以要维护桑树的持续高产，必须处理好养分的积累和利用的关系，做到合理用叶。

因此，掌握了养分的形态和它的转化规律，根据桑树不同生长发育期对各营养元素的需要，事先给予充分的满足，就可以控制和促进养分朝有利于生产的方向转化，使桑树生育正常并获得较高的产叶量。

第四节　桑树生长发育的生态条件

植物有自己的生长发育规律，只有在满足一定外界条件下，才能正常生长发育。桑树长期生活在某种环境条件下，形成对某种环境条件的适应性，从而在其生长发育过程中，就要求一定的外部条件。而外界条件的变化对它的生长发育也产生一定影响，如果环境条件不适合，就会影响桑树的生长发育或促使桑树适应性改变，甚至死亡。

桑树的生长发育与生长环境密切相关，土壤状况、光照条件、温度变化、水分供应和气候改变都直接影响着桑树的生长发育过程。桑树栽培就是根据生产目标，为桑树的生长发育提供最适合的生长环境，让桑树按照人们的要求去生长。

一、土壤

土壤是指陆地上能够生长植物的疏松表层，是人类赖以生存和发展的重要资源和生态条件。桑树生长于土壤之中，通过根系从土壤中摄取水分和养分。桑树对土壤的适应性较广，但是只有在适宜的土壤条件下，桑树才能生长良好，桑叶才能获得高产。土壤性状（质地、结构、酸碱度等）对桑树的生长、桑叶的质量和产量都有着极为密切的关系。为了获得高产、稳产、优质的桑叶，就需要了解桑树生长良好所需要的土壤条件及我国栽桑土壤的特点。

（一）土壤的组成与类型

土壤的组成物质是土壤供给和协调植物生长发育所需要的水分、养分、空气、热量、扎根条件和无毒害物质能力的基础。任何一种土壤都是由固体、液体（土壤水分）、气体（土壤空气）3 种物质组成的一个整体。固体部分包括矿质土粒、有机质和土壤微生物，一般占土壤总体积的 50%。土壤固相是土壤的主体，它不仅是植物扎根立足的场所，而且它的组成、性质、颗粒大小及其配合比例等，又是土壤性质的产生和变化的基础，直接影响着土壤肥力的高低。

土壤质地影响土壤的物理、化学和生物等性状，与桑树生长发育所需的水、热、气、肥关系十分密切。世界各国对土壤质地进行分类的标准不尽相同，但大多将土壤质地分为砂土、壤土、黏土 3 种类型。黏土黏粒含量高，孔隙小，结构紧密，结构力大，适耕期短，保水保肥能力强，但是通气性差，排水不良，有机质及养分分解缓慢，同时机械阻力大，耕性差，种子不易出苗，根系伸展困难，造成桑树生长迟缓。砂土类土壤通气性、透水性强，耕性好，种子易出苗，但是保水保肥能力差，易干旱和出现脱肥现象，桑树生长同样受到影响。壤土由于砂粒、粉粒、黏粒含量比例较适宜，因此兼有砂土和黏土的优点，并避开了它们的缺点，是桑树生长较为理想的质地类型，以土层较厚、有机质比较丰富、排水透气性能较好的中性壤土或砂质壤土最为适宜桑树生长，这类土壤栽种桑树生长好，桑叶高产质优。

（二）桑树对土壤的要求

1. 土层

桑树是多年生的深根性植物，一般栽培桑树的根系分布深达 1.5 m 左右，最深可达 3 m 以上。据调查，江苏镇江 3 年生低干桑在 0 ～ 40 cm 土层内的鲜根量占总根量的 42.6%，在新疆和田 4 年生中干桑和田白桑在 0 ～ 40 cm 土层中的鲜根量占总根量的 69.7%。因此，栽桑土壤的土层要深达 1 m 以上，而且耕作层深度要不低于 20 cm，底土层松紧适当，才有利于桑树根系向深处发展，从而扩大水分和养分的吸收范围，促进桑树地上部分的旺盛生长，增强桑树对冰冻、干旱等不良环境的抵抗力。

2. 地下水位

地下水位的高低，不但直接影响桑树根系的分布，而且还通过对土壤的洪、涝、旱、盐、碱的影响作用于桑树的生长。例如丘陵高地，当地下水位过低时，桑根无法吸收利用地下水，在少雨缺少灌溉时桑树就会遭到旱害。地势低洼、地下水位过高的滨海海滩，不仅限制桑根向纵深伸展，而且使桑树易受旱涝灾害，树势早衰，叶质变差，多发病害。盐碱地区，地下水位高，还易造成土壤盐渍化，影响桑苗的成活和桑树的生长。因此，栽桑地应尽可能选择地下水位适当的土壤。适合桑树生长的地下水位在 1 m 以下。

3. 土壤酸碱度

桑树对土壤酸碱度的适应性较大，在 pH 值为 4.5 ～ 9.0 的范围内均可生长，但以 pH 值为 6.5 ～ 7.0 生长最为理想。土壤的酸碱度不仅直接影响桑根的生长，而且影响土壤中的矿质元素的溶解度，如氮素在 pH 值为 6.0 ～ 8.0 时有效程度最高，速效磷在 pH 值为 6.0 ～ 7.5 时有效程度最高，pH 值超过 7.5 或低于 5.5 时都会分别与铁离子、铝离子或钙离子结合降低其有效性。钾在酸性土壤中容易流失。因此，桑树在过酸的土壤中生长，易发生缺磷、钾、钙等营养元素和受铝、铁的毒害；在过碱的土壤中生长，会因土壤的理化性状不良而造成多种营养元素的失效。

土壤的酸碱度还会影响土壤中有益微生物的活动，从而影响土壤有机质的分解，降低桑树对养分的吸收。例如固氮细菌在土壤 pH 值小于 5.7 时很少发现，硝化细菌纤维分解细菌在 pH 值小于 6 时不能生长。这些都直接影响着土壤元素对桑树的供应。

4. 土壤水分

土壤水分是土壤的一个组成部分，它不但直接参与土壤中的物质转化，在土壤的形成中有着重要作用，而且是肥力因素之一，与桑树的生长关系密切。土壤水分过多，土壤中空气不足，会造成根系呼吸困难，吸收受阻，无法补充因蒸腾消耗的水分，导致气孔关闭，光合作用停止，影响桑树的生长，严重时造成根毛枯萎脱落，病害增多，桑叶质量下降。

土壤中空气的减少，会引起嫌气性微生物的活动加剧，使土壤中积累 CO_2、有机酸和其他一些还原产物，对桑根造成毒害，影响桑树的正常生长。反之，土壤水分过少时引起干旱，同样使桑树生长受阻。据调查，桑树最适土壤含水量为田间持水量的 60% ～ 80%，其中桑树发芽期为 60% ～ 70%，旺盛生长期为 70% ～ 80%。当土壤含水量降至田间持水量的 50% 左右时，应及时进行灌溉，否则就会造成桑树叶质变差，硬化加快，降低营养价值。

二、光照

桑树属阳性植物，光照充足才能正常生长。光照是光合作用的能量来源，光合作用是桑树用来制造营养物质的主要方法。光照充足，则叶色浓绿，叶肉厚，干物质积累多，叶质好，产量高；相反，光照不足，则光合作用减弱，呼吸作用所消耗的能量大于光合作用所同化的能量，叶片的生长及产量、质量就会受到严重影响，用这种桑叶养蚕，蚕容易发病，产茧量低。可见，桑树的生长发育与光照的关系非常密切。

光照对桑树生长的影响可分为间接影响和直接影响两个方面。光照对桑树生长的间接影响，主要是影响叶片的光合作用。因为光照不仅是桑树光合作用、制造有机物质的能量来源，是桑树叶绿体发育和叶绿素合成的必要条件，还能调节光合作用碳循环某些酶的活性，所以光照不足就不能产生足够的有机物，桑树生长也就失去物质基础。此外，光照可以影响桑树的蒸腾作用，在土壤水分不足的情况下，往往会使桑树体内产生水分亏缺而抑制桑树的生长。光照对桑树生长的直接影响，主要是光质、光照强度和光照持续时间的不同，对桑树生长的速率和方式产生影响。

在光合作用中能起作用的波长范围（即不同色的光），约与肉眼所见相当，即辐射波长 400 nm（紫光）至 700 nm（红光）范围内。叶片呈现的色彩即是最少被吸收的光的色彩，可见叶片内的叶绿素吸收紫光和红光多，而绿光最少，叶黄素和胡萝卜素吸收蓝光和紫光。

对桑树植株以至大面积桑园中的群体来说，即使是全日照，也不能达到光合作用强度的顶点，因为最顶端的叶虽然处在光饱和状态，但位于下部的叶常被上部叶所遮蔽，却仍处于光限度之中。植株接受光照量的多少，与其外形极有关系，特别是叶形和叶的排列，对于光的扩散和截取功能有关。半圆形的树冠吸收光的表面最大，下部叶的遮阴最小；叶形小或虽叶形大而分裂的叶片允许部分的光照不受阻碍而射达到下面的叶片上，对受光也是有利的。此外，叶片的排列方向（叶序）对受光也很重要，成熟的阳向叶的同化量可接近 15 mg，阴向叶的仅接近 5 mg。

照到桑树上的太阳光，只有一小部分被桑树利用。这种植物合成作用消耗的能量与投入太阳能总量的比，叫作光能利用率。

在生产中，栽培桑树必须注意群体结构，合理密植，使每株桑树、每张桑叶都能得到充分的光照，选栽良种和改善栽培管理条件以提高光能利用率就可以一定程度增加产叶量。

三、温度

桑树从种子发芽，成长为幼苗、植株直至高大树木，其间一系列生理活动过程，都必须在一定的温度条件下才能进行。极端的低温（–5.9 ～ –2 ℃）促使组织中结冰引起冻害；当温度超过 40 ℃时，光合作用强度降低而呼吸作用仍旺盛进行，消耗树体内积累的营养物质，生长亦必然受到抑制甚至带来高温危害。

气温和土壤温度是相互关联的，温度受光照的影响，有着周期性的年变化和月变化，随时影响着桑树生长发育。气温主要影响桑树地上部分的生长，土壤温度主要影响地下部分的生长。但在一年中，主要由气温变化影响桑树生长发育的快慢。

温度对桑树生长的影响是通过酶影响各种代谢过程的一种综合效应。温度不仅影响水分与矿物质的吸收，而且影响物质的合成、转化、运输与分配，因而影响细胞的分裂与伸长。在一定范围内，温度升高桑树生长加快，温度降低桑树生长减慢。

桑树的生长发育与温度关系极为密切。桑籽在 12 ～ 38 ℃范围内均能发芽，最适温度为 32 ℃。越冬后的桑树，当地温升高达 5 ℃以上时，根系开始进行吸收作用。当气温在 12 ℃以上、水分充足时，桑芽就会萌发。在 25 ～ 32 ℃时，气温越高，桑树生长速度就越快。桑树各部分的生长发育，在 20 ～ 30 ℃的昼夜变温中远较在 25 ℃的昼夜恒温中快，这是因为白天高温有利于光合作用的进行，而夜间低温可以减少呼吸作用的消耗，相对地增多营养物质的积累，这也说明昼夜温差大的地区比温差小的地区更有利于桑树的生长发育。桑根生长的适宜地温为 30 ℃左右。当土壤温度超过 40 ℃时，桑根生长受抑制，光合作用强度降低，养分消耗过大，桑树生长受到影响，但此时如果土壤水分充足，可减轻高温的危害。当气温低于 12 ℃时，桑树生长减缓或停止，落叶并进入休眠状态。

叶片温度同日照和气温有关。夏秋季的无干桑园，上午 10 时前光照不强、气温不太高时，某些方向的叶温较气温略低，日照下，枝梢叶温较气温高达 6 ℃，在垂直方向，从上向下叶温渐减，而与气温相近；在同一平面内，同一时间内的不同方位，或者同一方位不同时间，叶温差达4～6 ℃，以12时—14时的叶温为最高，尤其是13时各方位的叶温最高，并且高于气温。叶温越高，水分的蒸腾量越大，此时采叶，极易引起桑叶的凋萎而降低营养价值。

因此，桑籽播种、良种桑的嫁接以及各期桑叶的利用程度，必须与当地季节密切配合，以提高生产效能。

四、水分

桑树的生命活动需要充足的水分，养分的摄取及输导、同化作用、树体温度的调节等都离不开水。从微观方面看，水是桑树体内的组成部分，在生长点、叶肉组织和果肉等的生活细胞内含水量最高，因为细胞原生质的代谢活动、细胞的分裂，特别是细胞的伸长、生长都必须在细胞水分接近饱和的情况下才能顺利进行。桑树在生长发育过程中，诸如营养物质的摄取和吸收，光合作用中淀粉、脂肪和蛋白质等的合成，以及树体温度的调节、细胞膨压的维持等，都要依靠水分来进行。因此，含水量很低的风干桑种不能萌发生长，只有吸收了足够的水分后才能萌发生长。一般桑树全株平均含水量为60%左右，其中叶片含水量为70%～80%，枝条为58%～61%，根为54%～60%，休眠芽为43%左右。

相对来说，桑树本身的需水量并不很大，而对水分的实际消耗量却很大。桑叶在进行光合作用制造营养物质的同时，从叶片散失出去的水分是惊人的。据计算，桑叶制造1 g干物质所需水量要达274 g，一天的消耗量为叶重的30倍左右。

树体各部分的水分主要从土壤中吸收而来，在根、茎、叶组织中传导。适宜桑树生长的土壤含水量，为土壤最大含水量的70%～80%。如果土壤中水分过多，特别是桑园积水，土壤中空气减少，根系呼吸困难，会出现生理干旱，桑树即停止生长。桑树如遇供水不足，植株体内就会出现水分再分配的情况，枝梢生长缓慢，严重时桑叶会黄化脱落，提早封顶。在生产中桑园要求地下水位在1 m以下，并采取灌溉、排水等措施，才能保障桑树旺盛生长。因此，土壤含水量直接影响到桑树的生长发育，保证桑园土壤适当含水量是十分重要的高产技术措施。

桑树体内的水分散失主要是通过叶的蒸腾作用，由于蒸腾作用造成树体内水分的上行液流，促使水和从土壤中吸收的矿物质向枝叶组织输导，同时，日间较强的蒸腾作用避免了叶子的过热现象。桑树在生长发育过程中，对水分有一定的调节能力，借以达到收（吸收）支（蒸腾）的平衡。如土壤过于干燥，桑树吸水不足，枝梢叶片便会出现萎蔫现象，接着叶片下垂，新梢生长停止，严重时叶片枯黄脱落；土壤水分过多，影响根系的吸收作用，叶内营养物质形成减少，桑叶不易成熟。

五、空气

对桑树生长有影响作用的空气包含大气中的空气和土壤中的空气。空气中的CO_2和O_2是桑树生长过程中不可缺少的要素。桑树的呼吸作用需要O_2。大气空气中O_2约占21%，O_2充分可满足呼吸作用的需要；地下部分常因土壤结构不良，或土壤水分过多，易引起透气性不良，则根系呼吸困难，影响整个植株的生长。桑叶进行光合作用制造营养物质时，需要CO_2做原料。CO_2在大气空气中的含量只占0.03%左右，一般不能满足桑树光合作用的需要，因此适当增加空气中的CO_2浓度可促进光合作用，如增施有机肥料，经土壤微生物分解后释放CO_2，经根部吸收，运到叶片中供光合作用利用，就可以提高光合利用率，从而增加产叶量。用放射性碳为标记的 $^{14}CO_2$ 供应植物，在光照条件下，30 秒内 ^{14}C 就被植物用来制造十分复杂的脂肪类或糖类。

空气中 CO_2 的平均含量为 0.03%（即 0.6 mg/L），在夜间近地面处可以升至 0.10%。旱地的土壤每小时每平方米供应 CO_2 0.13 ～ 2.20 g；淹水的土壤，由于水的隔离，影响 CO_2 从土壤中扩散到大气，其供应量低于 0.10 g。在阴天，光合作用弱，需要土壤供应更多的 CO_2；晴天，从土壤中供应的 CO_2 仅是总量的一小部分。

根部在生长发育期同样不断地进行呼吸作用，结构良好的土壤孔隙度大，通气性好，根系能够从中获得 O_2。如桑根处于淹水或土壤黏重等缺氧条件下，根系组织则进行缺氧呼吸，将糖分分解为酒精（C_2H_5OH）和 CO_2，这些物质对根系的生长有害。

桑籽在含水率低和低温、缺氧的条件下，酶（生物体促进有机物质分解的催化剂）的活性降至最低值，可以长久的贮藏而不丧失其活力，但一经吸水、种皮透水性增强后，酶系活动，此时没有氧的供应，种子就会死亡。

空气中的尘埃、水蒸气、雾和有毒气体对桑树生长有很大影响。尘埃附着在桑叶表面，影响光照和气体交换。水蒸气和雾减少空气透明度，使光照强度减弱。工厂、砖瓦窑等排放出来的有毒气体（氟化物、硫化物）会污染桑叶，SO_2 通过气孔进入叶细胞，水化成亚硫酸破坏叶绿体，叶片上呈现白色斑点，甚至脱水死亡；氟化物会使被污染的桑叶出现枯斑，蚕食用了这些桑叶后会出现中毒现象，严重时蚕会死亡。

空气流动（即风）对桑树也有不同影响。桑花是风媒花，以风传播花粉，结实繁殖后代。微风对密植茂盛的桑树有促进蒸腾作用的作用，降低相对湿度。但风大常引起风害，如枝干折断等。所以，多风地区桑园要设置护田林或防风林，或选择抗风品种栽植。

生态条件主要对桑树生长发育起着综合作用，而每个生态条件又有它的单独作用，各个生态条件之间都是相互联系、相互制约、相互影响的，它们形成各种不同组合，会使桑树的生长发育产生各种结果。在桑树栽培和科研工作中，必须重视生态条件的综合作用，同时注意各个生态条件的单独作用，才能采取措施解决实际问题。

（本章编写：邱长玉、曾燕蓉；插图：朱方容）

第二章　桑树的种类和良种

第一节　桑树的分类

一、桑树在植物分类学上的位置

桑树是落叶性多年生木本植物，乔木多，灌木少。植物体中具有白色乳汁。叶片互生，叶裂与不裂，叶缘有锯齿；托侧生，早落性。穗状花序，花雌雄同株或异株。果实肥厚多肉，相集而成为聚花果，称桑椹，俗称桑果。

桑树在植物分类学上的位置：

界：植物界（Regnum vegetable）

门：种子植物门（Spermatophyta）

亚门：被子植物亚门（Angiospermae）

纲：双子叶植物纲（Dicotyledoneae）

目：蔷薇目（Rosales）

科：桑科（Moraceae）

属：桑属（*Morus* L.）

种：桑（*Morus alba* L.）

桑科植物中，与桑属同科的远缘植物有楮属（*Broussonetia*）、柘属（*Cudrania*）及榕属（*Ficus*）等。桑属（*Morus*）有许多种及变种。

桑种是按自然分布区而形成的。桑是异花授粉植物，品种与品种之间很易杂交，形成了很多过渡类型，其中有些类型一时难以列入某些种或变种，因此桑属尚无比较满意的分类方法。现按照花柱、柱头内侧的特点，以及叶、花序、聚花果的形态性状等，列出我国的桑属检索表。

二、我国的桑属检索表

1. 雌花有明显花柱。

2. 柱头内侧有突起。

3. 叶缘齿尖，具长刺芒。

4. 叶表面平滑无毛，叶背面绿色，稍生柔毛，常不分裂……………………………………………………………………………………蒙桑 *M. mongolica* Schneid.

4. 叶表面毛粗糙，叶背面灰白色，密生柔毛，常为裂叶……………………………………………………………………………………鬼桑 *M. mongolica* var.*diabolica* Koidz.

3. 叶缘齿尖无刺芒。

5. 叶表面粗糙。

6. 叶圆形或广卵圆形，背面无毛。聚花果圆筒形，长 3 ～ 3.5 厘米，成熟玉白色……………………………………………………………………………川桑 *M. notabilis* Schneid.

6. 叶心形或卵圆形，背面有稀短毛。聚花果椭圆形，长约 2 厘米，成熟紫黑色……………………………………………………………………………山桑 *M. bombycis* Koidz.

5. 叶表面光滑。

7. 叶表面无缩皱，叶缘齿尖有短突起。花柱与柱头等长。聚花果球状……………………………………………………………………………唐鬼桑 *M. nigriformis* Koidz.

7. 叶表面有缩皱，叶缘齿尖无突起。花柱比柱头短。聚花果椭圆形……………………………………………………………………………瑞穗桑 *M. mizuho* Hotta.

2. 柱头内侧有毛。

8. 叶卵圆形或斜卵形，常分裂，边缘锯齿细而密。花柱长于柱头。聚花果长 1 ～ 2 厘米，成熟暗紫色……………………………………………………………鸡桑 *M. australis* Poir.

8. 叶心形或广心形，常不分裂，边缘锯齿三角形，齿尖具短尖。花柱比柱头短。聚花果长 4 ～ 6 厘米，成熟紫红色……………………………………………滇桑 *M. yunnanensis* Koidz.

1.雌花无明显花柱。

9. 柱头内侧有突起。

10. 叶无毛或幼时被微柔毛。聚花果窄圆筒形，长 4 ～ 16 厘米。

11. 叶长椭圆形，全缘或上部边缘具疏浅锯齿，侧脉 3 ～ 4 对。聚花果成熟紫红色……………………………………………………………………………长穗桑 *M. wittiorum* Hand. –Mazz.

11. 叶广卵圆形，边缘具细锯齿，侧脉 4 ～ 6 对。聚花果成熟黄绿色或紫红色……………………………………………………………………………长果桑 *M. laevigata* Wall.

10. 叶背脉腋簇生柔毛。聚花果椭圆形，长 1 ～ 2.5 厘米。

12. 叶形大，常不分裂，表面有水泡状或缩皱。聚花果成熟紫黑色…鲁桑 *M. multicaulis* Perr.

12. 叶形较小，常分裂，表面平滑。聚花果成熟紫黑色或玉白色，亦有粉红色……………………………………………………………………………白桑 *M. alba* Linn.

9.柱头内侧有毛。

13. 叶背面被柔毛，叶柄短。聚花果成熟紫黑色或紫红色。

14. 叶表面粗糙，叶柄无槽。聚花果椭圆形，长 1.5 ～ 3 厘米，成熟紫黑色……………………………………………………………………………黑桑 *M. nigra* Linn.

14. 叶表面被柔毛，叶柄有浅槽。聚花果圆筒形，长 2 ～ 3 厘米，成熟紫黑色或紫红色……………………………………………………………………………华桑 *M. cathayana* Hemsl.

13. 叶背面无毛，叶表面通常平，少光泽。聚花果窄圆锥形，先端钝，长 2 ～ 4 厘米，成熟紫黑色……………………………………………………………广东桑 *M. atropurpurea* Roxb.

三、桑属的分布和主要桑种类型

（一）桑属的分布

桑树自然分布广阔，世界五大洲，从热带、亚热带、温带到冷温带，从海拔不足 10 m 到海拔 3 340 m（西藏八宿县白马乡）均有桑树生长。桑树的适应性和生命力较强，在海滩边上，在盐碱地，在沙漠深处，在石山坡上均有桑树生长。在美丽的西藏林芝市米瑞乡，有一株古桑树，已生长 1 600 余年，现树高 7.4 m，径围 13 m，主干材积 40 余立方米，树心充实，仍枝繁叶茂、郁郁葱葱，年年盛开雄花（见图 2–1）。

我国桑树种质资源丰富，栽培和野生的桑树有鲁桑、白桑、山桑、广东桑、蒙桑、鬼桑、黑桑、鸡桑、华桑、滇桑、瑞穗桑、长果桑、长穗桑、川桑、唐鬼桑等 15 个种及变种。广西栽培的、野生的桑种和变种有广东桑、华桑、长果桑、鸡桑、蒙桑、鬼桑、长穗桑、白桑、鲁桑等 9 个。

图 2–1 西藏林芝市的古桑王

（二）主要桑种类型

1. 鲁桑

鲁桑（*Morus multicaulis* Perr.），原产于中国，分布于全国各地，以浙江、江苏、山东等省栽培为多，是我国主要栽培种之一（见图 2–2）。落叶乔木或大灌木，树冠开展，树皮平滑，枝条粗长，皮青灰色或灰褐色，节间微曲。冬芽三角形或卵圆形。叶片较大，心形或卵圆形，大多为全缘叶，无缺刻，叶面有缩皱，叶色多深绿，富有光泽，叶缘乳头状或钝头锯齿状，叶基心形，叶肉较厚。雌雄异株，也有同株。花轴密生白毛，雌花无花柱，柱头内侧有乳头状突起，聚花果椭圆形，成熟期由红色变紫黑色。春季发芽较迟，桑叶成熟较慢，硬化较迟，秋季落叶休眠较早。

图 2–2　桐乡青（*Morus multicaulis* Perr. 鲁桑种）（四川三台蚕种场提供）

2. 白桑

白桑（*Morus alba* Linn.），原产于中国、朝鲜及日本，分布很广，我国东北、西北、西南等地区栽培较多，是我国主要栽培种之一（见图 2–3）。

图 2–3　陕玉 1 号（*Morus alba* Linn. 白桑种）（苏超提供）

落叶乔木或大灌木，枝条直立，较细长，皮青灰色或赤褐色，节间较短。冬芽小，三角形或卵圆形。全缘叶或裂叶，或全缘叶和裂叶混生，叶面平滑、有光泽，叶色多深绿，叶缘钝头锯齿状，叶尖锐头，也有钝头，叶基浅心形或截形，叶柄较长、有细槽，叶肉较厚。多为雌雄异株，偶有同株。雌花无花柱或花柱很短，柱头内侧密生乳头状突起。聚花果椭圆形，成熟期为玉白色，或紫黑色，少数粉红色。春季发芽较迟，桑叶成熟较慢，硬化较迟，秋季落叶休眠较早。耐旱性和耐寒性较强。

3. 山桑

山桑（*Morus bombycis* Koidz.），原产于中国、朝鲜及日本，我国栽培甚少，日本的栽培品种多为山桑（见图 2–4）。落叶乔木，枝条较多，枝态直立，皮层多皱纹，较粗糙，皮黄褐色或赤褐色。冬芽卵圆形，先端尖、赤褐色。叶片卵圆形，多为裂叶，或全缘叶和裂叶混生，叶面稍粗糙，叶尖尾状，叶缘锐锯齿或钝齿，叶基心形或截形，叶色浓绿，叶柄无毛或生柔毛。雌雄异株，或同株。雌花柱长 1 ～ 2.5 mm，柱头长 1.5 ～ 2 mm，柱头内侧密生细毛。聚花果成熟为紫黑色。多为早熟品种，耐寒性较强。

图 2–4　剑持（***Morus bombycis* Koidz.** 山桑种，日本品种）

4. 广东桑

广东桑（*Morus atropurpurea* Roxb.），俗称荆桑，原产于广东、广西等省（区），主要分布于广东、广西及福建等省（区），以广西、广东栽培较多，是我国主要栽培种之一（见图 2–5）。

图 2–5　恭同桑（*Morus atropurpurea* Roxb. 广东桑，原产地：广西恭城）

乔木或灌木，枝条较多，较细长，直立，皮青灰色或灰褐色两种居多，表皮光滑或稍粗糙，芽为卵形或长三角形，副芽较多。叶形小，多为全缘叶，也有裂叶，叶肉薄，叶色稍淡，叶面平滑或稍粗糙，光泽弱，叶尖长锐头或尾状，叶缘锐锯齿，幼叶的叶脉有白毛，节间较短，冬芽小，三角形或卵圆形。多为雌雄异株，偶有同株。雌花无花柱，柱头内侧密生细白毛，雄花序长。聚花果长椭圆形，成熟紫黑色。桑树休眠期短，发芽早，生长快，叶成熟快。发根力强，可扦插繁殖。再生能力强，耐剪伐，一年可多次采叶和剪枝。抗寒性弱。

5. 瑞穗桑

瑞穗桑（*Morus mizuho* Hotta.），原产于中国及日本，在我国浙江、江苏、安徽有少量栽培（见图 2–6）。乔木，枝条粗长而直，皮棕褐色或灰褐色，皮孔较多，芽形大，三角形。叶片大，全缘叶或裂叶，心形，叶尖尾状或长锐头，叶缘锐锯齿状，叶基心形，叶面浓绿色，有缩皱，叶肉厚，叶柄较粗长。多为雌雄异株，偶有同株。雌花柱长 1 ～ 2 mm，柱头内侧密生乳头状突起。聚花果椭圆形或圆筒形，长约 2 cm，成熟紫黑色。春季发芽较迟，桑叶成熟较快，硬化早，多属早熟品种，易发生桑萎缩型萎缩病和桑黄化型萎缩病。

图 2-6　火桑 87（*Morus mizuho* Hotta. 瑞穗桑）

6. 鸡桑

鸡桑（*Morus australis* Poir.），又称小叶桑，产于中国，分布于广东、广西、云南、贵州、四川、重庆、台湾、湖北、浙江、河北、陕西等地区（见图 2-7）。小乔木或灌木，树皮暗褐色，枝条较多，较直，很细长。叶卵圆形，全缘叶或裂叶，间有深裂，叶尖尾状或长锐头，叶缘锐锯齿状，亦有钝齿，叶基浅心形或截形，叶面稍粗糙，叶背面有细毛或几乎无毛，叶柄较短细，无毛。雌雄异株，雄花序圆柱形，垂性，花序柄细长有毛，雌花无小柄，花柱长于柱头，柱头内侧密生细毛。聚花果长 1 ～ 2 cm，成熟暗紫色，多汁，味甜。枝条发根力强，可扦插繁殖。再生能力强，耐剪伐。

图 2-7　野生鸡桑（*Morus australis* Poir.）

7. 华桑

华桑（*Morus cathayana* Hemsl.），产于中国。分布于江苏、江西、安徽、湖北、浙江、广东、广西、云南、贵州、四川、重庆及河南等地区（见图 2-8）。乔木，亦有灌木状的。树皮灰色，枝条细长，直立，皮多数青灰色，亦有灰褐色，皮孔大而少，芽形大，尖卵形。叶片较大，全缘叶或裂叶，心形，叶尖尾状，叶缘乳头状锯齿，大小不齐，叶基心形或截形，叶面粗糙有毛，光泽弱，叶背密生柔毛，叶柄较粗短，有细毛，叶肉较厚。雌雄异株多，雌花序圆柱形，有短柄，花被近似圆形，边缘有毛，无花柱或极短，柱头内侧有短毛。聚花果圆筒形，长 2 ～ 3 cm，成熟紫黑色或紫红色。

图 2-8　野生华桑（*Morus cathayana* Hemsl.）

8. 长果桑

长果桑（*Morus laevigata* Wall.），原产于中国，分布于云南、贵州、广西、西藏等地区（见图 2-9）。乔木，亦有灌木状的。枝条细长而直，皮青灰色，嫩枝有柔毛，芽形大，尖卵圆形。叶广卵圆形，多为全缘叶，偶有 2 ～ 3 裂或 5 裂，幼叶疏生细毛，成叶无毛或微粗糙，叶尖长锐头或尾状，叶缘锯齿较小，叶基心形，叶柄长 2.5 ～ 5.0 cm。花序细长，花被近圆形，雌花无明显花柱，柱头内侧具乳头状突起。聚花果窄圆筒形，长 6 ～ 16 cm，成熟黄绿色或紫红色，味甜，抗寒性强。

图 2-9　水桑（*Morus laevigata* Wall. 长果桑，云南省品种）（储一宁提供）

9. 长穗桑

长穗桑（*Morus wittiorum* Hand. –Mazz.），产于中国，分布于广东、广西、云南、贵州、湖南、湖北等地区的山区（见图 2–10）。乔木或灌木。高 4 ～ 20 m，树皮灰白色，幼枝褐色，芽卵形。叶长椭圆形，表面绿色，背面淡绿色，无毛，叶缘具疏浅锯齿，或近全缘，叶尖尾状，基部圆形或近圆形，叶柄短，有浅槽，托叶长卵形，雌雄异株，雌花无梗，花被黄绿色，花柱无或极短，柱头内侧生小突起。聚花果长圆筒柱形，长 4 ～ 7 cm，成熟紫红色。

图 2–10　野生长穗桑（*Morus wittiorum* Hand. -Mazz. 产地：广西德保）

10. 蒙桑

蒙桑（*Morus mongolica* Schneid.），又名刺叶桑，原产于中国及朝鲜，分布在我国东北、华北和西南的山地（见图 2–11）。

图 2–11　野生蒙桑（*Morus mongolica* Schneid. 产地：云南蒙自）

乔木，树皮灰白色。枝条细长，有韧性，枝态直，赤褐色或灰棕色，皮纹粗，皮孔大而少，黄褐色。冬芽大，卵圆形。全缘叶或裂叶，叶尖尾状，叶缘锐锯齿状，其顶端均有长 2 ～ 3 mm 的刺芒，叶基心形，叶柄有毛。雌雄异株，雌花柱长 2 ～ 3 mm，柱头内侧密生乳头状突起。聚花果成熟紫黑色。抗寒、耐旱力强，适应性广。蒙桑叶有刺，鸡桑叶无刺。

11. 鬼桑

鬼桑（*Morus mongolica* var. *diabolica* Koidz.），原产于中国及朝鲜，分布在我国东北、华北和西南的山地（见图 2-12）。乔木或灌木，老条灰白色或灰黄色，一年生枝条褐色。枝条细长，有韧性，枝态直。冬芽卵圆形，尖头。叶卵圆形，多为裂叶，表面生微小刚毛，甚粗糙，叶背面密生柔毛，叶尖尾状，叶基心形，叶缘齿尖具刺芒；叶柄长 4 ～ 6 cm，生细小柔毛，偶有无毛者；托叶广披针形，外面疏生柔毛。雌雄异株，雌花柱长，柱头密生乳头状突起。聚花果圆筒形，成熟紫黑色或紫红色。抗旱性强，病害少。

图 2-12　野生鬼桑（*Morus mongolica* var. *diabolica* Koidz.）

12. 黑桑

黑桑（*Morus nigra* Linn.），原产于亚洲西部的南高加索、叙利亚和黎巴嫩。我国新疆西南部有栽培（见图 2-13）。乔木，枝条粗短、粗糙，皮灰白色或灰黄色，一年生枝条褐色。枝条细长，有韧性，枝态直。冬芽卵圆形，尖头。叶卵圆形，多为裂叶，表面生微小刚毛，甚粗糙，叶背面密生柔毛，叶尖尾状，叶基心形，叶缘齿尖具刺芒；叶柄长 4 ～ 6 cm，生细小柔毛，偶有无毛者；托叶广披针形，外面疏生柔毛。雌雄异株，雌花柱长，柱头密生乳头状突起。聚花果圆筒形，成熟紫黑色或紫红色。抗旱性强，病害少。

图 2-13　新疆沙漠边缘的药桑（*Morus nigra* Linn. 黑桑种）

13. 滇桑

滇桑（*Morus yunnanensis* Koidz.），原产于中国，分布于我国云南省。乔木，小枝圆柱形，无毛，栗褐色（见图 2-14）。芽扁卵形。叶形大，心形或广心形，长 10 ～ 20 cm，宽 7 ～ 10 cm，叶缘锐锯齿，齿尖具短尖。雌雄异株。总花梗长约 5 cm，花被宽卵形或椭圆形，花柱短，柱头内侧有毛。聚花果圆筒形，长 4 ～ 6 cm，成熟后紫黑色或紫红色。

图 2-14　野生滇桑（*Morus yunnanensis* Koidz.）

14. 川桑

川桑（*Morus notabilis* Schneid.），原产于中国，分布于四川、重庆、云南等地区的山区（见图2-15、图2-16）。乔木，枝条细长，皮紫褐色或灰褐色，芽卵圆形，芽鳞4～5枚，排列疏而不规则。叶圆形，叶尖短锐头，叶缘小钝锯齿，叶基心形，叶色浓绿，叶面微粗糙，主脉和侧脉隆起，疏生细毛，叶背无毛，叶柄长2～3 cm，无毛或疏生细毛。雌雄异株，雌花有花柱，柱头内侧密生乳头状突起，花被边缘有不规则的细锯齿。聚花果圆筒形，成熟玉白色，附永存花柱。嫁接繁殖较困难。

图2-15　雅安桑（川桑，染色体2n=14）（何宁佳提供）

图2-16　川桑（川桑，染色体2n=28）（储一宁提供）

15. 唐鬼桑

唐鬼桑（*Morus nigriformis* Koidz.,）原产于中国南方及朝鲜南部。枝条灰色，皮孔白色点状。

叶广心形，叶尖渐尖头，叶缘有整齐钝锯齿，锯齿先端稍有短突起，叶基心形，叶面平滑，背面沿着大的叶脉稍有毛，叶柄短，有小毛或无毛。花序柄细，比花序长，有参差不齐的短毛，雌花柱长，柱头与花柱等长，柱头内侧密生乳头状突起。聚花果球状。

第二节　通过审定的桑树品种

桑树的叶和枝富含蛋白质、碳水化合物、脂肪、纤维素等营养成分，桑叶是家蚕的饲料，桑叶、桑枝还可用作禽畜和水产动物的饲料。国家有关部门把桑叶、桑椹列为既是食品，也是药品；把桑白皮、桑枝列为保健品。桑树根、茎、叶、花、果均可食用。桑树按其功能、用途选择相应的优良品种来种植。许多地区在石漠化、沙漠化、盐碱化和重金属污染土壤成功种植桑树，有效利用土地、绿化治理土壤。桑树良种不仅要能适应当地土壤、气候条件正常地生长发育，而且要能充分利用当地自然环境和栽培条件，避免或减少不良因素的影响，生产更多更优的桑叶、桑果。

一、全国通过审定的桑树品种

改革开放 40 多年来，我国桑树育种取得了巨大的成就，育成了一大批桑树品种，其中通过全国农作物（林木）品种审定委员会审定（认定）的桑树新品种有 27 个，通过省（自治区、直辖市）级农作物审定委员会审定（认定、登记）的桑树新品种有 63 个（见表 2–1），促进了我国桑树良种化建设，提高单位面积桑园的产量和经济效益。

表 2–1　全国通过审定（认定、登记）的桑树品种

育成或原产地	品种名	选育单位	审定认定机构	通过年份	适宜地区
河北省	冀桑 1 号（黄鲁选）	河北省农林科学院特产蚕桑研究所（现承德医学院蚕业研究所）	河北省农作物品种审定委员会审定，全国农作物品种审定委员会审定	1985 1998	华北及黄河中下游平原地区栽植
	冀桑 2 号（8710）	河北省农林科学院特产蚕桑研究所（现承德医学院蚕业研究所）	河北省林木良种审定委员会审定	1999	华北平原及黄河中下游地区
山西省	晋桑一号（曾用名赤洪大叶、晋选 6 号）	山西省蚕业科学研究院	北方蚕业科研协作区审定，山西省农作物品种审定委员会认定	1997 2010	长江以北蚕区
辽宁省	辽育 8 号（曾用名育 8 号）	辽宁省蚕业科学研究所	辽宁省农作物品种审定委员会审定	1989	吉林省以南的北方地区
	辽鲁 11 号	辽宁省蚕业科学研究所	辽宁省农作物品种审定委员会审定	1994	黑龙江省中部以南的北方地区
吉林省	吉湖四号	吉林省蚕业科学研究院	全国桑蚕品种审定委员会审定	1988	东北、华北
黑龙江省	龙桑 1 号	黑龙江省蚕业研究所	全国桑蚕品种审定委员会审定	1989	东北、华北及内蒙古地区

续表

育成或原产地	品种名	选育单位	审定认定机构	通过年份	适宜地区
江苏省	7307	中国农业科学院蚕业研究所	全国农作物品种审定委员会审定	1989	长江流域
	育 2 号	中国农业科学院蚕业研究所	全国农作物品种审定委员会审定	1989	长江中、下游地区
	育 151 号	中国农业科学院蚕业研究所	全国农作物品种审定委员会审定	1989	长江流域以南地区栽培
	育 237 号	中国农业科学院蚕业研究所	全国农作物品种审定委员会审定	1989	长江流域以南地区栽培
	育 71–1	中国农业科学院蚕业研究所	全国农作物品种审定委员会审定	1995	长江流域和黄河中下游地区
	蚕专 4 号	苏州大学、吴江市蚕桑站、吴县市蚕桑站	全国农作物品种审定委员会审定	2001	长江中下游
	金 10	中国农业科学院蚕业研究所	浙江省农作物品种审定委员会审定	2009	长江流域、黄河下游
浙江省	荷叶白（湖桑 32 号）	浙江省农业科学院蚕桑研究所	浙江省农作物品种审定委员会认定	1985	长江流域、黄河流域
	桐乡青（湖桑 35 号）	浙江省农业科学院蚕桑研究所	浙江省农作物品种审定委员会认定	1985	长江流域、黄河流域
	团头荷叶白（湖桑 7 号）	浙江省农业科学院蚕桑研究所	浙江省农作物品种审定委员会认定	1985	长江流域和黄河中下游
	湖桑 197 号	浙江省农业科学院蚕桑研究所	浙江省农作物品种审定委员会认定	1985	长江流域和黄河中下游
	璜桑 14 号	浙江省农业科学院蚕桑研究所和诸暨市璜山农技站	浙江省农作物品种审定委员会认定	1986	长江流域和黄河中下游
	农桑 8 号	浙江省农业科学院蚕桑研究所	浙江省农作物品种审定委员会审定	1991	长江流域和黄河中下游
	薪一圆	浙江省农业科学院蚕桑研究所	全国农作物品种审定委员会审定	1996	长江流域、黄淮地区
	农桑 10 号	浙江省农业科学院蚕桑研究所	浙江省农作物品种审定委员会审定	1996	长江流域和黄河中下游
	大中华	浙江省农业科学院蚕桑研究所	浙江省农作物品种审定委员会审定	1996	长江流域和黄河中下游
	盛东 1 号	浙江农业大学	浙江省农作物品种审定委员会审定	1997	长江流域和黄河中下游
	农桑 12 号	浙江省农业科学院蚕桑研究所	浙江省农作物品种审定委员会审定	2000	长江流域和黄河中下游

续表

育成或原产地	品种名	选育单位	审定认定机构	通过年份	适宜地区
浙江省	农桑 14 号	浙江省农业科学院蚕桑研究所、	浙江省农作物品种审定委员会审定、全国农作物品种审定委员会审定	2000	长江流域和黄河中下游
	丰田 2 号	浙江省农业科学院蚕桑研究所	浙江省农作物品种审定委员会审定	2006	长江流域和黄河中下游
	强桑 1 号	浙江省农业科学院蚕桑研究所	浙江省农作物品种审定委员会审定、国家林业局林木品种审定委员会审定	2009 2013	长江流域和黄河中下游
安徽省	华明桑	安徽省农业科学院蚕桑研究所	全国农作物品种审定委员会审定	1994	长江流域、淮河流域、黄河流域地区
	7707	安徽省农业科学院蚕桑研究所	全国农作物品种审定委员会审定	1994	长江流域
	红星 5 号	安徽省农业科学院蚕桑研究所	全国农作物品种审定委员会审定	1995	长江流域、淮河流域
	皖桑一号	安徽省农业科学院蚕桑研究所	安徽省蚕桑品种审定委员会认定	2005	长江流域、淮河流域、黄河下游地区
	皖桑二号	安徽省农业科学院蚕桑研究所	安徽省蚕桑品种审定委员会认定	2005	长江流域、淮河流域、黄河下游地区
山东省	选 792	产地山东临朐，山东省农业科学院蚕业研究所	全国农作物品种审定委员会审定	1989	长江流域和黄河中下游
	7946	产地山东临朐，山东省农业科学院蚕业研究所	全国农作物品种审定委员会审定	1998	长江流域和黄河中下游
	鲁诱 1 号	山东省农业科学院蚕业研究所	山东省林木品种审定委员会审定	2005	黄河流域及长江流域
湖北省	鄂桑 1 号	湖北省农业科学院经济作物研究所	湖北省农作物品种审定委员会审（认）定	2003	长江流域
	鄂桑 2 号	湖北省农业科学院经济作物研究所	湖北省农作物品种审定委员会审（认）定	2003	长江流域
湖南省	湘 7920	湖南省蚕桑科学研究所	全国农作物品种审定委员会审定	1995	长江流域及云贵高原蚕区
	湘杂桑 1 号	湖南省蚕桑科学研究所	湖南省农作物品种审定委员会审定	1988	长江流域
	湘桑 6 号	湖南省蚕桑科学研究所	湖南省农作物品种审定委员会非主要农作物品种登记	2007	长江流域

续表

育成或原产地	品种名	选育单位	审定认定机构	通过年份	适宜地区
广东省	抗青 10 号	广东省湛江市蓖麻蚕科学研究所	广东省农作物品种审定委员会审定	1988	珠江流域青枯病疫区
	试 11	华南农业大学	全国农作物品种审定委员会认定	1989	珠江流域北部地区
	伦教 40 号	广东省农业科学院蚕业与农产品加工研究所、华南农业大学、广东省农业厅、佛山伦教蚕种场	全国农作物品种审定委员会认定	1989	珠江流域及长江以南地区
	塘 10× 伦 109	广东省农业科学院蚕业与农产品加工研究所	全国农作物品种审定委员会审定	1989	珠江流域及长江以南等热带、亚热带地区
	沙二 × 伦 109	广东省顺德县农业科学研究所	广东省农作物品种审定委员会审定、全国农作物品种审定委员会审定	1988 1989	珠江流域及长江以南等热带、亚热带地区
	抗青 283× 抗青 10	广东省湛江市蓖麻蚕科学研究所	广东省农作物品种审定委员会审定	1994	适合于珠江流域青枯病疫区种植
	桑抗 1 号	广东省农业科学院蚕业与农产品加工研究所	广东省桑、蚕品种审定小组审定	1994	适合于珠江流域青枯病疫区种植
	顺农 2 号	广东省顺德市农业科学研究所	广东省农作物品种审定委员会审定	1994	适合于珠江流域青枯病疫区种植
	顺农 3 号	广东省顺德市农业科学研究所	广东省农作物品种审定委员会审定	1994	适合于珠江流域青枯病疫区种植
	粤桑 2 号	广东省农业科学院蚕业与农产品加工研究所	全国农作物品种审定委员会审定	1998	长江以南地区
	粤桑 10 号	广东省农业科学院蚕业与农产品加工研究所	广东省农作物品种审定委员会审定	2006	珠江流域及长江以南等热带、亚热带地区
	粤桑 11 号	广东省农业科学院蚕业与农产品加工研究所	广东省农作物品种审定委员会审定	2006	珠江流域及长江以南等热带、亚热带地区
	粤桑 51 号	广东省农业科学院蚕业与农产品加工研究所	广东省农作物品种审定委员会审定	2013	珠江流域及长江以南等热带、亚热带地区
	粤椹大 10	广东省农业科学院蚕业与农产品加工研究所	广东省农作物品种审定委员会审定	2006	珠江流域及长江以南等热带、亚热带地区
广西壮族自治区	桂桑优 12	广西壮族自治区蚕业技术推广站	广西农作物品种审定委员会审定	2000	珠江流域及长江以南等热带、亚热带地区
	桂桑优 62	广西壮族自治区蚕业技术推广站	广西农作物品种审定委员会审定	2000	珠江流域及长江以南等热带、亚热带地区

续表

育成或原产地	品种名	选育单位	审定认定机构	通过年份	适宜地区
广西壮族自治区	桑特优 2 号	广西壮族自治区蚕业技术推广站	广西农作物品种审定委员会审定	2007	珠江流域及长江以南等热带、亚热带地区
	桑特优 1 号	广西壮族自治区蚕业技术推广站	广西农作物品种审定委员会审定	2009	珠江流域及长江以南等热带、亚热带地区
	桑特优 3 号	广西壮族自治区蚕业技术推广站	广西农作物品种审定委员会审定	2009	珠江流域及长江以南等热带、亚热带地区
	桂桑 5 号	广西壮族自治区蚕业技术推广站	广西农作物品种审定委员会审定	2015	珠江流域及长江以南等热带、亚热带地区
	桂桑 6 号	广西壮族自治区蚕业技术推广站	广西农作物品种审定委员会审定	2015	珠江流域及长江以南等热带、亚热带地区
重庆市	北桑 1 号	重庆市北碚蚕种场	四川省农作物品种审定委员会审定、全国农作物品种审定委员会审定	1986 1996	长江中游地区
	嘉陵 16 号	西南大学	四川省农作物品种审定委员会审定、重庆市农作物品种审定委员会审定	1992 1997 1998	西部地区、长江流域和黄河流域
	北三号	重庆市北碚蚕种场	四川省农作物品种审定委员会审定	2002	长江流域地区
	嘉陵 30 号	西南大学	重庆市蚕桑品种审定委员会审定	2009	西部地区、长江流域
四川省	实钴 11-6	四川省三台蚕种场、四川省农业科学院蚕业研究所	四川省农作物品种审定委员会审定、全国农作物品种审定委员会审定	1990 1996	长江中游地区
	川 7637	四川省农业科学院蚕业研究所	四川省农作物品种审定委员会审定、全国农作物品种审定委员会审定	1995 1999	长江流域地区
	转阁楼	四川省农业科学院蚕业研究所、汉源县农业局	四川省农作物品种审定委员会审定	1984	长江中游地区
	南一号	四川省农业科学院蚕业研究所	四川省农作物品种审定委员会审定	1984	长江中下游地区
	充场桑	四川省农业科学院蚕业研究所	四川省农作物品种审定委员会审定	1986	长江中游、云南、贵州、陕西等地区
	保坎 61 号	四川省阆中蚕种场	四川省农作物品种审定委员会审定	1990	长江流域地区
	川 852	四川省农业科学院蚕业研究所、汉源县农业局	四川省农作物品种审定委员会审定	1991	长江流域地区

续表

育成或原产地	品种名	选育单位	审定认定机构	通过年份	适宜地区
四川省	激 7681	四川省农业科学院蚕业研究所、汉源县农业局	四川省农作物品种审定委员会审定	1992	长江流域地区
	川 7657	四川省农业科学院蚕业研究所、汉源县农业局	四川省农作物品种审定委员会审定	1996	长江中游地区
	川 8372	四川省农业科学院蚕业研究所、汉源县农业局	四川省农作物品种审定委员会审定	1996	长江流域地区
	盘 2 号	四川省三台蚕种场	四川省农作物品种审定委员会审定	1996	长江中游地区
	台 90–4	四川省三台蚕种场	四川省农作物品种审定委员会审定	2002	长江中游地区
	台 14–1	四川省三台蚕种场	四川省农作物品种审定委员会审定	2002	长江中游地区
	川 799	四川省农业科学院蚕业研究所、汉源县农业局	四川省农作物品种审定委员会审定	2002	长江中游地区
	川 826	四川省农业科学院蚕业研究所、汉源县农业局	四川省农作物品种审定委员会审定	2006	长江中游地区
	川桑 98–1	四川省三台蚕种场、四川省农业科学院蚕业研究所	四川省农作物品种审定委员会审定	2008	长江中下游地区
	川桑 7431	四川省农业科学院蚕业研究所	四川省农作物品种审定委员会审定	2010	长江中下游地区
	川桑 48–3	四川省三台蚕种场、四川省农业科学院蚕业研究所	四川省农作物品种审定委员会审定	2013	长江中下游地区
	川桑 83–5	四川省农业科学院蚕业研究所、汉源县农业局	四川省农作物品种审定委员会审定	2014	长江中下游地区
	川桑 83–6	四川省农业科学院蚕业研究所、汉源县农业局	四川省农作物品种审定委员会审定	2013	长江中下游地区
云南省	云桑 798 号	云南省农业科学院蚕桑研究所	云南省农作物品种审定委员会审定	1992	云南省海拔 2 000 m 以下地区
	云桑 3 号	云南省农业科学院蚕桑研究所	云南省农作物品种审定委员会审定	2013	云南省海拔 2 000 m 以下地区
陕西省	陕桑 305	西北农林科技大学蚕桑丝绸研究所	陕西省农作物品种审定委员会审定、全国桑蚕品种审定委员会审定	1999 2001	长江以北及黄河中下游地区
	陕桑 402	西北农林科技大学蚕桑丝绸研究所	陕西省农作物品种审定委员会品种登记	2008	长江以北及黄河中下游地区
新疆维吾尔自治区	和田白桑	新疆和田蚕桑科学研究所	新疆维吾尔自治区主要农作物品种审定委员会审定	1996	新疆地区

二、热带 – 亚热带地区育成的桑树品种

广东、广西、云南等热带 – 亚热带地区育成的桑品种中，共有 23 个已经通过农作物品种审定，其中通过全国农作物品种审定委员会审定的桑树品种有 5 个，通过省级农作物品种审定委员会审定的品种有 18 个（见表 2–1）。其中，粤椹大 10 为果桑品种，伦教 40 号、试 11、抗青 10 号为优良株系，需用无性繁育的方法繁育；其余的塘 10× 伦 109、沙二 × 伦 109、粤桑 2 号、粤桑 10 号、粤桑 11 号、粤桑 51 号、桂桑优 62、桂桑优 12、桑特优 2 号、桑特优 1 号、桑特优 3 号、桂桑 5 号、桂桑 6 号、抗青 283× 抗青 10、顺农 3 号、顺农 2 号、桑抗 1 号为杂交组合，用种子繁育。目前生产上应用面积最大的桑树品种依次为桂桑优 12、桂桑优 62、沙二 × 伦 109、桑特优 2 号等。粤桑 2 号、粤桑 10 号、粤桑 11 号、粤桑 51 号、桑特优 2 号、桑特优 1 号、桑特优 3 号、桂桑 5 号、桂桑 6 号为多倍体杂交组合。抗 283× 抗青 10、顺农 3 号、顺农 2 号、桑抗 1 号为抗青枯病品种（杂交组合），1994 年经广东省农作物品种审定委员会审定，可以在青枯病流行地区试种推广。

第三节　热带 – 亚热带地区推广应用的桑树品种

适合热带 – 亚热带地区推广应用的桑树品种有桂桑优 12、桂桑优 62、塘 10× 伦 109、沙二 × 伦 109、粤桑 2 号、粤桑 10 号、粤桑 11 号、桑特优 2 号、桑特优 1 号、桑特优 3 号、粤桑 51 号等。

1. 桂桑优 12

广西壮族自治区蚕业技术推广站育成，2000 年通过广西农作物品种审定委员会审定。该品种为杂交组合，其亲本组合为沙 2× 桂 7722。到 2020 年底，该品种在广西累计种植面积已达 165 万亩（1 亩 ≈ 666.7 平方米）。在广东、贵州、云南、山东、江苏、浙江、四川、安徽、重庆、新疆等地区也有种植（见图 2–17）。

图 2–17　杂交桑桂桑优 12

（1）特征特性。

种子籽粒中等，千粒重 1.8 ～ 2.1 g。植株树型高大，枝态直立，发条较多，枝条较高、细长、较直，皮色青灰褐色，节距约 3.7 cm，1/2 叶序，皮孔较圆、较小、中密，冬芽长三角形或正三角形，色灰棕，着生状为贴生尖离，有副芽但不多。叶形为全叶长心形，极少裂叶，叶色深绿，较平展，叶尖为尾状，大多较长，叶缘齿为乳头齿，中等大小，叶面光滑无皱、光泽较强，叶多为上斜着生，叶柄较细短，叶基直线至浅心状，叶片大而厚，叶长 × 叶幅大约为 25.6 cm × 20.1 cm，100 cm^2 叶片重约 2.25 g。新梢顶端芽及幼叶多为淡棕绿色。植株开雌花的和开雄花的约各半。有较明显的冬眠期，在南宁市冬芽萌芽时间为 12 月下旬至 1 月上旬，生长期长，植株长叶可到 11 月底才盲顶收造。该组合群体整齐，发条数多，枝高节密，叶大且厚，发芽较早，落叶较晚，产叶量较高，叶质较优，每公顷（1 公倾 =10 000 平方米）桑园产叶量可达 58.9 t，百公斤桑叶产茧量 8.78 kg。该组合既高产也优质；耐剪伐，再生力强，适合片叶收获，也适合条桑收获（即割枝叶）省力化养蚕，繁殖较易，投产较快，且适应性较广。

（2）栽培要点。

用种子繁殖。可以先播种育实生苗后移栽建园，也可直播成园。适宜密植，宜留长枝（留下半年生枝条高 30 ～ 50 cm），可促进冬芽早发快长、提高产量和叶质，还可防治花叶病。叶片较大，适宜采摘片叶收获桑叶养蚕，也适合条桑收获养蚕，条桑收获要保持桑园肥水充足，使枝叶生长旺盛。桑园要多施有机肥，及时追肥，促进枝繁叶茂，发挥丰产性能。

2. 桂桑优 62

广西壮族自治区蚕业技术推广站育成，为杂交组合，其亲本组合为 7862 × 桂 7722。2000 年 1 月通过广西农作物品种审定委员会审定后，开始在广西等地推广。到 2020 年底，在广西推广种植面积已达 133 万亩，广东、贵州、云南、江苏、浙江、四川、安徽、重庆、新疆等地区也有种植（见图 2–18）。

图 2–18　杂交桑桂桑优 62

（1）特征特性。

该杂交组合种子粒较粗，千粒重 2.2 g 左右。植株树型高大，枝态直立，发条较多，枝条较高、细长、较直，皮呈青灰褐色，节距 3.5 ～ 4.2 cm，2/5 叶序，皮孔椭圆，较小，中密。冬芽正三角形、色灰棕，着生状为尖离，有副芽但不多。叶形为全叶阔心形，极少裂叶，叶色翠绿，较平展，叶尖多为双头，叶缘齿为乳头齿，中等大小。叶面光滑，无皱或微皱，光泽较强。叶着生态多为上斜，叶柄较细短，叶基直线或浅心状。叶片大而厚，叶长 × 叶幅为 26.4 cm × 24.8 cm，100 cm^2 叶片重约 2.5 g。新梢顶端芽及幼叶色淡翠绿。植株开雌花的多于开雄花的。有较明显的冬眠期，在南宁市冬芽萌芽时间为 1 月上旬，生长期长，如水肥充足，植株长叶可到 11 月底才盲顶收造。该组合群体整齐，枝条数较多，枝高，叶大且厚，耐剪伐，发芽较早，落叶较晚，抗花叶病较强，耐旱耐高温能力较强，产叶量较高。丰产期桑园每公顷产叶量可达 60 t。具有优良的丰产性，耐剪伐，再生力强，适合片叶收获，也适合条桑收获省力化养蚕；繁殖较易，投产较快，且适应性较广。

（2）栽培要点。

采用种子繁殖。可以先播种育实生苗后移栽建园，也可直播成园。适宜密植，亩栽 6 000 株，全年以采片叶为主的桑园每年夏伐和冬伐各 1 次，夏伐宜低刈或根刈，冬伐宜留长枝（留下半年生枝条高 30 ～ 50 cm），可促进冬芽早发快长，提高产量和叶质，还可防治花叶病。叶片较大，适宜采摘片叶收获桑叶养蚕，也适合条桑收获（即割枝叶）养蚕，条桑收获要保持桑园肥水充足，使枝叶生长旺盛。桑园要多施有机肥，及时追肥，促进枝繁叶茂，发挥丰产性能。春季桑叶宜适当偏老再收获，以增加桑叶干物（营养）量，提高叶质。

3. 沙二 × 伦 109

原广东省顺德县农业科学研究所育成。为桑树杂交组合（杂交桑），属广东桑种。1990 年经全国农作物品种审定委员会认定，可在珠江流域推广应用。20 世纪 80 年代中期以来，该品种已在广东、广西大面积推广，在湖南、湖北、江苏、浙江也有种植。该组合的桑苗也作为嫁接用砧木桑品种，在浙江、江苏、四川等地广泛应用（见图 2-19）。

图 2-19　杂交桑沙二 × 伦 109

（1）特征特性。

其植株枝条莞头第 1 至第 2 节间弯曲，随着枝条的生长而直立。皮色有褐色及青灰色 2 种，前者占 80% 左右，后者占 20% 左右。叶形有心脏形及长心脏形 2 种，圆叶无缺刻，顶芽第 1 至第 2 节嫩叶淡红色。长心脏形的叶尖长，缩皱小，淡绿色，叶面平滑；心脏形的叶尖短，缩皱深，深绿色，叶面稍粗糙。发芽早，一般在 12 月底至 1 月初发芽，雄花株数比雌花株数多。冬根刈桑前期生长较慢，叶形较小，新梢长 30 cm 高以后生长迅速，叶片大。侧枝早生而多，叶成熟快，24 ～ 27 天可采叶 1 次。叶硬化迟，耐旱力强，产量高，比广东桑增产 20% 左右，对桑花叶病、桑细菌性疫病、桑青枯病的抵抗力均较弱。

（2）栽培要点。

适当密植，每亩 7 000 ～ 8 000 株为宜；水肥充足增产效果更显著，应开深沟施肥，施后盖土；秋植桑当年冬期不适宜刈枝，以冬留大尾为好，到翌年春摘头造桑时进行定枝，去弱留强，每株留 2 ～ 3 条壮枝，以后每次摘片叶；7 月夏伐降枝，冬至前后进行冬伐，全年长留大树尾，产量较高；桑树每年在生长期间只降 1 次枝，比一般下半年造造摘光减少对桑树生理上的损伤，有利于树体的增强。下半年转入高温干燥的环境，应保持桑树长期有叶片，维持桑树长期不间断的光合作用，减少根毛的枯死，桑地有桑叶遮阴可减少土壤里面的水分蒸发，有利桑树的生长发育，增强其抗病能力。

4. 塘 10× 伦 109

广东省农业科学院蚕业与农产品加工研究所育成，1989 年通过全国农作物品种审定委员会审定，为杂交组合。20 世纪 80 年代中期开始在广东、广西等大面积推广应用，至 2002 年还有较多种植。也作为嫁接用砧木桑品种，在浙江、江苏、四川等地广泛应用（见图 2–20）。

图 2–20　杂交桑塘 10× 伦 109（唐翠明提供）

（1）特征特性。

该组合的植株枝条稍弯曲，皮色不一，以灰褐色居多，节间中等；冬芽多数呈短三角形，芽尖贴着，少数呈长三角形，芽尖离生，副芽少或个别有单边副芽，芽褐色，有少数赤褐色；叶为心脏形和长心脏形，无缺裂，叶色绿，叶尖长，叶缘多数钝齿，叶基深心形，叶面平滑，梢部顶端嫩叶淡红色；雄花株多，且较早开放，群体性状较整齐。发芽早，发条多，侧枝早发而多；早春生长缓慢，叶片亦小，随气温上升才逐渐旺盛生长，耐采伐，再生能力强，产叶量高，可比广东荆桑增产 20% 左右，对黑枯型细菌病抵抗力较强，对桑花叶病、青枯病抵抗力弱。

（2）栽培要点。

培育壮苗，大小苗分级种植，分类管理；贯彻“深沟、厚肥、壮苗、适密、专管”十字措施；根据杂交桑早春生长较慢，叶片也较小，入夏后才逐渐旺盛生长的特点，在剪定方法上，最适于冬留大树尾，促使其早发壮枝，夏季提早打顶，形成空中密植，充分发挥其多枝多叶的高产性能。在头年肥培管理基础上，以后桑树成长应给予充足的肥水条件，特别是夏秋生长旺盛季节，更应增施肥料，满足其生长需要。

5. 粤桑 2 号

广东省农业科学院蚕业与农产品加工研究所育成。1998 年通过国家农作物品种审定委员会审定，为三倍体杂交组合。已在广东、江西、湖南、湖北等地区应用（见图 2-21）。

图 2-21　杂交桑粤桑 2 号（唐翠明提供）

宜在肥水条件较好的平原地区栽植，珠江流域种植密度每亩 4 000 ～ 6 000 株，长江流域以每亩 2 000 ～ 2 500 株为宜。宜适熟偏嫩收获，养蚕成绩较好，收获叶片每 20 ～ 25 天可采 1 次，收条桑每 40 天左右可剪伐 1 次。下半年更要注意保水保肥，以促进桑树旺盛生长。

6. 桑特优 2 号

广西壮族自治区蚕业技术推广站育成，2007 年通过广西农作物品种审定委员会审定。桑特优 2 号为三倍体杂交组合（$2x \times 4x$），亲本组合为：7 862× 桂诱 P58。2004 年开始在广西等地大面积推广。此外，在广东、云南、贵州、浙江、湖北等地区及国外越南等地也有应用（见图 2-22）。

图 2-22　杂交桑桑特优 2 号

（1）特征特性。

其种子粒较粗，千粒重 2.25 g 左右。植株群体表现整齐。树型高大，枝态直立，发条较多。枝条较高，中等粗，较直，皮呈青灰褐色。节距 3.9 ～ 4.9 cm，1/2 叶序。皮孔椭圆或圆形，中等大小，中等密度。冬芽呈正三角形，尖离，色灰褐，有副芽但不多。叶形为全叶阔心形，叶色深绿，较平展，叶尖多为短尾、锐尖状，但有部分为双头钝头，叶缘齿为乳头齿，中等大小。叶面光滑，波皱或微皱，光泽较强。叶着生态多为平伸，叶柄中长，叶基浅心状。新梢顶端芽及幼叶呈棕绿色，较粗壮。叶片大而厚，叶长 × 叶幅可达 30.9 cm × 28.0 cm，单叶重可达 12.2 g，100 cm^2 叶片重可达 3.0 g。植株开雌花和开雄花约各半。有较明显的冬眠期，在南宁市冬芽萌芽时间为 1 月上旬，生长期长，如水肥充足，植株长叶可到 11 月底才盲顶收造。其生长势旺、长叶较快，再生能力强、耐剪伐，一年可多次剪伐，耐旱耐高温，产量高、叶质优。投产当年每公顷产叶量可达 27.57 t，丰产期桑园每公顷产叶量可达 62.68 t，四龄百公斤叶产茧量增产 4.71%，四龄百公斤叶产茧层量增产 8.44%。该品种（组合）适应性较强，繁育较易，种植投产快，产量高叶质优，采叶省工，深受欢迎。

（2）栽培要点。

采用种子繁殖。可以先播种育实生苗后移栽建园，也可直播成园。适宜密植，亩栽 5 000 ～ 6 000 株，全年以采片叶为主的桑园每年夏伐和冬伐各 1 次，夏伐宜低刈或根刈，冬伐宜留长枝（留下半年生枝条高 30 ～ 50 cm），促进冬芽早发快长，提高产量和叶质，还可防治花叶病。叶片较大，适宜采摘片叶养蚕，也适合条桑收获（即割枝叶）养蚕。条桑收获要保持桑园肥水充足，使枝叶生长旺盛。桑园要多施有机肥、及时追肥，促进枝繁叶茂，发挥丰产性能。

7. 桑特优 1 号

为广西壮族自治区蚕业技术推广站育成的桑树品种，于 2007 年 5 月通过广西农作物品种审定委员会的审定。该品种为桑树三倍体杂交组合：试 11× 桂诱 P58（见图 2-23）。其中父本“桂诱 P58”，为四倍体品种。

图 2-23　杂交桑桑特优 1 号

（1）特征特性。

该品种属三倍体杂交桑（杂交一代）。亲本组合为：试 11× 桂诱 P58。该组合种子粒较粗，千粒重 2.2 g 左右。植株群体表现整齐。树型高大，枝态直立，发条较多。枝条较高，中等粗，较直，皮呈青灰色。节直，节距 3.6 ～ 4.6 cm，1/2 叶序。皮孔椭圆或圆形，中等大小，中等密度。冬芽呈正三角形，贴生，色灰褐，有副芽但不多。叶形为全叶阔心形，叶色深绿，较平展，叶尖短尾状，叶缘齿为钝齿，中等大小。叶面光滑，波皱或无皱，光泽较强。叶着生态多为平伸，叶柄中长、叶基浅心状，新梢顶端芽及幼叶呈棕绿色。叶片大而厚，叶长 × 叶幅可达 29.8 cm×28.5 cm，单叶重可达 11.9 g，100 cm^2 叶片重可达 2.8 g。植株开雌花和开雄花约各半。有较明显的冬眠期，在南宁市冬芽萌芽时间为 1 月上旬，生长期长，如水肥充足植株长叶可到 11 月底才盲顶收造。植株生长势旺、长叶较快，再生能力强，耐剪伐，一年可多次剪伐，耐旱耐高温、适应性强，在广西各地均可种植。区域性试验结果显示，该品种种植当年亩产叶量可达 1 830.0 kg，丰产期亩产叶量平均达 3 711.7 kg，最高可达 4 357.5 kg，比对照增产 14.87% ～ 25.62%。叶质养蚕生物鉴定试验结果：春季养蚕叶质显著优于对照，百公斤叶产茧层量增产 4.52%。

（2）栽培技术要点。

采用种子繁殖。可以先播种育实生苗后移栽建园，也可直播成园。适宜密植，亩栽 5 000 ～ 6 000 株，全年以采片叶为主的桑园每年夏伐和冬伐各 1 次，夏伐宜低刈或根刈，冬伐宜留长枝（留下半年生枝条高 30 ～ 50 cm），促进冬芽早发快长，提高产量和叶质，还可防治花叶病。

叶片较大，适宜采摘片叶养蚕，也适合条桑收获（即割枝叶）养蚕。条桑收获要保持桑园肥水充足，使枝叶生长旺盛。桑园要多施有机肥、及时追肥，促进枝繁叶茂，发挥丰产性能。

8. 桑特优 3 号

由广西壮族自治区蚕业技术推广站育成的三倍体杂交组合。桑特优 3 号适应性强，广西各地及其他热带、亚热带地区均可推广种植（见图 2–24）。

图 2–24　杂交桑桑特优 3 号

（1）特征特性。

杂交组合种子粒较粗，千粒重 2 g 左右。植株群体表现整齐。树型高大，枝态直立，发条较多。枝条较高，中等粗，较直，皮呈青灰褐色。节直，节距 3.8 ～ 5.1 cm，1/2 叶序。皮孔椭圆或圆形，中等大小，中等密度。冬芽呈正三角形或长三角形，贴生，色灰褐，副芽较多。叶形多为全叶长心形，基部叶偶有浅裂叶；叶色深绿，较平展，叶尖短尾状或长尾状，叶缘齿为乳头齿，中等大小。叶面光滑，波皱或微皱，光泽较强。叶着生态多为平伸，叶柄中长，叶基浅心状。叶片大而厚，叶长 × 叶幅可达 28.5 cm × 26.2 cm，单叶重可达 10.5 g，100 cm^2 叶片重 2.5 g。新梢顶端芽及幼叶呈淡棕绿色。植株开雌花、雄花约各半。有较明显的冬眠期，在南宁市冬芽萌芽时间为 1 月上旬，生长期长，如水肥充足植株长叶可到 11 月底才盲顶收造。生长势旺、长叶较快，再生能力强，耐剪伐、一年可多次剪伐，耐旱耐高温、适应性强。珠江流域各地均能种植。

（2）栽培技术要点。

与桑特优 2 号相同。

9. 粤桑 10 号

广东省农业科学院蚕业与农产品加工研究所育成，为桑树多倍体杂交组合，亲本组合：伦 408 × 粤诱 162（见图 2–25）。

图 2-25 杂交桑粤桑 10 号（唐翠明提供）

（1）特征特性。

该组合植株群体表现整齐，树形稍开展，枝条直，发条数多，再生能力强，耐剪伐。皮深褐色，皮孔圆形、椭圆形和纺锤形，节间距 4.0 ～ 5.4 cm。冬芽为长三角形，尖歪贴生，副芽多。叶序 2/5，叶心脏形或长心形，叶片平伸或稍下垂，叶面粗糙有波皱，叶色深绿，光泽较弱，叶尖长尾状，叶缘钝齿和乳头齿状，春季成熟叶片叶长 22.0 ～ 25.5 cm，叶宽 20.0 ～ 24.0 cm，平均单叶重 7.0 ～ 9.3 g。叶柄 6 ～ 8 cm，叶基心形或肾形。顶芽壮，黄绿色。叶片成熟早，秋叶硬化偏早。该组合桑叶产量比对照种（塘 10× 伦 109）增产 11.7% ～ 19.3%。丝茧育养蚕成绩为：万蚕产茧量提高 4.2% ～ 8.7%，万蚕茧层量提高 3.8% ～ 7.2%，100 kg 桑产茧量提高 5.4% ～ 12.3%。种茧育养蚕成绩为：生命力比对照提高 1.3% ～ 5.8%，公斤种茧制种量提高 8.0% ～ 18.7%。

（2）栽培技术要点。

①种子育苗，桑园亩栽 4 000 株左右，大小苗分类种植。②种植前开挖种植沟，施足基肥，平时桑园应多施有机肥，有利于提高桑叶质量。③可采叶片或收获条桑。收获片叶为每隔 20 ～ 25 天采 1 次，不宜超过 30 天；收获条桑为每隔 40 ～ 45 天伐 1 次，不宜超过 50 天。④注意保持桑园通风，及时排除积水。

10. 粤桑 11 号

广东省农业科学院蚕业与农产品加工研究所育成。为桑树多倍体杂交组合，亲本组合为：69×粤诱 162，于 2006 年 1 月通过了广东省农作物品种审定委员会的审定，已在广东、广西、湖南、湖北、四川、重庆、云南、贵州等地区蚕区推广应用（见图 2-26）。

图 2-26　杂交桑粤桑 11 号（唐翠明提供）

（1）特征特性。

该品种（组合）群体表现整齐，树形稍开展，枝条直，发条数多，再生能力强，耐剪伐。皮呈灰褐色，皮孔呈圆形、椭圆形和纺锤形，节间距 4.5 ～ 6.0 cm。冬芽为长三角形，尖歪离，副芽多。叶序 2/5，叶呈心脏形或长心形，叶片平伸或稍下垂，叶面粗糙有波皱，叶色翠绿，光泽较暗，叶尖长尾状，叶缘钝齿和乳头齿状，春季成熟叶片叶长 25.0 ～ 31.5 cm，叶幅 18.0 ～ 25.0 cm，叶柄 6 ～ 8 cm，单叶重 8.0 ～ 10.5 g。叶基呈心形或肾形。顶芽壮，呈黄绿色，发芽早，叶片成熟早，秋叶硬化偏早。具有生长速度快、叶片大、叶肉厚、桑叶产量高、叶质优、适应性广等特性。区域试验平均亩产 3 253.07 kg，比对照种（塘 10× 伦 109）增产 21.0%～ 25.0%；桑叶养蚕百公斤叶产茧量，春季比对照提高 6.1%，秋季比对照提高 10.4%。

（2）栽培要点。

种子育苗，桑园亩栽 3 000 ～ 4 000 株（80 cm×20 cm），大小苗分类种植，方便管理；需深沟厚肥，按种植规格开挖 30 cm×30 cm 种植沟，施足基肥，可施农家肥或土杂肥，一般亩施 1 000 ～ 2 000 kg。平时桑园多施有机肥。收获片叶为每隔 20 ～ 25 天 1 次，不宜超过 30 天；收获条桑为每隔 40 ～ 45 天 1 次，不宜超过 50 天。注意保持桑园通风，及时排除积水。不宜在青枯病土地种植。

11. 伦教 40 号

由广东省农业科学院蚕业研究所从顺德县（今广东省佛山市顺德区）伦教公社的广东荆桑中选出。1989 年通过全国农作物品种审定委员会审定，为优良品种（株系）。从 20 世纪 70 年代开始在广东、广西等地推广，迄今在广东蚕区及广西的宜州区、忻城县等地蚕区仍有应用（见图 2-27）。

图 2-27　桑良种伦教 40 号

（1）特征特性。

枝条淡黄褐色，条直立，枝形开展中等，发条生长比较整齐，节间长度中等，冬芽粗壮，呈长三角形，副芽明显。叶卵形，大而厚，无缺刻，叶面平滑富光泽，叶色绿，叶缘钝锯齿，叶尖尖锐，叶基深心形，五脉同一脉发出，叶片着生状态平伸。发芽较早，发条多，再生机能旺盛，耐剪伐。开雌花，桑葚肥大，但种子少。前期生长快，桑叶成熟快，第 2 ～ 3 造 20 ～ 23 天便可采叶，桑叶硬化亦快，易患污叶病及赤锈病。叶肉厚，水分多，凋萎慢，耐贮藏，适于壮蚕用桑，平原地栽植二年生桑单株产叶 1 328.63 g，比一般广东荆桑增产 94.88%，养蚕生命力提高 96.9%，万蚕收茧提高 10.42%，百公斤桑叶产茧量提高 10.33%。

（2）栽培要点。

必须肥丰水足才能充分发挥其增产性能。在肥水不足时易提早盲顶，宜于第 4 造挫顶（摘芯）或全年留大树尾轮回剪伐，可提早采叶，既能增加采叶次数多养蚕，又能防止污叶病及赤锈病的为害。嫁接成活容易，插条成活中等。

12. 桂 7625

广西壮族自治区蚕业技术推广站从中大 8 号 × 伦教 109 号杂交组合中选出的三倍体单株培育而成，20 世纪 90 年代以来在广西各地蚕区繁殖试种，迄今在广西宜州区、柳城县等地仍有繁殖和应用（见图 2-28）。

图 2-28　桑良种桂 7625

（1）特征特性。

枝条粗壮直立，皮淡灰褐色，节距为4 cm左右，皮孔圆形，小而多。冬芽饱满，呈短三角形或近似圆形，芽鳞抱合松，呈淡棕褐色，芽尖稍离开枝长，副芽小而少。叶长椭圆形，叶长24 cm，叶幅18 cm，叶色深绿，叶肉厚，叶片大，叶面平滑而有光泽，叶缘乳头锯齿，叶尖尾状，叶基浅心形。开雄花，偶见雌花，先叶后花或花叶同开，花粉少。发芽早，产地1月上旬脱苞，发芽数中等偏少，生长势强，叶片成熟快，桑叶25天左右可采1次。桑叶含水量多，凋萎慢，耐贮藏，秋叶硬化迟，年产叶量比钦州桑增产20%左右，全年各造叶量比较均衡，用以养蚕全龄经过比钦州桑快12小时，全茧量和茧层量高，养蚕成绩好；对桑细菌病、污叶病、花叶病抵抗力中等，桑蓟马及黄叶虫危害较重。

（2）栽培要点。

①发条数较少，新植桑根刈时宜留1～2个芽，以增加发条数。②叶片大，产量高，宜深耕，在水肥充足的土地栽培。③合理密植，或采用低中刈养成，以增加有效条数，增加产量。④注意防治虫害[8]。

13. 抗青10号

广东省湛江市蚕业科学研究所育成。从青枯病桑园的湛02×化53的杂交一代植株中选拔出来的抗青枯病较强的株系。1994年经广东省农作物审定委员会审定，可以在青枯病易发地区试种推广。20世纪90年代以来，抗青10号在青枯病易发地区推广应用，发挥了重要的作用，迄今仍有应用（见图2–29）。

图2–29　抗青10号（唐翠明提供）

（1）特征特性。

该品种树型高大，枝条粗长而直，稍开展，嫩梢向阳面淡红褐色，顶芽弯曲。皮灰褐色，皮孔圆而多，节间直，节距稍疏。冬芽褐色，呈三角形，芽尖离生，副芽极少，叶序1/3。叶片大，呈心脏形，上反瓦状，淡绿色，偶有裂叶，叶尖锐头，叶缘钝锯齿，叶基平截状，叶肉厚，叶质柔软，叶柄短。雌雄同株，雄花多，雌花极少，花穗少，着花稀疏，花粉少，二倍体桑。发芽早，生长快，桑叶成熟早，发条数多，无荚底选（即打顶前无侧枝萌发），侧枝稍少，适应性广，耐瘠耐肥，根系发达，植株生长旺盛，产叶量比普通荆桑增产15%以上，单株产叶量625 g左右。根原体发达，插条成活率高，可直栽。对青枯病、根线虫病具有高抗能力。对白粉病、污叶病的抗性也较强，易感赤锈病。对桑粉虱、蓟马等刺吸式昆虫的抵抗能力较弱。该品种需插条繁殖才能保持对桑青枯病的抗性。

（2）栽培要点。

①插条繁殖育壮苗，要适期剪备桑枝，剪好插穗，药液浓度和浸渍时间要准确、现配现用，做好预措，适时播育或直栽，及时覆盖保持土壤湿润。苗高10 cm后勤施薄肥和喷药除虫。②选择排灌方便的半坡田栽培为佳，低洼易积水、阳光不足的土地不宜种植。③要做到深沟厚肥、成苗大小分级栽植，分类管理，亩植5 200～7 000株为宜。④桑叶成熟快，采片叶20～25天采收1次，割枝桑40天采收1次为宜，以防叶片黄落。⑤对蓟马、粉虱、叶螨等刺吸式昆虫的抵抗能力较弱，要经常观察，及早喷药除虫。⑥副芽极少，第1年桑在冬根刈时，需留2～3个芽位，以增加发条数。⑦剪伐方法，一般宜行冬根刈。当新枝长高60～80 cm进行打顶，促进分枝，形成空中密植。给予充足的肥水条件以满足桑树生长发育需要。⑧抗青10号抗性强是相对的而不是绝对的，所以在桑叶的收获上，万万不可以为抗青10号是抗病品种，便在夏秋高温季节进行造造降枝。造造降枝易导致桑树伤流过多，营养物质消耗过大，削弱树体，病菌乘虚侵害。因此，必须做到合理采伐。冬根刈桑园头造采叶应掌握采4留6，第二造采5留5，第三造采6留4，第四造到6月下旬按80～100厘米高进行降枝，以后采横枝造造驳上。

14. 抗青283× 抗青10

由广东省湛江市蓖麻蚕科学研究所育成。为桑树杂交组合，1994年通过广东省农作物品种审定委员会审定，已在广东、海南、广西等地区推广应用（见图2-30）。

图2-30 杂交桑抗青283× 抗青10（陈钦藏提供）

（1）特征特性。

该品种（杂交组合）树冠紧凑，发条数多，枝条长，微弯曲，皮灰褐色，节间距短，叶序2/5，皮孔多，圆形。冬芽呈三角形，紧贴枝条，褐色，有副芽。叶心脏形，绿色，叶尖锐头，叶缘乳头锯齿，叶基截形，叶长 18.0 cm，叶幅 14.0 cm，叶面光滑微皱，光泽较强，叶片稍向上斜伸，叶柄较短。雄花多，雌花少，桑葚少，紫色。发芽较早，在广州市栽培，发芽期 1 月 20 日至 2 月 6 日，春季每米条长产叶量 126 g，秋季每米条长产叶量 98 g，公斤叶片数 198 片。耐剪伐，再生能力强，适合全年条桑收获。

（2）产量、品质、抗逆性等表现。

产叶量高，叶质较好。据广东省桑树新品种区域性试验结果：抗青 283 × 抗青 10 在未发病或轻微发病情况下参试组合的产桑量均低于对照种（沙二 × 伦 109），但当发病严重时则极显著高于对照。蛋白质含量，春叶为 24.2%，秋叶为 29.3%。水溶性糖含量，春叶为 26.4%，秋叶为 16.9%。万头蚕产茧层量 3.65 kg。抗青枯病能力较强，经多年多点鉴定为中抗青枯病，对蓟马、桑粉虱、叶跳蝉、叶螨等刺吸式昆虫的抵抗能力较弱。

（3）栽培技术要点。

①适当密植，华南地区种植密度以亩栽 6 000 ～ 8 000 株为宜。②需充足肥水供应才能发挥其高产优质的性能，要施足基肥，多施追肥，促进枝条生长粗壮。③一般宜行冬根刈，翌年头二造采叶片，第三造后剪留 60 cm，促进分枝，形成空中密植，以增强树势，提高产量。④对蓟马、粉虱、叶螨等刺吸式昆虫的抵抗能力比较弱，要经常观察虫情，及时喷药除虫。⑤在夏季多雨季节，雨后及时排除积水，保持排水沟畅通，避免桑园浸水引起桑根腐烂。⑥合理采伐，在严重病区桑叶的收获上，不可在夏秋高温季节进行造造降枝，避免桑树伤流过多，营养物质消耗过大，削弱树势。

（4）适宜区域。

适合于珠江流域青枯病疫区推广种植。

15. 桂桑 5 号

（1）来源。

由广西壮族自治区蚕业技术推广站育成。属于桑属广东桑种，为杂交组合：试 11 × 桂诱 93251。母本：试 11，为二倍体品种（2x），从华南农业大学引进；父本：桂诱 93251，为四倍体品种（2n=4x=56），由广西壮族自治区蚕业技术推广站利用“化场 2 × 桂 7722”的 F1 植株进行多倍体诱导培育而成。2015 年 3 月通过广西农作物品种审定委员会的审定（见图 2-31）。

图 2-31　杂交桑桂桑 5 号

（2）选育经过。

1993 年，广西壮族自治区蚕业技术推广站利用“化场 2× 桂 7722”的 F1 小苗，用秋水仙碱人工诱变，经过定向培育和筛选，育成父本品种桂诱 93251。1999 年组配 101 个杂交组合进行选育试验，初选出一批优良杂交组合。2005 年配制其中的“试 11× 桂诱 93251”等 18 个杂交组合进行复选试验，优中选优，于 2011 年育成桂桑 5 号（原名桑特优 5 号，试 11× 桂诱 93251），参加 2012 ～ 2014 年广西桑树品种区域性试验。2015 年 3 月桂桑 5 号申请品种审定。

（3）特征。

属多倍体杂交桑，其种子粒较粗，千粒重 2.2 g 左右。植株群体整齐，树型高大，枝态直立，发条较多。枝条较高，中等粗，较直，皮呈青灰色。节直，节距为 4.4 ～ 5.6 cm，1/3 叶序。皮孔椭圆或圆形，中等大小，中等密度。冬芽呈长三角形，色灰褐，着生状为贴生，有副芽但不多。叶形为全叶阔心形，叶色深绿，较平展，叶尖长尾状，叶缘齿为乳头齿，中等大小。叶面光滑，波皱或无皱，光泽较强。叶着生态多为平伸，叶柄中长，叶基浅心状。叶片大而厚，春叶叶长 × 叶幅可达 29.5 cm × 27.3 cm，单叶重可达 10.1 克。新梢顶端芽及幼叶呈淡绿色。F1 群体植株开雌花和开雄花约各半。

（4）特性。

有较明显的冬眠期，冬芽萌芽时间在南宁市为 12 月底至次年 1 月初，在河池市宜州区为 1 月上旬。生长期长，如水肥充足植株长叶可到 11 月底才盲顶、12 月初才落叶休眠。生长势旺，长叶较快。耐剪伐，再生能力强。适合摘片叶收获，也适合全年条桑收获和草本化栽培。适应性较广。

（5）产量、品质、抗逆性等表现。

2013—2014 年在南宁市西乡塘区、河池市宜州区和环江毛南族自治县、柳州市柳城县、百色市那坡县、贺州市昭平县等地进行桑树新品种的区域性试验，投产当年亩产桑叶量 7 区试点平均 2 389.0 kg，比对照（沙二 × 伦 109）增产 13.55%；投产第 2 年进入丰产期，亩产桑叶量 7 区试点平均达 3 378.8 kg，比对照（沙二 × 伦 109）增产 15.61%，增产达显著水平。春、夏、秋 4 批次测试叶片营养成分结果显示，叶片干物质含粗蛋白 26.1% ～ 28.4%、粗脂肪 3.91% ～ 6.76%，含可溶性糖 8.41% ～ 9.96%、碳水化合物 54.8% ～ 56.2%；春季第一造条桑收获，枝叶干物质含粗蛋白 20.7%、粗脂肪 2.59%、粗纤维 28.7%、可溶性糖 6.08%、碳水化合物总量 66.1%。综合春、夏、秋桑叶养蚕的叶质鉴定成绩，桑叶养蚕的万蚕茧层量达 3.54 ～ 3.67 kg，春叶比沙二 × 伦 109 增产 5.04%，达极显著水平；五龄百公斤叶产茧量达 7.50 kg ～ 8.63 kg，夏叶、秋叶比沙二 × 伦 109 增产 4.29% ～ 9.80%，达极显著水平。耐旱性较强。对桑花叶病的抗性较强，花叶病的发病率比对照（沙二 × 伦 109）降低 6.97%，达显著水平。

（6）栽培技术要点。

采用种子繁殖。可以先播种育实生苗后移栽建园，也可直播成园；适宜密植，亩栽 4 500 ～ 5 500 株；冬伐宜留长枝高位剪伐（留下半年生枝条高 30 ～ 50 cm），促进冬芽早发快长，多枝多叶，还可防治花叶病，提高桑叶产量和叶质；采片叶和条桑收获均可，条桑收获要保持桑园肥水充足，使枝叶生长旺盛；应及时采叶，防止倒伏；桑园增施有机肥，及时追肥，促进枝繁叶茂，发挥丰产性能。

（7）适宜区域和推广应用现状。

适宜珠江流域及热带、亚热带地区栽培，可作为养蚕用桑，也适合畜牧养殖的饲料用桑。正在繁育推广。

16. 桂桑 6 号

（1）来源。

为杂交组合：7862× 桂诱 94168，由广西壮族自治区蚕业技术推广站育成。属于广东桑种。母本 7862 为二倍体品种（2n=2x=28），从广东省农业科学院蚕业与农产品加工研究所引进；父本：桂诱 94168 为四倍体品种（2n=4x=56），由广西壮族自治区蚕业技术推广站利用“试 11× 桂 7722”的 F1 植株进行多倍体诱导培育而成。2015 年 6 月桂桑 6 号通过广西农作物品种审定委员会的审定（见图 2–32）。

图 2–32　杂交桑桂桑 6 号

（2）选育经过。

1994 年，利用“试 11× 桂 7722”的 F1 小苗用秋水仙碱进行人工诱变，经过定向培育和筛选，育成父本品种“桂诱 94168”。1999 年组配 101 个杂交组合进行选育试验，初选出一批优良杂交组合。2005 年配制其中的“7862× 桂诱 94168”等 18 个杂交组合进行复选试验，优中选优，于 2011 年育成“桂桑 6 号”（原名桑特优 6 号，7862× 桂诱 94168），参加 2012 ～ 2014 年广西桑树品种区域性试验，2015 年 3 月申请品种审定。

（3）特征。

属多倍体杂交桑，其种子粒较粗，千粒重 2.2 g 左右。植株群体表现整齐。树型高大，枝态直立，发条较多。枝条较高，中等粗，较直，皮呈青灰色。节直，节距为 4.9 ～ 5.3 cm，2/5 叶序。皮孔椭圆或圆形，较小，中等密度。呈冬芽正三角形或长三角形，色灰黄，着生状尖离、贴生均有，有副芽但不多。叶形为全叶阔心形，叶色深绿，较平展，叶尖短尾状，少量为双头，叶缘齿为乳头状锯齿，中等大小。叶面光滑，有波皱或无皱，光泽较强。叶着生态多为平伸，叶柄较短，叶基浅心状。叶片大而厚，叶长 × 叶幅可达 30.2 cm × 26.8 cm，单叶重 10.9 g。新梢顶端芽及幼叶呈棕绿色。大部分植株开雌花。

（4）特性。

有较明显的冬眠期，冬芽萌芽时间在南宁市为 12 月底至次年 1 月初，在河池市宜州区为 1 月上旬。生长期长，如水肥充足植株长叶到 11 月底才盲顶、12 月初才落叶休眠。生长势旺，长叶较快。耐剪伐，再生能力强。适合摘片叶收获，也适合全年条桑收获和草本化栽培。适应性较广。

（5）产量、品质、抗逆性等表现。

2013—2014 年在南宁市西乡塘区、河池市宜州区和环江毛南族自治县、柳州市柳城县、百色市那坡县、贺州市昭平县等地进行桑树新品种的区域性试验，种植 3 个多月就可投产采叶养蚕，投产当年亩产桑叶量 7 个区试点平均 2 390.1 kg，比对照种（沙二 × 伦 109）增产 13.60%；投产第 2 年桑园进入丰产期，亩产桑叶量 7 个区试点平均 3 316.5 kg，比对照种（沙二 × 伦 109）增产 13.48%，达显著水平。春、夏、秋 4 批次测试叶片营养成分结果显示，叶片干物质含粗蛋白 25.4% ～ 27.2%、粗脂肪 3.02% ～ 7.15%、可溶性糖 6.99% ～ 11.60%、碳水化合物总量 55.5% ～ 55.7%；春季第一造条桑收获枝叶干物质含粗蛋白 21.3%、粗脂肪 2.49%、粗纤维 27.4%、可溶性糖 7.08%、碳水化合物总量 65.5%。综合春、夏、秋桑叶养蚕叶质鉴定成绩，万蚕茧层量达 3.39 ～ 3.66 kg，与沙二 × 伦 109 没有显著差异；五龄百公斤叶产茧量达 7.45 ～ 8.38 kg，其中秋叶比沙二 × 伦 109 增产 6.74%，达极显著水平。桑叶养家蚕原种制种，单蛾良卵数达 604 粒，比对照沙二 × 伦 109 增产 3.42%，达显著水平。对桑花叶病的抗性较强，发病率比对照种（沙二 × 伦 109）降低 14.27%，达极显著水平；病情指数仅 9.71%，比对照种（沙二 × 伦 109）降低 6.44 个百分点，达极显著水平。

（6）栽培技术要点。

采用种子繁殖。可以先播种育实生苗后移栽建园，也可直播成园；适宜密植，亩栽 4 500 ～ 5 500 株；冬伐宜留长枝高位剪伐（留下半年生枝条高 30 ～ 50 cm），促进冬芽早发快长，多枝多叶，还可防治花叶病，提高桑叶产量和叶质；采片叶和条桑收获均可，条桑收获要保持桑园肥水充足，使枝叶生长旺盛；桑园增施有机肥，及时追肥，促进枝繁叶茂，发挥丰产性能。

（7）适宜区域和推广应用现状。

适宜珠江流域及热带、亚热带地区栽培，可作为养蚕用桑，也适合畜牧养殖的高蛋白饲料用桑。正在繁育推广。

17. 粤桑 51 号

由广东省农业科学院蚕业与农产品加工研究所育成，为多倍体杂交组合，亲本组合：优选 02 × 粤诱 A03-112。2013 年通过广东省农作物品种审定委员会的审定，已在广东、广西等地区推广应用（见图 2-33）。

图 2-33 杂交桑粤桑 51 号（罗国庆提供）

（1）特征特性。

该品种（杂交组合）群体整齐，生长势强，耐剪伐。枝条直立，皮灰褐色，皮孔有圆形、椭圆形和纺锤形，平均节间距为 5.6 cm，叶序 2/5 或 3/8。冬芽为长三角形，尖离，副芽多。顶部嫩叶黄绿色或淡紫色。叶片大，成熟叶心脏形或长心形，叶基心形或肾形，叶尖长尾状，叶缘锯齿或钝齿状。叶面粗糙有波皱，叶色翠绿，光泽较弱。叶柄 5 ～ 6 cm，叶片平伸或稍下垂。春季成熟叶片叶长 25.0 ～ 31.0 cm，叶幅 20.0 ～ 27.0 cm，平均单叶重 7.2 g。桑叶含糖量高，品质好。田间表现：易感青枯病，耐旱性较强。

（2）产量表现。

种植 2 年的桑树平均亩产叶量为 2 191.5 kg，比对照种塘 10× 伦 109 增产 17.3%。饲养桑蚕品种两广二号结果：平均万蚕产茧量 17.71 kg、万蚕茧层量 3.72 kg、100 kg 桑叶产茧量 7.94 kg，分别比对照种提高了 5.0%、6.0%、5.8%。

（3）栽培技术要点。

①亩栽 4 000 株左右，大小苗分类种植。②种植前开挖种植沟，施足基肥，平时桑园应多施有机肥。③可采叶片或收获条桑，收获片叶每隔 20 ～ 25 天采 1 次，不宜超过 30 天；收获条桑每隔 40 ～ 45 天伐 1 次，不宜超过 50 天。

（4）适宜区域。

适宜珠江流域种植，但易发青枯病地块不宜种植。

18. 农桑 14 号

由浙江省农业科学院蚕桑研究所育成，是以广东的北区 1 号（广东桑）作母本，浙江的实生桑 1 号（鲁桑）作父本杂交选育而成，二倍体，2000 年通过浙江省农作物品种审定委员会审定和全国桑品种审定委员会审定（见图 2-34）。

图 2-34　农桑 14 号

（1）特征特性。

树型直立，树冠紧凑，发条数多，枝条粗直而长，无侧枝，皮色灰褐，节距 3.7 cm，叶序 3/8，皮孔小而多，圆形或椭圆形，黄褐色。冬芽呈正三角形，紧贴枝条，棕褐色，副芽大而多。叶心脏形，墨绿色，叶尖短尾状，叶缘小乳头齿状，叶基浅心形，叶长 23.5 cm，叶幅 20.5 cm，叶肉厚，100 cm^2 叶重 3.5 g，叶面稍平而光滑，光泽强，叶片向上斜伸。开雄花，花穗较多。在杭州栽培，发芽期 3 月 19—20 日，开叶期 4 月 1 日—5 日，叶片成熟期 4 月 25 日至 5 月 3 日，属早生中熟品种，春季每米条长产叶量 159 g，公斤叶片数 263 片，叶片占条、梢、叶总重量的 52.0%；秋季每米条长产叶量 178 g，公斤叶片数 135 片，封顶迟，叶片硬化迟。

（2）产量、品质、抗逆性等表现。

产叶量高，叶质较优。浙江省桑树新品种区域性试验结果显示：农桑 14 号亩桑产叶量 2 565 kg，万头蚕产茧层量 4.44 kg；抗桑黄化型萎缩病和桑疫病力强于荷叶白。在生产试验中还表现出桑蓟马、红蜘蛛、桑粉虱的为害明显轻于荷叶白，具有桑叶采摘容易、扦插成活率高等特点。

（3）栽培要点。

①生长势旺，需充足肥水供应才能发挥其高产优质的性能，要施足基肥，多施追肥，促进枝条生长粗壮，为养成丰产树型奠定基础。②种植密度以长江流域和黄河中下游亩栽 800 株为宜。③属中熟品种，栽培时宜搭配一定比例的早熟品种，以利提早春蚕饲养。④剪梢、整枝、修拳、剪取穗条宜于立春前结束。⑤苗木繁殖适合于扦插和嫁接繁殖，因苗叶大，可通过摘芯等方法培育粗细均匀的苗木避免弱小苗后期干枯的现象。

（4）适宜区域和推广应用现状。

适合于长江流域和黄河中下游各种土壤类型种植，珠江流域也可栽植。

（本章编写：朱方容）

第三章 桑树良种繁育

桑苗是桑产业的前提和基础。繁育桑苗的方法，分有性繁育和无性繁育两种。有性繁育是用种子繁殖；无性繁殖有嫁接、插条、压条、组织培养等方法。

第一节 有性繁育

通过开花结果的生殖过程产生种子，种子在适宜条件下发芽生长成桑苗、植株，这一繁殖方法称为有性繁殖。

由果实种子长成的苗木称为实生苗。

杂交桑种，一般是指优良杂交组合的种子。用杂交桑种繁殖的苗木，称为杂交桑苗。

杂交桑良种是育种单位（育种家）选育出来的，经国家、省农作物品种审定委员会审定（认定、登记）的特定的杂交组合。

杂交组合的两亲本都是二倍体，称为二倍体杂交组合（二倍体杂交桑）。

两亲本的一方是二倍体，另一方是四倍体，其后代大部分为三倍体植株的，称为三倍体组合（三倍体杂交桑）。

一、良种杂交桑种子生产

（一）制种园建设规划要求

在适于桑树生长发育的生态条件范围内，选择有利于隔断外来花粉污染、集中连片的地块建园。杂交组合亲本植株开花结果期易发生冻害、冰雹的地区及前作有桑椹菌核病或青枯病的地块不宜用作园址。

为保证制种园所产种子的纯度，需在制种园的周围设置 500 m 以上宽度的花粉隔离带，隔离带区域内要求没有其他桑树产生花粉，避免造成外来花粉的混杂。制种园应规划建设田间道路、排灌渠道、贮水池等设施。

（二）制种园种植

1. 亲本苗木的培育

选择生产上推广应用的桑树杂交组合。用嫁接繁殖的方法分别繁育杂交组合的父本、母本品种，按制种园种植密度、父母本植株比例、嫁接成苗率来计划嫁接育苗的数量。

嫁接时期在广西南宁以 12 月上旬至次年的 2 月底为宜。

当苗木高度达 40 cm 充分木质化，以及制种园土地已准备好后，就可挖苗移栽。起苗宜在雨后或苗地灌水后进行，应尽量保全根系、除去叶子，按品种分别捆扎堆放，挂上标签，标明亲本品种名。

起苗后应及时种植。不能及时种植的苗木，宜放置于室内阴凉处暂时存放，存放时间在 4 天以内，或在 7 ～ 10 ℃低温库内贮存 20 天以内；长时间没有种植的，宜在湿润土地里深埋假植，并用遮阳网遮盖、淋水保湿。

2. 制种园土地整备

制种园的地块在整地前应喷施除草剂清除植被，彻底挖除原有桑树。土壤较肥沃、土层深厚的水稻田、耕作旱地，经过翻耕、平整后即可种植；坡度较小，且坡面平整的山地可带状整地；坡度较大的地块要修筑成梯地；山坡地要垦翻，每亩施入有机肥 1 000 ～ 3 000 kg 进行改土。

3. 亲本品种栽植

每亩栽植株数为 500 ～ 700 株，行距为 1.3 ～ 1.5 m，株距 0.7 ～ 1.0 m。父本、母本按 1 : 5 至 1 : 7 的比例种植（见图 3-1、图 3-2）。花粉量少的父本可适当增加父本种植株数。

图 3-1 杂交桑制种园（桑特优 62 号的制种园，叶尖尾状为父本）

图 3-2 桑花（左为雌、右为雄）

种植前按种植行距、株距规格拉线定种植点，挖深 30 cm、宽 30 cm 的行沟或定植穴，沟（穴）内施入基肥，并回填部分泥土与基肥拌匀。基肥施用量：每穴施有机肥 1 ～ 3 kg、过磷酸钙 0.1 ～ 0.3 kg。

把亲本苗木的根部埋入种植穴，按桑行线扶正，泥土壅过根茎部 3 cm，淋足定根水。种植后统一按植株地上部分 20 cm 定高，剪去桑苗的其余部分。

（三）栽植后管护

栽植后，土壤干旱要及时灌溉淋水；桑地有积水，应平整低洼处或开沟排除积水。结合除草进行松土，防止土壤板结，增强土壤透气性。种植时宜在行间覆盖黑色地膜，以保持土壤水分，抑制杂草生长。

新桑发芽开叶后，根据桑树生长情况，及时穴施追肥，施肥量为每株施复合肥 0.05 ～ 0.10 kg。8 月下旬至 9 月上旬施追肥一次，每株施复合肥 0.10 ～ 0.15 kg。发现有缺株，应及时补种。

全面检查鉴定成活植株的种性，挖除杂株，及时补植。

（四）新桑树型养成

新桑长出第一级新梢 15 ～ 20 cm 时进行第一次打顶，形成第二级新梢分枝，第二级新梢长出 15 ～ 20 cm 后再进行第二次打顶，促使植株多发芽多长枝，形成多层分枝树型（见图 3-3）。8 月底以后长出的新梢不再打顶，让新梢充分生长。

若要采叶，则应保留枝条第 8 叶位以上的叶片，避免损伤腋芽和折断枝条。

图 3-3　杂交桑制种园养成多枝条的树型

（五）制种园的管理

1. 施肥

每次施肥应在桑根旁开沟或挖穴施入，施后盖土。每年施肥至少 3 次：冬基肥、夏基肥、促梢肥。冬基肥在冬至前后 10 天进行，每株挖穴（沟）施入有机肥 2 ～ 3 kg、复合肥（15–15–15 型）0.10 ～ 0.15 kg，施肥后覆盖厚土。夏基肥在 5 月底桑园夏伐后进行，每株挖穴（沟）施入有机肥 2 ～ 3 kg、复合肥（15–15–15 型）0.10 ～ 0.15 kg，施肥后覆盖厚土。促梢肥在 8 月中旬进行，每株挖穴（沟）施入复合肥（15–15–15 型）0.10 kg ～ 0.15 kg，施肥后覆盖厚土。

2. 剪伐

春季收果结束后，于 6 月底前进行夏伐，在树杈拳部或春季结果枝的基部剪伐，剪下的枝条搬到远离制种园的地方堆放；剪除枯枝、残叶，清扫落叶，集中处理。剪伐后长出新梢 15 cm ～ 25 cm 时进行第一次打顶，第二级新梢长出 15 cm ～ 25 cm 时进行第二次打顶，在 8 月上旬全部新梢进行最后一次打顶，以后让新梢充分生长。在两广地区 12 月下旬宜进行剪梢，剪去枝条顶端绿色部分，修剪病枝、枯枝，清除树上残留叶片。

3. 灌溉与排除积水

连续干旱、土壤干燥时应及时灌溉。地下水位高的桑园应及时开通四周排水沟，降低地下水位；有积水及时排出。在两广地区，11 月中旬至 12 月中旬不宜灌溉，避免枝条顶端冬芽早发，影响枝条中下部冬芽萌发。在冬芽膨芽盛期灌溉 1 次，促进冬芽萌芽整齐、花芽多发。

4. 耕翻、除草和清园

制种园夏伐后应进行耕翻、除草和清园；冬季剪梢后应及时除草和清园；在开始采摘桑果前 20 天内，全面铲除清理园内杂草，铲平行间地面，以利采果作业。

5. 制种园采叶、养树与花果保护

制种园在桑树旺盛生长阶段可适当采摘第 8 叶位以下成熟桑叶用于养蚕。应避免过度采叶，避免折断枝条，损伤腋芽、花和果。桑果生长时期不宜采叶，避免落果（见图 3–4）。桑果全部采收结束后至夏伐前可大量采叶。

图 3–4　桑果（紫黑色为成熟果）

6. 制种园病虫鸟害防控

（1）桑葚菌核病的防控。

及时清除树上病果和落地病果，集中深埋或焚烧处理，避免病果菌核在制种园积累。发病较重的园区，夏伐后清扫地表和树桩，括除表土的菌核，进行深埋处理，以清除在地表及树桩的菌核；12 月上中旬在制种园及其外围 2 m 范围内全面覆盖地膜，阻隔地表菌核子囊盘散发的子囊孢子的侵染。在母本植株冬芽（花芽）开叶期至雌花收花期，用 70% 甲基硫菌灵（即甲基托布津）1 000 倍液喷雾预防，每隔 7 天 1 次，连续喷药 2 ～ 3 次。

（2）桑天牛的防治。

在天牛成虫发生期，人工捕捉天牛成虫；制种园夏伐后用 40% 氧化乐果 1 000 倍稀释液喷湿桑树，有蛀虫孔道的树干用注射器注射氧化乐果液，或用棉签蘸氧化乐果液插堵新鲜孔道，或用铁线插入孔道刺死蛀虫。

（3）桑白蚧的防治。

夏伐后用 80% 敌敌畏 1 000 倍稀释液加 0.2% 的柴油或洗衣粉，涂抹有蚧壳虫的树干和枝部；或用 90% 灭多威可溶性粉剂 5 000 倍稀释液喷湿有蚧壳虫的主干、枝干。

（4）鸟害的预防。

如有鸟类危害桑果，在桑果成熟期应派专人看护，注意防鸟。

（六）桑果采收与加工

（1）桑果由暗红色变为紫黑色时为采果适期。逐行逐株采摘适熟桑果，集中到果袋或果箩。落地成熟桑果也应及时拾取，单独加工。采摘的桑果应及时运到种子加工车间洁净的场地摊放，堆放高度不宜超过 30 cm，在 15 h 内及时加工处理，不宜长时间堆放。

（2）种子加工场所宜避雨、避晒，水电充足，交通便利。按最大日采果量配套充足的堆放贮存桑果的场地、不锈钢螺旋榨汁机、种子淘洗池、离心机、晾种室、抽湿机、风扇、晾种纱框（纱网）、种子筛、种子袋等设施、设备。堆果场地应硬化、光滑，方便清洁冲洗。种子淘洗池应设三级漂洗池。

（3）晾种室应能密闭，面积不宜大于 60 m^2，根据晾种室面积进行抽湿机的选型。晾种纱框及种子袋的纱网，网眼应小于种子，宜选用 16 ～ 20 目的塑料纱网，不应用含铁、铅等物质的金属网。

（4）桑果投进不锈钢螺旋榨汁机压榨，碎化果渣、除去果汁，但应不伤种子。根据作业情况，可以再次重复压榨，进一步碎化果渣，便于淘洗。

（5）把果渣装入小网眼的篮子，在淘洗池水洗过筛，种子落入池中；残渣再次压榨，在淘洗池水洗过筛；经淘洗池三级淘洗，充分除去果胶及果柄、果皮、果肉及空粒种子等漂浮物，收集下沉的种子。

（6）将下沉种子装入种子袋中，经吊挂滴干水，或用离心机脱干水后，再拿到晾种室内晾干。湿种子薄铺晾种纱框中，搁置晾种架上；也可在室内地板铺纱网，把湿种子薄铺纱网上。关闭门窗，开动抽湿机和风扇，每隔 1 ～ 2 h 翻种子 1 次，并把成团的种子搓散，直至种子干燥，应在 24 h 内把湿种子晾干。

（7）种子晾干并搓散后，用晾种纱框反复筛种子，除掉种子中的细沙；再用孔径大于种粒的筛子除去其他杂质。

（七）种子的贮藏、包装、运输

桑种子贮藏于冷库的宜用布袋包装，每袋种子应不超过 25 kg，挂上标签。种子包装后，先在种子冷库的外库叠层排放，开抽湿机干燥，至种子含水率降至 9.0% ～ 10.0%，温度降至 10 ～ 15 ℃，再放入冷库贮藏。冷库温度 0 ～ 1 ℃，相对湿度≤ 65%，贮藏时间应不超过 4 年。

销售包装料用聚乙烯复合膜袋或铝塑袋，种子在干燥室用抽湿机进一步干燥，至种子含水率降至 9.0% ～ 9.5%，且待种子温度恢复到室温后，就地进行包装；可按净重 100 g、250 g、500 g 规格包装，采用机器热合封口（见图 3–5）。每袋应印统一标签。

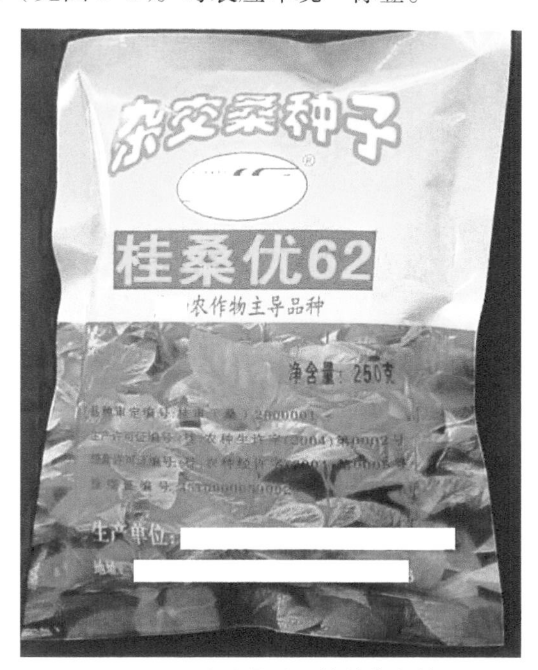

图 3–5　杂交桑种子的销售包装

运输包装材料用编织袋，内装销售包装的种子，种子净重以 10 ～ 20 kg 为宜。采用机器针缝封口。

种子的贮藏包装、销售包装、运输包装均应附有标签。

种子运输过程中应防晒、防雨、防潮、防热、防鼠害等。

二、杂交桑苗木生产

（一）苗地选择

选择地势平坦、土层较厚、土质松软的沙质壤土作苗圃地。要求水源充足、能灌能排、交通便利，前作没有青枯病、根结线虫病、紫纹羽病等病虫害。宜选用成片水稻田作苗圃地。

畦宽 150 ～ 160 cm，工作行沟宽 40 ～ 50 cm。

（二）苗地整备

杂草较多的苗圃地，在整地前 5 ～ 10 天用 10% 草甘膦水剂除草，每亩使用 500 ～ 700 mL，兑水 50 ～ 75 L，对杂草均匀喷施。

全面进行土地的翻犁、耕耙，把大块土壤耙碎整平，同一地块按同一方向、同一高度起畦，畦面泥土充分打碎，畦高 15 ～ 25 cm（见图 3-6、图 3-7）。

图 3-6　机械整地、起畦

图 3-7　精整桑苗地

（三）播种

选用适宜种植的杂交桑种子。

春播以 3 月下旬至 5 月上旬、秋播以 8 月下旬至 9 月中旬为宜。

用清水浸种 8 ～ 12 h，种子滴干水后宜用木炭粉拌种，使种子均匀分散；每亩苗地播种量 1 000 ～ 1 400 g，即 1 m^2 畦面播种量为 2.0 ～ 2.8 g，将种子均匀撒播在畦面上，播种后数日可见绿芽长出（见图 3-8）。

图 3-8　播种 7 天后的发芽情况

用铁耙在畦面上轻轻耙土，或用木板拍打畦面，让种子浅埋泥土中。

不宜在暴雨期播种，避免暴雨淋打畦面、冲刷种子。

（四）水肥管理

播种后灌水至畦沟，使畦面各处泥土充分湿润；以后保持畦沟有半沟深的水，长期保持畦面泥土湿润（见图 3-9）。

图 3-9　要保持苗床湿润

如不能长期保持畦沟有水的，播种后应薄盖稻草或加盖遮阳网。当幼苗长出 2 片真叶时，分批揭草，用遮阳网覆盖；长出 5 片真叶后，视天气情况可揭开遮阳网。

当幼苗长至 5 ～ 7 片真叶时追施化肥，淋施 0.3% 的尿素液或 0.3% 的复合肥（15-15-15 型）浸泡液，充分淋足。施肥 4 天后土壤稍干时再灌溉苗地至畦沟有半沟水，保持苗地湿润状态。以后视苗情再淋施 1 ～ 2 次同样的水肥（见图 3-10）。

苗高 15 cm 以后应增加施肥量，每次每亩施尿素 3 ～ 5 kg 或复合肥（15-15-15 型）4 ～ 10 kg，下雨土壤湿透后撒施，或阴天撒施后马上淋水，使化肥溶解渗入土中。施后用树枝拨动苗木，避免化肥粘在芽叶上灼伤芽叶。间隔 1 个月施肥 1 次。

图 3-10　桑苗适宜施水肥

（五）除草

芽前化学除草，应在播种前 12 h 至播后 48 h 时间段内进行，每亩用 33% 的二甲戊乐灵（施田补）乳油 150 ～ 250 mL，兑水 50 ～ 75 L，用喷雾器均匀喷药液至畦面各处。药液喷匀即可，不能重喷和多喷。

苗期化学除草，桑苗长至 5 ～ 7 片真叶、杂草 3 ～ 5 片叶期为施药适期，每亩用 48% 灭草松水剂 180 ～ 300 mL、5% 盖草灵 65 ～ 75 mL 兑水 50 ～ 75 L，用喷雾器喷湿杂草。

苗期人工除草，首次宜在 3 ～ 5 片真叶期进行，发现有杂草应及时拔除；宜选择阴天拔草，如拔草时遇到晴天太阳暴晒，应及时淋水。

（六）病虫害防治

播种时，1 kg 种子加入 90% 敌百虫粉 1 g 或百虫灵 1 g 拌种，防止蚂蚁危害种子。

（七）苗木出圃

当桑苗木质化，长至 40 cm 以上就可起苗出圃（见图 3-11）。起苗前先灌水或淋水使苗地土壤湿润，以利拔苗。为提高成苗率，宜做 3 次起苗，第一次拔苗径 4.0 mm 以上的，拔后淋水施肥；

第二次拔苗径 3.5 mm 以上的；第三次再拔苗径 3.0 mm 以上的合格苗。

图 3-11　播种 90 天的桑苗

起苗时应尽量保全根系（见图 3-12）。苗木按分级标准分类捆扎，每扎 100 株，每 1 000 株或 2 000 株作一大捆。挂上标签，标签应标明品名、品种名、数量、苗木等级、起苗时间、生产单位、地址等。

图 3-12　杂交桑实生苗

广西杂交一代苗木的分级可参照广西地方标准《桑树栽培管理技术》（DB 45/T 86—2003）的3.1.8 执行（见表 3-1）。质量检验可参照《桑树种子和苗木检验规程》（GB/T 19177—2003）执行。

表 3-1　DB45/T 86—2003 中杂交桑苗分级标准

级别	苗径（Φ，mm）	品种纯度（%）	根系	危害性病虫害
一级	Φ ≥ 7.0	≥ 95.0	较完整	无法定的检疫对象
二级	5.0 ≤ Φ < 7.0			
三级	3.0 ≤ Φ < 5.0			

第二节　无性繁育

桑树的枝条有全能性，具有再生能力，在适当的条件下能再生成新的植株，这种繁殖方法，称为插条繁殖或扦插繁殖。

将一植株的某些器官（枝或芽）移植至另一植株的器官（枝、干或根）上，使其相互愈合形成新的植株，称为嫁接繁殖。用嫁接繁殖技术育苗，称为嫁接育苗（见图 3-13）。

图 3-13　桑树嫁接

取下作为嫁接用的枝或芽叫接穗，被嫁接的枝干或根称为砧木。接穗插合在砧木上，称之为接木，也称为嫁接体。

利用母树的枝条，压埋到土中，使枝条发根长芽，再剪段形成植株叫压条。

一、嫁接育苗

（一）袋接法

袋接法是把接穗插入砧木的皮层与木质部之间，使其接合愈合成植株。

是否选用袋接法主要看砧木和接穗的粗细来定。砧木苗粗大适合用袋接法嫁接。可在砧木苗地里嫁接，也可在室内或树荫下拿砧木和接穗来嫁接（见图 3-14、图 3-15）。

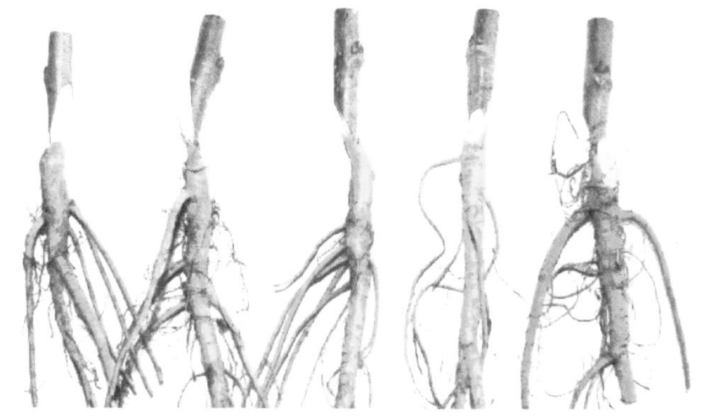

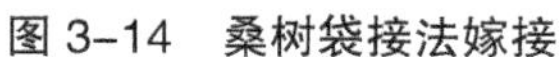

图 3-14　桑树袋接法嫁接

图 3-15　桑树良种的袋接体

（二）根接法

根接法是把砧木插入接穗的皮层与木质部之间，使其接合愈合成植株（见图 3-16）。

接穗粗大、砧木苗细小的只适宜根接法嫁接。

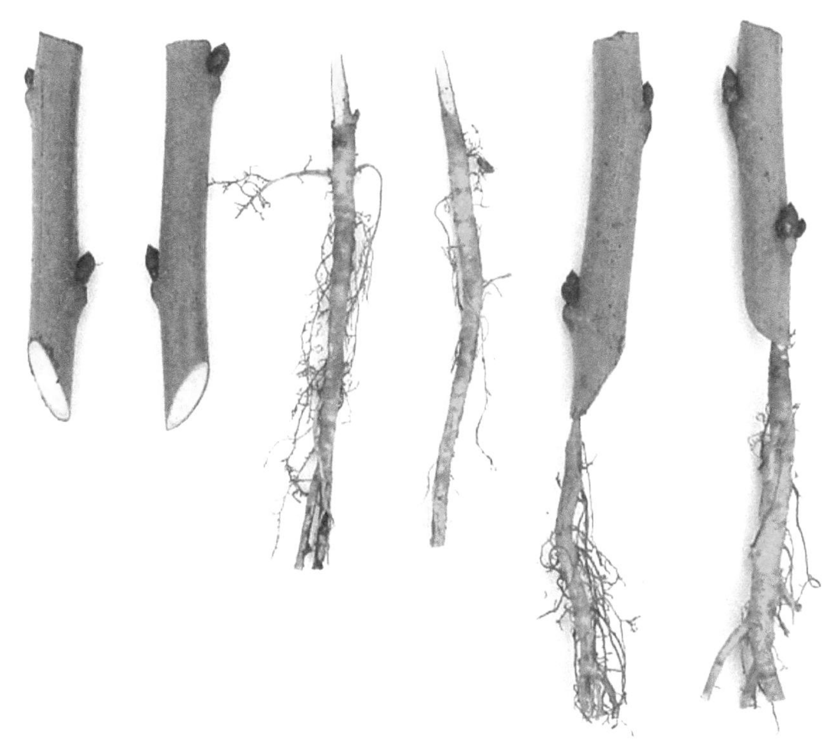

图 3-16　桑树根接法嫁接

（三）嫁接后接木（嫁接体）的种植和管理

在嫁接体种植前要整好地，准备好灌溉设施。

在种植前半天或一晚，把地淋湿润，种时以手握抓泥土能成团，松手轻拔泥团能全部散开为合适的土壤湿度。

用箩筐轻装、轻运接木（嫁接体）到苗地（见图 3-17、图 3-18）。

翻松泥土后开沟，把接木斜放在沟的一边，撒放一层细土稍盖住接木，再盖土填满沟。袋接的泥土应盖过穗顶，根接的稍露穗顶。

图 3-17　育苗地

图 3-18　嫁接体的种植

地膜覆盖。接木种好后盖上地膜，7 天后观察土壤情况。如土壤发白应淋水补湿，再盖上地膜，保持土壤水分适宜。25 天左右接穗露芽。待桑芽长到开 2 ～ 3 叶时就可揭除地膜，淋足水（见图 3-19）。

图 3–19　种植嫁接体后地膜全覆盖

嫁接后苗地的管理，重点是保持适宜的土壤湿度及防治白绢病（见图 3–20）。土壤湿度以保持手握抓泥土能成团，松手轻拔泥团能散开为适宜湿度，水分不够时应及时淋水，积水及时排除。有 4 片叶后淋水肥，促进旺盛生长。为防白绢病，植后喷淋枯萎灵 800 ～ 1 000 倍稀释液或用 50% 多菌灵 800 倍稀释液。

苗有 40 cm 高，且充分木质化后就可挖苗移栽。

图 3–20　嫁接苗的生长

嫁接苗出圃。接木种下后加强管理，在南宁 4 月下旬至 5 月中旬就可长高至 40 cm 以上、苗木木质化就可出圃。

（四）芽接

利用原有植株作砧木，接穗仅为芽的嫁接称为芽接。

桑树全年均可芽接，但大量芽接以夏秋季节较宜，主要是接穗芽取材方便。但夏秋高温、太阳猛烈，芽易干，影响成活。应做好“三避”工作，抓住阴凉天气多芽接。芽接在苗地或一年生枝条上。先摘叶留叶柄，在接穗芽的 0.3 cm 处横切一刀，在芽基下方 0.8 ～ 1.0 cm 处入刀向上削取芽片，芽片内侧应有芽迹；视芽大小在砧木枝削“T”形皮口，用竹子片或木片撬开口子放芽片进去；用薄膜条包扎，露出接穗芽及所带叶柄，分开或裂开的皮层要全面包扎（见图 3–21、图 3–22）。

图 3–21　芽接（左为接芽，右为用薄膜捆扎）

图 3–22　桑树芽接（左为芽接萌新芽，右为芽接长新梢）（邱长玉提供）

二、插条育苗

利用枝条的再生机能发育为新的植株的育苗技术叫插条育苗。

（一）桑树扦插发根的机理

在适宜条件下，插穗的愈伤组织、根原体、皮孔发根，形成完整植株。常见为根原体发根和愈伤组织发根，皮孔发根很少见。在桑插条的端口或伤口附近生长的根称之为愈伤组织发根；在叶痕的左右两旁及下方通常有突起，突起处有根的原基，称之为根原体；桑枝条的根原体发生新根的可能，由此长出的根称之为根原体发根（见图 3–23）。

图 3-23　桑树插条繁殖的几种发根形式（朱光书提供）

（二）影响插条发根的因素

1. 内在因素

（1）桑品种。有的桑品种的枝条易生根，如“插桑”品种，有的则不易生根。

（2）贮藏养分。一年生枝比嫩枝易生根，原因之一就是一年生枝条贮藏养分多。

（3）母树年龄。老树枝易长根。

（4）枝条部位。近根的枝段易长根。

2. 外在因素

（1）温度：最适温度是 28 ～ 32 ℃。

（2）水分：最适土壤含水量是田间持水量的 70% ～ 75%。

（3）土壤：应选土壤结构良好，通气、排水好的沙质壤土作苗圃地。

（4）光照：长日照，近赤道地区的枝条易长根。

（5）空气：氧气丰富易生根。

（6）植物生长激素：促进发根作用的激素有萘乙酸、吲哚乙酸、吲哚丁酸等，浓度为 10 ～ 100 μL/L，浸渍时间为 12 ～ 24 h。

（三）插条方法

1. 硬枝插条

利用老枝条作插穗进行插条育苗（见图 3-24）。

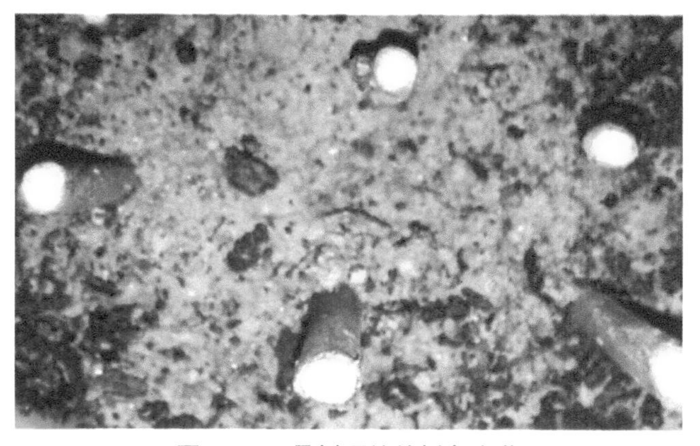

图 3-24　桑树硬枝的插条育苗

（1）插条时期。两广地区最适时期是 12 下旬月至次年 3 月上旬，此时枝条充实，含水适宜，没有过高温度，白绢病菌核体处于休眠期。在冬至前后，冬芽萌发前采集作插穗的枝条。

（2）插穗准备。选择容易生根的品种的半年生（一年生更好）的粗壮枝条作插穗。

（3）预措。插穗以 20 ～ 50 根为 1 捆，将基部浸入激素溶液中半天至一昼夜，取出用清水冲洗，底垫干净河沙，竖放插穗，再盖沙 5 ～ 10 cm，盖上薄膜，注意保湿换气，待新根发生后，就可移栽苗地。

（4）移栽苗地育壮苗。提前淋湿苗地，移栽时按行距 20 ～ 30 cm，开 15 cm 深的植沟，按株距 10 cm 排放插穗，扶正培土壅实，浅露顶芽或薄盖细土，用山草或遮阴网覆盖。

（5）干旱时要及时淋水，下雨要及时排除积水，长至 3 ～ 5 叶时淋水肥促进生长。

（6）关于遮阴与苗床。在太阳比较大的季节和地方育苗，需要用遮阳网减少光线的影响，提高成苗率。苗床也是提高成苗率的关键。用原土作苗床容易染病；客土苗床不易染病，但苗不壮；沙苗床不易染病，但苗长得很差（见图 3–25）。

（左1–8畦：原土苗床；中1–2畦：沙质苗床；中3–5畦：沙与客土混合苗床；中6–8畦：客土苗床）

图 3–25　盖荫棚下的 4 种苗床

2. 绿枝插条

又称新梢扦插，桑树新梢带叶枝段作插穗育苗。

方法：以立体育苗为例进行介绍。

（1）制营养钵：可用塑料薄膜做成圆桶状营养钵，以黄沙、焦糠为基质或泡沫粒子加泥碳土为基质（见图 3–26、图 3–27）。

（2）建设塑料棚和苗床：选地势高，平坦，阳光充足，近水源的地方做塑料棚，或做成苗床。

（3）剪取插穗：从新梢基部剪取插穗，注意带有膨大的踵状部分，以利愈合和生根。扦插前剪去新梢的梢部，插穗长 15 cm 左右。上端留半片叶，基部两端削伤，深达木质部。

（4）扦插：于早晨或傍晚将插穗插入营养钵，带有营养钵的插穗排在泡沫筐内，或排在苗床内，深 4 ～ 8 cm，以将盖插穗上端口为宜（见图 3-28、图 3-29）。

（5）育苗管理：搭盖塑料薄膜棚保湿、遮阴。每日喷水补湿。棚内温度保持 28 ～ 32 ℃，应避免 35 ℃以上的高温，经 25 天左右开始生根发芽。新芽长到 7 ～ 10 cm 时，揭去塑料薄膜棚，再经一个时期可不再遮阴。炼苗，成活后培育管理成苗。

如果是立体育苗，还需移栽室外育苗（见图 3-30）。做好排灌、松土、施肥、防虫等工作。

图 3-26　立体育苗的营养钵（程嘉翎提供）

图 3-27　新梢扦插在营养钵放在泡沫筐中（程嘉翎提供）

图 3-28　在塑料棚进行立体育苗的新梢扦插（程嘉翎提供）

图 3-29　桑树立体育苗的插穗发根情况（程嘉翎提供）

图 3-30　插条长好根、长好芽后移栽室外育苗（程嘉翎提供）

（本章编写：朱方容）

第四章　桑园的建设

第一节　桑园建设的原则

桑树是木本植物，种植在平原、台地、坡地、河滩地等耕地，只要土地的地下水位距地面有 1 m 以上，均可生长。

应对种桑建园用地统筹规划、合理布局，并动员农民连片种植、相对集中、规模经营。条件好的乡村发展蚕业起点要高，应选择土层较厚、土壤肥沃、水源充足、不易积水的地块建设稳产、高产、高效的桑园。

环境受工厂（包括砖厂）废气污染较严重的村屯不宜发展蚕桑产业。

山区荒坡及零星土地种桑养蚕，虽然难以发展高产桑园，但效益可能比种植其他作物高，还可绿化和改善环境，起到增加收入、改善山区面貌的良好效应。

低水位河滩田地，若种植其他经济作物易受洪水危害，但桑树短期内受水淹还不至死掉，因此低水位河滩田地也适宜种桑。

用来种桑的土地，前作必须保证没有青枯病（病原为假单孢杆菌属）、根结线虫病、紫纹羽病、菌核病等为害。

第二节　桑园规划

桑树是多年生植物，种植一次可以收获几十年。桑树可作养蚕用，可作产果的果桑园，可作动物饲料的饲料桑园，还可作食用的菜桑园。桑园需要机械作业，需要灌溉，需要防止有毒有害物污染桑叶，所以种植前要做好规划。

一、道路的设置

应当以蚕室和干路为中心，便于桑叶的运输和机械作业。道路系统一般由干路、支路和小路组成。干路是桑园内的主要道路，路面宽 5 ～ 7 m。支路与干路相连，是桑园小区域之间的道路，路面宽 3 ～ 4 m，支路可作为小区域的分界。区间小路也就是作业道，是田间作业用道。区域中间可根据需要设置与支路相接的区内小路，路面宽 2.0 ～ 2.5 m，可以驾驶拖拉机、伐条机、收割机或机动喷雾器等。果桑园还要考虑桑果采摘和旅游线路（见图 4–1）。

图 4-1 桑园的道路规划

二、灌溉系统

桑园灌溉有沟渠漫灌、移动式喷灌、固定式喷灌、水袋式喷灌、太阳能灌溉、移动式滴灌、固定式滴灌等方式。

喷淋是借助水泵和管道系统或利用自然水源的压力，把水喷到空中，散成小水滴或形成水雾降落到植物上和地面上的灌溉方式。有的喷淋设施是全部建设好固定在桑园内，叫固定式喷洒淋（见图 4-2）；有的是临时把水引至桑园及附近，利用水泵等，使水产生压力并雾化，淋到桑树或桑园。

图 4-2 桑园固定式喷洒淋

滴灌比较节水，利用塑料管道将水从需要处滴出来（见图 4-3）。一般滴灌桑园是宽窄行种植，塑料管是从窄行通过，方便桑园耕作。

图 4–3　桑园的滴灌

三、行向设计

桑树的行向对桑园光照有影响。夏、秋季太阳走正中，桑园桑行东西向时获得光照时间最长，桑园最光亮。坡地方向影响桑园的光照与日出日落方向，冬季南坡光照多于北坡，相对较暖，桑树发芽较早。河滩地桑园行向与水流方向是否一致影响桑园的抗洪能力，若桑行顺水流方向，则桑园不容易被洪水冲垮。绕坡行向通常利于机械耕作。

第三节　桑园土地类型与改良

规划种桑的土地，种植前要进行耕整与改良。应利用土地整理的机会，合并小块变大块，分散变集中，杂乱变有序，道路畅通，水利设施跟得上。有利于桑园实行机械化，并提高产量，降低成本。根据不同土地类型，采取针对性的改良措施。

一、水稻田及低洼易积水土地

有些地区用可作水稻田的土地种桑，这种类型的桑园灌溉方便，不易旱，但易积水，反而不利于桑树生长（见图 4–4）。

图 4-4　水稻田高产桑园

沙质壤土和壤土，土质肥沃、能灌能排的水稻田，翻耕犁松，施入底肥，即可种桑。

烂泥田及较低阶层水田应重点开通排水沟，降低地下水位；水网地带可起高垄或按桑基鱼塘式建设，使地下水位离地面大于 1 m，满足桑树生长要求。土地翻犁后经一段时间晒田，使泥土松散后才能种桑。

黏重田地长期呈湖状，容易造成缺铁，可用沙土、红土、客土改良，翻犁冬晒，使土壤疏松增加通透性。

二、较平台地、坡地

较平坦的土地，一般都耕作多年，前作种过其他种类经济作物。这样的土地较熟化且疏松，有机质含量较高、肥力较高。若前作是豆类、蔬菜类等作物，翻耕犁松、施入底肥，即可种桑（见图 4-5、图 4-6）。

图 4-5　台地桑园（廖先谋提供）

图 4–6　平原桑园

如前作物是甘蔗，土地经种植甘蔗多年后，一般土质较瘦，改作桑地，首先要深耕翻犁，挖净蔗根，多施有机肥料以提高土壤肥力。

如是盐碱地，可采用渗管排盐及种植土换填的方法排盐除碱，设法使含盐量低于 0.4%，以使桑树能承受。

新开垦的土地，如土壤有未知毒性，种桑之前可种绿肥或长草除毒，提高土地肥力，去除部分毒物。

三、河滩地

河滩地土壤可分为潮泥冲积土、潮沙冲积土、洪积土。

在河流沿岸较高阶地的多属潮泥冲积土，其土层较深厚，沙泥比例较适当，疏松易耕，通透性好，但有机质较少，可直接种桑建园（见图 4–7）。建园后应多施有机肥，增加土壤有机质。

图 4–7　河滩地桑园

在沿岸较低阶地的多属潮沙土和洪积土，疏松易耕，沙多泥少，有机质及氮、磷、钾含量低，肥水易渗漏，应固筑好园地，拣除石头，客泥改土，多施有机肥。河滩地桑园，桑行方向应与水流方向相同，防止桑园被洪水冲垮。

四、丘陵山地

南方雨水较多，山地是能种桑的。虽然山地桑园难以建设高产桑园，但仍能取得比种植其他作物更好的效益。

（一）泥质山地

泥质山地应合理开垦，按等高线修筑成梯地，结合挖沟填入较肥表土，施入多量的土杂肥（见图 4-8）。坡度较大的山坡地，可按等高线深挖撩壕沟，填入表土，多施有机肥，达到蓄水、培肥土地的改良效果。

图 4-8　泥质山地桑园

（二）石山坡地、峰丛洼地

此类土地土层较薄，常有石头裸露，土壤蓄水保肥能力差，峰丛洼地还常会被水浸泡。

种植前应修造成梯田梯地，或在地边筑、砌墙保土以防止水土流失；用客土垒土造地，增厚土层，多施有机肥，提高肥力。石山梯地造地桑园见图 4-9，石山原地桑园见图 4-10。

图 4-9　石山梯地造地桑园

图 4-10　石山原地桑园

第四节　桑园土地耕翻、整备

一、土地垦荒

从未垦殖过的土地或者开垦种植过的撂荒地，只要温度适宜、有土壤、土层深达 20 cm 以上、坡度小于 25°、不积水、无盐碱化的，都可垦荒建设桑园（见图 4-11）。

图 4-11　土地垦荒建设桑园

二、土地平整

土地平整是指通过对土地表层进行改造，对较明显的土地不同位置的高低差进行土地平整。常规方法，大的平整是利用推土机、平地机、铲运机、装载车和挖掘机等农田基本建设机械进行作业，达到粗平，“小块变大块”。为了提高土地的平整精度，可以利用激光技术，高精度地对农田进行平整。应根据地块的地形地貌状况，确定土地平整方式。近年，国家有土地整理项目，成片土地平整可结合该项目进行。

小块土地的平整的方法，多为人工平整、起高垫低。泥沙、土地已经混合在一起时，将凹凸不平的地表填平，再在上面用铁锹拍，压平；如果泥沙和土地分开，用铁锹将不平的地方填平、拍平，再将沙子填在上面，在土地面上用沙子找平；如果土很多，可以用挖土机来施工，泥沙与土地混合的情况下，将泥沙土地的凹凸不平处填好即可；土很多且泥沙分开时，要先将土地上不平的地方整理平整再填沙子，最后整片找平。

土壤较肥沃、土层深厚的耕地，经过翻耕、平整即可种桑（见图 4-12）。

丘陵山坡地应合理开垦，结合挖种植沟填入较肥的表土，施入 1 500 ～ 5 000 kg 土杂肥。

肥力不高、泥土不大疏松的土地，深翻改土，在种桑前应开沟施入有机肥料，每亩施入有机肥 1 500 ～ 3 000 kg。

通过深耕和耙平，把深层的土壤翻上来，浅层的土壤覆下去，起到翻土、松土、混土、碎土的作用，疏松土壤，加厚耕层，改善土壤的水、气、热状况，促进土壤熟化，改善土壤营养条件，提高肥力，加快土壤改良；还可减少杂草和病虫害，有利于桑树的生长。

图 4-12　土地平整

第五节　桑树良种的选择

建设桑园，首先要选择正确的桑树优良品种。各地均有主推的桑树良种，根据桑园实际情况和生产习惯选择好良种。

桑树品种是决定桑叶产量和叶质好坏的首要因素。作为优良桑品种，不仅要能适应当地土壤、气候条件，并且能充分利用当地自然和栽培环境条件，避免或减少不利因素，以生产更多更优的桑叶或桑果等目的生产物。

广西地处亚热带湿润季风气候区，气候温和，雨量充沛，日照充足，无霜期长，有利于桑树的生长。优良的桑品种必须是发芽早，落叶迟，生长旺，长叶快，有效枝条多，节间密，叶大叶厚，抗性较强，适应性较广，达到桑叶的高产和优质。

适合热带－亚热带种植的桑树优良品种有桂桑优 12、桂桑优 62、桑特优 2 号、粤桑 11 号、粤桑 51 号、桂桑 6 号等。

这几个桑树良种的产叶特性如下：

（1）桂桑优 12，超高产杂交桑，具有群体整齐、叶片较大、叶肉较厚、叶片较重、叶质较优、发条较多、生长旺盛、枝多叶茂、抗病抗旱力较强、发芽早、落叶迟等优良特性，亩桑产叶量高达 3 927 kg，亩桑产茧量可达 200 kg，是适合片叶收获、也适合条桑收获和省力化养蚕的优良品种。

（2）桂桑优 62，超高产杂交桑，具有群体表现整齐、叶片较大、叶肉较厚、枝条较多、生长较旺盛、较耐旱、耐高温等优良特性，是一个高产高效的优良桑品种。亩桑产叶量可达 4 000 kg，亩桑养蚕产茧量可达 220 kg。

（3）桑特优 2 号，超高产杂交桑，具有群体整齐、生长旺、叶片大、叶肉厚、发芽早、落叶迟、产量高、叶质优、适应性强、采叶省工、种桑投产快等优良特性。新种桑园当年亩产桑叶量达 1 700 kg，成林桑园达 4 000 kg。叶质优，百公斤叶产茧量、万蚕茧层量比对照均增加，叶长 × 叶幅达 30.9 cm × 28.0 cm，单叶重 12.2 g，采叶效率可提高 39.2%。

（4）粤桑 11 号，具有群体整齐、树形稍开展、枝条直、发条数多、再生能力强、耐剪伐等优良特性。叶长 × 叶幅可达（25.0 ～ 31.5）cm ×（8.0 ～ 25.0）cm，单叶重可达 8.0 ～ 10.5 g。具有桑叶产量高、叶质优、适应性广等特性。区域试验平均亩产 3 253.07 kg，比对照种（塘 10 × 伦 109）增产 21.0% ～ 25.0%，叶质优良。

（5）粤桑 51 号，为多倍体杂交组合。群体整齐，生长势强，耐剪伐。叶长 × 叶幅可达（25.0 ～ 31.0）cm ×（20.0 ～ 27.0）cm，平均单叶重 7.2 g。桑叶含糖量高，品质好。种植两年桑树平均亩产叶量为 2 191.5 kg，比对照种（塘 10 × 伦 109）增产 17.3%。桑叶养蚕，万蚕产茧量、百公斤桑叶产茧量分别比对照种提高了 5.0%、5.8%。

（6）桂桑 6 号，为桑树多倍体杂交组合，具有群体表现整齐，生长势旺、长叶较快，耐剪伐，再生能力强等优良性状。叶片大而厚，叶长 × 叶幅可达 30.2 cm × 26.8 cm，单叶重 10.9 g。区试桑园投产当年亩产桑叶量平均 2 390.1 kg，比对照种（沙二 × 伦 109）增产 13.60%；投产第 2 年桑园进入丰产期，亩产桑叶量平均 3 316.5 kg，比对照增产 13.48%。春季叶质与对照相仿。秋季桑叶养蚕万蚕茧层量和五龄百公斤叶产茧量显著增加。耐旱，对桑花叶病的抗性有所增强。

第六节　桑园建设

一、种桑建园的形式

传统种桑、栽桑，就是为了建桑园，为了养蚕。但现在建设桑园有多种形式。根据桑苗分为杂交桑园、嫁接桑园、扦插（插条桑园）等。流程见图 4–13 至图 4–17。

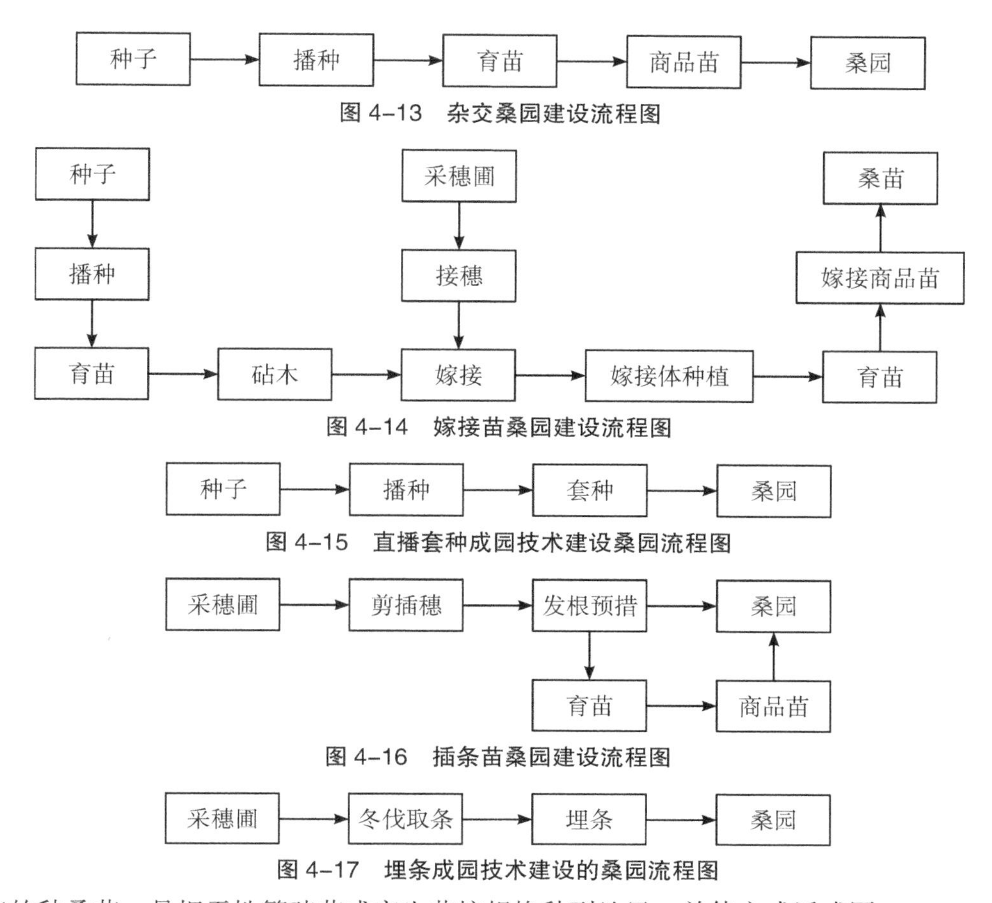

图 4-13　杂交桑园建设流程图

图 4-14　嫁接苗桑园建设流程图

图 4-15　直播套种成园技术建设桑园流程图

图 4-16　插条苗桑园建设流程图

图 4-17　埋条成园技术建设的桑园流程图

传统的种桑苗，是把无性繁殖苗或实生苗按规格种到地里，并使之成活成园。

1. 桑苗的选择

可参考桑树良种资料，选择本地区推广品种种植。广西、广东地区可选择桂桑优 62、桂桑优 12、粤桑 51 号、桑特优 2 号、桂桑 6 号等优良品种（杂交桑组合）的健康无病桑苗种植；要剔除有青枯病、紫纹羽病、根结线虫病的桑苗。热带、亚热带地区少有严寒，新桑寒灾不多，对桑苗木质化及对寒灾抵抗能力要求不高。温带、寒带地区多有严寒，新种桑常会受到寒灾，故要求桑苗充分木质化，提高苗木对寒灾的抵抗能力。因此，温带、寒带地区应选择一年生以上的老苗。

若桑苗起苗太久，多次接触高温，造成内耗过多，甚至桑苗发芽损耗过多营养和水分，会严重影响苗木质量。桑苗在装载、运输、销售、分发、存放等过程中时间不能太长，且不要接触热源。冬季气温较低，是桑芽休眠的有利时机，因此在寒冷季节运输、销售、存放桑苗比较安全。在桑树生长季节，暂时未种的苗木要假植处理或放冷库暂存。

2. 开沟挖坑施底肥

为方便施肥和种植，按种植规格开沟、挖坑。密植桑园一般是开沟，株距小于 80 cm 也可挖坑（见图 4-18）。沟（坑）宽、深 25 cm 以上。

施放基肥（见图 4-19）。基肥以有机肥和复合肥为主。肥力不高、泥土不太疏松的土地，深翻改土，在种桑前应开沟挖坑施入有机肥料，每亩施入有机肥 1 500 ～ 3 000 kg。

图 4-18　挖沟（云南省纪委提供）

图 4-19　施基肥

3. 按种植规格种植

种植密度：一般每亩栽 6 000 株。单行种植的行距为 65 ～ 80 cm、株距 13 ～ 18 cm（见图 4-20）。双行种植的宽行行距为 90 ～ 120 cm、窄行行距为 35 ～ 50 cm、株距为 13 ～ 18 cm（见图 4-21）。

划线或拉线种植能确保种植规格，种植时 2 人 1 组作业比较快。

4. 种植方法

把桑苗根部埋入桑行线土中，要求泥土壅过根茎部 3 cm。

种后踩实（见图 4-22），淋足定根水（见图 4-23）。两天内进行植株剪定，剪留植株高 15 cm，达到统一高度（见图 4-24）。

图 4-20　单行种植，把桑苗埋入土壤

图 4-21　双行种植，把桑苗埋入土壤

图 4-22　踩实埋桑苗周围的泥土

图 4–23　种后踩实，淋定根水

图 4–24　大苗种后 2 天内剪定统一高度

图 4–25　新种桑园的施肥

5. 新桑园护理

种植后应加强管理。新桑发芽开叶后，淋施粪水或 0.5% 的尿素液 1 次（见图 4–25）。

后期根据新桑生长情况，追施肥 1 ～ 2 次。施肥量为每亩施尿素 5 ～ 10 kg 或复合肥 10 ～ 15 kg。一般 3 个月后就可采叶养蚕。

同时，若发现有不成活植株要补种，及时补缺。高度密植桑园仅零星少量不成活时，可暂时不用补种。假如发现连续数株或较大空间内桑树均不成活时则需要及早补种，以免影响产量。

第七节　直播成园技术

传统技术建设桑园一般都有育苗环节，成功率高，但所需成本较高，所耗费时间较长。广西发明了 2 种低成本且高效的直接成园技术。

一、直播套种成园

将杂交桑种子按桑行线直接播于桑地，培育桑苗长成产叶植株，免去苗圃地育苗和挖苗移植环节，直接成园；并在桑行间套种低矮短期作物抑制杂草生长、增加收益，实现当年播种、当年产叶养蚕，当年获得高收益。这种桑园建设技术为杂交桑直播套种成园。

直播套种成园可获得三种收获物：当年套种的经济作物、当年产叶养蚕获得的蚕茧、当年间出的多余桑苗。

用桂桑优 62 进行试验结果见图 4-26。直播套种桑园当年 1.7 m 高的植株每亩有 4 572 株，可采叶株数达 23 810 株，每亩总有效枝茎高达 15 453 m，远远超过大苗种植桑园。这是构成当年桑园高产的基础。

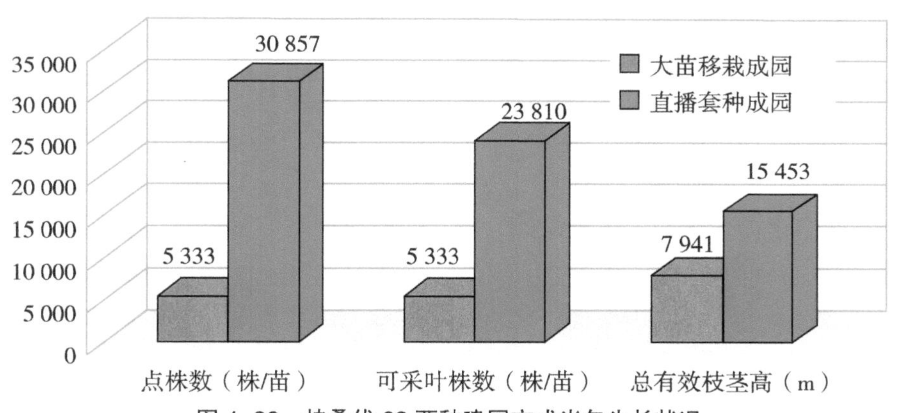

图 4-26　桂桑优 62 两种建园方式当年生长状况

此法具体如下：

（1）选用土质疏松、容易打碎的地块作桑地，在冬季深耕翻晒，春节过后将地耙平，开好排水沟，防止桑地苗期积水。地块按桑行（行宽 70 ～ 80 cm）规格划线，沿桑行线施入腐熟有机肥，与泥土翻匀，拨平地面。土壤条件差、容易积水、板结的土地及新开垦土地不宜用本法种桑建桑园。

（2）选用大叶杂交桑品种，如桂桑优 12、桂桑优 62、桑特优 2 号、粤桑 51 号、桂桑 6 号。播种适期为 2 月下旬至 4 月中旬，早播种、早成园、早养蚕。先将沿桑行线 10 cm 宽的泥土充分打碎，淋水呈浆状，然后沿桑行线点播桑种。每 667 m^2 播种量为 100 ～ 120 g（行长每 10 cm 播 3 ～ 6 粒），用泥粉薄盖种子，最后覆盖稻草或杂草，淋透水。

（3）选择矮秆的作物，如早黄豆桂春一号（见图 4-27、图 4-28）、早花生桂花 30 及蔬菜类作物等在行间套种。可在播桑种的同时播种种植，也可适当提前，争取在 5 月收获，以免影响桑树产叶。

图 4-27　播种后 50 天桑树与黄豆的生长状况

图 4-28　播种后 80 天桑树与黄豆的生长状况

（4）播种后小苗阶段注意淋水补湿，使出苗、长苗整齐。及时除草，带土移苗补上缺株。喷施敌百虫、万灵等农药防治虫害，喷托布津防立枯病保苗。如有蜗牛为害，应在播种的同时施蜗克星或石灰粉杀蜗牛。套种的作物有虫害也应及时防治。常淋水肥供苗快长。套种的作物收获后，及时施肥催桑快长。

为了保苗养树，当年不宜夏伐；冬季在距离地面 30 ～ 50 cm 处进行桑树剪伐。按每亩 6 000 ～ 7 000 株（株距 13 ～ 15 cm）的规格留足壮株，多余苗木挖出可自用或出售。重施冬肥，来年桑园即可进入丰产期。直播套种成园桑树后期长叶状况见图 4-29。

图 4-29　直播套种成园桑树后期长叶状况

二、埋条成园

应用埋条繁殖的原理，按一定规格横埋枝条，并按一定的密度养成桑苑，使单位面积生长的枝条数达到生产桑园的水平，一步成园（见图 4-30）。

图 4-30　埋条成园技术建成的桑园

具体做法如下：

1. 土地整备

选择沙壤土或沿河冲积土地块，在冬季深耕翻晒，碎土，整地备用。黏土和易板结的土地不宜用本法建园。

2. 桑枝条采集和贮藏

选择适合埋条成园的桑树良种有桂桑优 62、桂桑优 12、桑特优 2 号、粤桑 11 号等。

桑树良种桑园夏伐后培育健壮枝条，采叶时注意保护好腋芽；根据枝叶生长表现选择优良植株作为采穗母树，并做好标记。

在 12 月下旬至 1 月中旬冬伐，剪取采穗母株的枝条，去掉梢端未成熟部分，留成熟枝段，长 1 ～ 2 m。枝条集中竖放室内贮藏，或在室外阴凉处加盖薄膜防止枝条失水过干，备用。

3. 开沟埋条

开沟埋条的最适时间为冬至前后至次年 1 月中下旬，最迟不超过 2 月。整备好土地后划桑行线开沟，行距为 65 ～ 80 cm，沟深 20 ～ 25 cm，每亩施入农家肥 1 000 kg、复合肥 50 kg，回填土 5 ～ 10 cm，留沟深 5 ～ 10 cm，将选好的枝条沿行沟双条并列平放沟内，整条行沟排放的枝条连续不间断，回填盖土约 7 cm，拨平地面，但不能压实（见图 4–31）。

图 4–31　将桑枝整条埋入土中

4. 适时开土定蔸

枝条埋下后，2 月底至 3 月初气温回升，桑枝开始萌芽时，把枝条上的盖土拨开以露出桑芽，方法为间隔 18 ～ 25 cm 拨开 1 个口子，露 1 个芽定蔸。也可在埋条盖土时预留发芽穴。桑芽长 10 cm 高后进行培土，使其长高长壮。埋条建园长成的植株和根系见图 4–32。

图 4–32　埋条建园长成的植株（左）和根系（右）（秦宇提供）

5. 肥培管理

埋下的枝条发芽长根后须及时追肥，待新梢长高后再追肥 1 次。沿桑行两边开沟施肥，施后培土除草，促进桑树快生快长。

6. 采叶和剪伐

待新梢长至高 70 cm 以上即可采叶养蚕。每次采叶时需注意留叶养树。第一年一般不夏伐。后期冬伐、夏伐在同一部位剪伐。

第八节　低产桑园的改造

桑园低产主要是由于树龄过大、缺株多、品种不良、营养元素缺乏、管理不善、病虫为害等原因引起的。可根据低产原因，采取针对性措施进行改造。

一、补缺株

1. 品种选择

选择容易成活、丰产性优、发芽早、发条多、叶片大的品种，如杂交桑桂桑优 62、桑特优 2 号，嫁接桑强桑 1 号等品种。不宜选择不易成活、发芽晚、发条少的品种，其生长速度较慢，难以满足生产需要。

2. 补植时间

选择在冬春季或夏伐前补植，利用发芽早、发条多的优势和冬伐、夏伐的时间，促桑树生长，加快枝叶生长，跟上桑园整体生长速度。

3. 补植方法

选用大苗补植，使发芽强壮；埋条成园（或压条、芽接），提高成活率，加快产叶（见图 4–33）。在桑园缺株严重但未出现连片死株的情况下以压条补缺效果最为理想，成活率可达 100%。

图 4–33　埋条补缺

二、改良土壤

要疏通沟渠，提沟培土，改变积水状况；对土质较差、土层浅、有机质含量低的桑园，要做长期的改土工作，重施农家肥，套种绿肥，客土造地，增厚土层。有的土壤因桑树多年吸收，造成缺乏必要的元素，要及时补充元素或进行客土改良。石灰岩溶地区的桑园，会发生缺铁性黄化病（见图 4–34），可喷硫酸亚铁或施入泥碳或红土客土改良，桑树会恢复生长。

图 4–34　桑园缺铁发生黄化病

三、杀灭土壤、根部和树干的害虫和病原

有的桑树的根部、枝干被天牛等害虫为害（见图 4–35），有的桑园春季因断枝烂叶病或菌核病造成倒伏，没有夏伐，病灶和病原还存在土壤和病株中，造成年年发病。这类低产桑园先要灭虫、除病才能高产。

图 4–35　天牛对桑园为害造成低产

四、老树复壮

桑树种植后可持续丰产多年，但也会衰弱老化。肥培管理跟不上，桑树就容易衰老。桑树衰老，会造成长势差、产量低。为提高老桑园产量，需要对衰老桑树进行复壮，为了桑园不停产，不需要把老桑树都挖去，正常生长产叶的老树可保留几年。

老树复壮多用压条和芽接法繁殖新苗（见图 4-36）。把衰老桑树挖去，在冬春季深耕施有机肥，选择已挖老树附近的健康枝条压埋到泥土中，很快就能成苗并跟上桑园整体生长速度。

连片空缺，可用大苗新植或用埋条新植。在大空隙中进行栽植补缺效果也很好，新植桑不易被原有桑覆盖影响生长。

老树经过长时间在同一部位剪伐会形成膨大的拳部或基干部，病虫也会累积为害，造成植株长势不旺。可剪去或锯去植株地上部，让下部重新长出健壮枝条。也可利用原来植株作砧木，优良品种的枝条作接穗，在冬季芽接改良，不占时间空间、容易成活，可实现嫁接后老桑园丰产多养蚕。

图 4-36 用芽接法复壮的桑树（邱长玉提供）

第九节 桑园建设费用概算

桑园建设费用，是指进行桑园建设所耗费的全部费用，也就是指建设桑园从前期工作开始到建成投产为止所发生的全部投资费用。为简单直观，现以建设 100 亩桑园为例概算各项费用。

一、土地流转

土地流转费由当地的环境、交通便利程度等综合因素决定，遵循适度集中、连片发展的基本原则，宜选择地势平坦、土质肥沃、土层深厚、阳光充足、土壤有机质含量高、不易积水、不易受洪涝危害的土地。以目前桑蚕各主产区来看，平均地租约 700 元 /（亩・年），按 100 亩计算需

700 元 /（亩·年）× 100 亩 =7 万元 / 年。

二、土地整理

土地整理主要包括：土地垦荒、土地拼合、开沟起垄、土壤改良、水利设施、基础设施建设、桑苗采购等。

1. 深耕开沟

桑园开垦根据土地情况进行。平地可直接耕翻，坡地沿等高线开台地。

2. 土壤改良

土壤改良就是施用有机肥改土。深挖土壤时，每亩施有机肥 1 t，百亩共施有机肥 100 t。有机肥 100 t × 600 元 /t=6 万元。

有的区域是实施政府土地整理项目的，可利用此项目节省土地整理费用。

三、道路建设

做好运输道路、田间工作道路规划、建设，其中作业便道要考虑到桑叶运输工具，宽度至少在 1.5 m 以上，可以采用混凝土，也可采用碎石路等。生产道路要考虑到农用车、拖拉机等的使用和操作，以宽度 2.5 ～ 3.0 m 的混凝土道路为宜，每亩按 600 元计，100 亩 × 600 元 / 亩 =6 万元。

四、水利设施

桑园需排灌方便，有大的水体或者流动水源最佳，如水库、河流、堰塘等。水质无污染，水源蓄积设施包括山坪塘、蓄水池等，预计投入 4 万元。利用和修理原有的水利设施，可节省投资。

五、配套设施

（一）库棚等设施

根据《国土资源部、农业部关于完善设施农用地管理有关问题的通知》的规定，进行规模化种植的附属设施用地规模原则上控制在项目用地规模 3% 以内，但最多不超过 20 亩。规模化、工厂化种植可配套农资临时存放场所、农机具临时存放场所、农田水利设施和简易管护用房等用地。桑园配套用地建设简易农机具房、肥料仓库及管护用房，主要用于存放田间机械、常规农药、化肥等日常用品，简易房大概造价在 6 万元，铝塑板大棚造价可能少一些。

（二）桑园周边围栏与护坡

围栏也是基础投入的一部分，一般选用荷兰网和双边丝围栏网的较多。

荷兰网高 1.8 ～ 2 m，孔 50 mm × 50 mm 或 50 mm × 100 mm，丝径塑后 2.5 ～ 3.0 mm，安装简单，价格也较便宜，5 ～ 7 元 /m^2。双边丝围栏网高 1.8 ～ 2 m，孔 75 mm × 150 mm 或 80 mm × 160 mm，丝径塑后 3.8 ～ 6.0 mm，一片 3 m 长，有圆柱和方柱两种，安装也很简单，价格较低，10 ～ 15 元 /m^2。护坡可用片石砌筑。

百亩桑园围栏和护坡约需 7 万元。

（三）农机具

农机具主要包括桑园运输三轮车、喷药机、水管、药管、喷枪、枝剪锯、锄头等，预计百亩投入 6 万元。

（四）地膜（防草布）

地膜（防草布）是用来覆盖种植带防止杂草生长的，对大基地特别适用，尤其在后期降低人工及除草剂成本费用。防草布材质有可降解无纺布、尼龙、塑料膜等几类，市场价格每平方2元多。种植时可只铺种植行，其余为旋耕机作业。一次性铺设防草布可使用3年左右。

六、桑苗采购

桑苗价格依目前市场行情，均价在0.10元/株左右，桑园投入的种苗数量按6 000株/亩计算，100亩桑园需100亩 ×6 000株/亩 ×0.10元/株=6万元。

七、种植与管护

种植及种后的管护还需要投入较多人力，100亩约需700个工日，每个工日按100元计，100亩桑园需种植与管护费用约7万元。

综上，建设桑园从前期工作开始到建成投产为止，所耗费的土地流转、土地整理、道路建设、水利设施、配套设施、桑苗采购、种植与管护等全部费用，以建设100亩桑园为例概算，费用总计约为68.5万元（见表4–1），平均每亩桑园建设费用为0.685万元左右。

表4–1 100亩桑园建设费用概算

项目		计量单位	数量	单价（元/亩）	百亩费用（万元）
土地整理	土地流转	亩	100	700	7.00
	深耕、挖沟	亩	100	600	6.00
	土壤改良	亩	100	600	6.00
	道路建设	亩	100	600	6.00
配套设施	水利设施	亩	100	400	4.00
	库棚、简易管护用房等设施	亩	100	700	7.00
	护坡、围栏	亩	100	700	7.00
	农机具及器械	亩	100	600	6.00
	地膜	kg	500	13	6.50
	桑苗	亩	100	600	6.00
	种植与投产前管护人工	工日	700	100	7.00
	合计				68.50

（本章编写：朱方容、李韬）

第五章 桑园施肥

第一节 桑树的矿质营养

矿质营养是植物生长发育重要的养分和调节因子之一。桑树也不例外，在整个生长过程中，都与外界环境进行频繁的物质和能量交换。桑树不仅需要从空气中吸收 CO_2 和日光能以进行光合作用，而且需要从土壤中吸取水分和营养物质。如果桑树缺乏某种元素，或者环境中某种元素流失过多，桑树的新陈代谢活动就会发生紊乱，生长发育将受到影响。因此，了解矿质元素对桑树生长的作用，及时补充桑树生长所需养分，对提高桑园产量和改善桑叶质量具有重要意义（见图 5-1）。

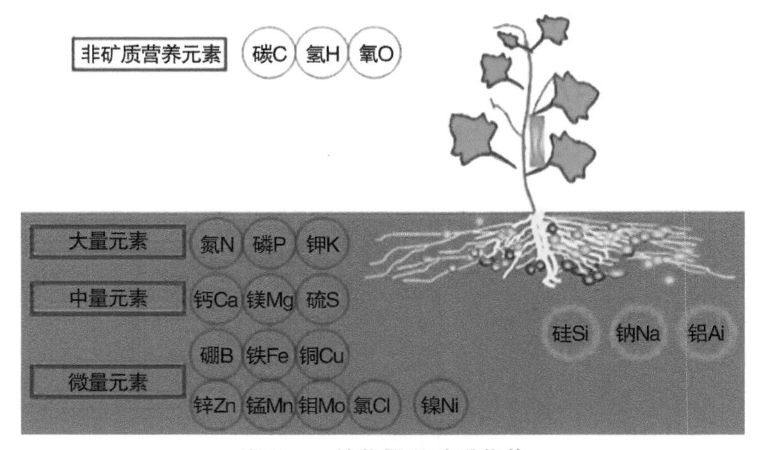

图 5-1 植物需要矿质营养

一、桑树所需的矿质营养元素

据研究，植物体内含有的化学元素有 60 多种。凡土壤中存在的元素，几乎都能在植物体内找到，但这些矿质元素在植物体内的含量并不与土壤中的含量成正比例，也不是每一种元素都是植物生长所必需的。通过水培（溶液培养）和沙培以及其他实验方法，可以发现植物除了需要碳（C）、氢（H）、氧（O）3 种元素外，至少还需要氮（N）、钾（K）、钙（Ca）、镁（Mg）、磷（P）、硫（S）、铁（Fe）、硼（B）、锰（Mn）、锌（Zn）、铜（Cu）和钼（Mo）12 种元素。碳主要以 CO_2 的形式存在于空气中，植物对碳素的吸收利用可称为植物的空气营养或者碳素营养。后面 12 种元素，除氮之外，最初都是地球岩石的成分，所以称之为矿质元素，它们主要以离子的形态存在于土壤中，故植物对它们的吸收利用又称为植物的土壤营养或者矿质营养。由于植物对氮素的吸收方式与矿质元素的吸收方式相似，所以氮素营养通常也被视为矿质营养的一部分。

氮、钾、钙、镁、磷和硫6种元素在植物体内含量较高，称为大量营养元素或者大量元素；铁、硼、锰、锌、铜和钼在植物体内含量甚微，称为微量营养元素或者微量元素。

严格来说，营养元素并不是以元素状态影响植物的生理过程，而是以离子的形式或者有机分子成分的形式在植物体内发挥作用。矿质元素的主要功能在于参与重要的有机物的合成。例如，氮是组成氨基酸、蛋白质、嘌呤、核酸、生物碱、植物激素、叶绿素和细胞膜的成分；钙与果胶酸生成的盐是细胞壁中胶层的主要成分；镁是叶绿素分子的组成元素；磷是核蛋白、磷脂和含磷酸根的高能键的成分；硫是辅酶A和某些含硫氨基酸及维生素的成分；铁和钼是某些酶的组成元素等。钾虽然不是桑树体内有机物的成分，但它与某些酶的活性有密切关系，缺乏时会阻碍碳水化合物的运输和氮代谢。钾在气孔开闭运动中起到一种渗透剂的作用，其他的金属离子是不能取代这种作用的。

二、矿质元素的生理功能及桑树的缺素症状

桑树的生长要从土壤中吸取氮、磷、钾、钙、镁、硫、铁、硼、锰、锌、铜、钼等营养元素。桑树对这些元素的需要是不同的。如对氮、磷、钾等元素的需要量很多，其他元素则很少。以上这些元素都是桑树正常生长所不可缺少的，而且不可相互替代。各种元素在桑树体内和土壤里的相互关系错综复杂，它们之间既有相助作用，又有拮抗作用，并随着元素间的相对浓度和环境条件的变化而变化。一种必需元素在植物生理活动中的某一方面或者某些方面发挥作用，从而保证了植物正常的生长发育。必需元素严重缺乏时，植物的生长发育就不正常，在外观上会表现出一些反常的特征性的病态，称为营养元素缺乏或者缺素症。缺乏的元素不同，植物外观则呈现不同的病态特征（见图5-2）。不同的病态特征是我们对植物营养状况进行诊断和施肥的主要依据之一。为了合理使用肥料，提高施肥技术，获得高产优质桑叶，必须了解各种营养元素在桑树生长发育中的生理作用。

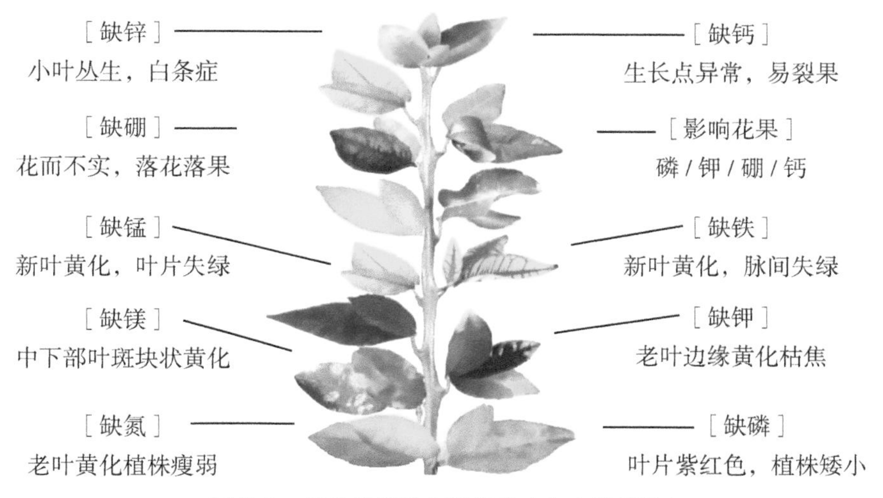

图5-2　植物缺素地上部症状（朱方容提供）

（一）氮

氮是合成氨基酸所不可缺少的元素之一，是核酸（构成细胞核的主要成分）、磷脂（细胞膜系统的成分）、叶绿素、酶、生物碱、多种苷类及维生素等的组成成分。由此可见，氮素在桑树的生

长发育过程中所起的重要作用。

氮素可以促进营养生长，提高光合效能。因此土壤氮的供应能满足桑树生长的需要时，树体抽芽发枝迅速，桑树抗病力强、桑叶产量高、叶质优良。反之则影响蛋白质的形成和叶绿素的合成数量，造成树体营养不良，枝条细短、叶色黄、叶形小、叶肉薄、桑叶硬化黄化；水分和蛋白质含量少，不仅产叶量低，叶质也差（见图 5–3）。若氮素过多，则桑树体内的碳水化合物和氮素之间的平衡被打破，与其他元素间的关系失调。这样，就会使枝叶徒长，木质疏松，叶片成熟延迟而柔软，水分和非蛋白质形态氮的含量增加，碳水化合物含量减少，叶质差，桑树本身抗病能力低（见图 5–4）。因此，在桑园施肥中必须注意氮素肥料的合理施用。

图 5–3　桑树氮素缺乏（朱方容提供）

图 5–4　桑树氮素过量症状（朱方容提供）

（二）磷

磷是形成原生质和细胞核的主要成分，也存在于磷脂（多分布在原生质膜和液泡中）、核酸（细胞核的主要成分）、酶、维生素等物质中。它参与树体的主要代谢过程。在代谢过程中起着传递能量的作用，并有贮存和释放能量的功能。磷能促进碳水化合物的运输。在呼吸过程中，磷与中间产物形成高能量化合物，保证呼吸作用的正常进行。磷与氮素营养有密切关系，如在磷酸吡醛素的作用下，才能使氨基化作用、氨基转移作用等在树体内进行。磷供应充分时，能提高桑树体内蛋白质的含量。

磷能促进桑叶成熟，提高叶质，增强根系呼吸能力，促进根系生长，增强抗逆性。磷素不足时，酶的活性降低，碳水化合物、蛋白质的代谢受阻，分生组织的分生活动不能正常进行，新梢和根系生长减弱，叶片变小，积累于组织中的糖类转变为花青素，使叶柄、叶背及叶脉呈紫红色（见图 5–5）。特别在氮素供应过高时，缺磷会引起含氮物质失调，根中氨基酸的合成受阻，使硝酸根在树体内大量积累而使叶质变劣。但施磷过量时，会使桑叶成熟硬化过早，不仅影响产量，也影响质量。

图 5–5　作物缺磷症状

（三）钾

钾虽不是有机体的组成成分，但对维持细胞原生质的胶体系统和细胞液的缓冲系统具有重要作用。钾与桑树体的新陈代谢、碳水化合物的合成、运输和转化的关系密切。钾离子能控制六碳糖缩合成蔗糖和淀粉，也可促进氮的吸收和蛋白质的合成。钾对叶绿素的合成有良好作用，是铁和某些酶的活化剂，能促进桑树的同化作用，加强营养生长，使桑叶提早成熟。在多施氮肥的情况下，增施钾肥有提高叶质的作用。施用适量钾肥还能促进新梢和枝条的成熟、机械组织发达，增强桑树抗性。桑树缺钾症状见图 5–6。

图 5-6 桑树缺钾症状（朱方容提供）

（四）钙、镁、硫

1. 钙

钙是细胞壁和胞间层的组成成分，对碳水化合物和蛋白质的合成过程有促进作用，在树体内起着平衡生理活动的作用，能调节树体内的酸碱度，也可避免或降低在碱性土壤中的钠离子、钾离子等和酸性土壤中残留的氢、锰、铝等离子的毒害作用，使桑树正常地吸收铵态氮。钙和铵离子有拮抗作用，能加速树体内氨的转化，减轻氨在植株中的毒害作用，使土壤中过多的氨不致危害植物。钙能促进原生质胶体凝聚和降低水合度，使原生质粘性增大，有利于植株抗旱；能中和土壤中的酸度，对微生物的活动有良好作用。桑叶中含钙适当能增加蚕体血液的钙质，增强蚕体健康。

钙大部分积累在植株较老的部分，是一种不易移动和不能再利用的元素。故植株缺钙时首先在幼嫩部分受害。缺钙会削弱氮素代谢作用和营养物质的运输，不利于铵态氮的吸收，桑叶中蛋白质分解时生成的草酸不能被中和。缺钙时根的反应较突出，表现为新根粗短、弯曲，尖端不久就死亡。缺钙现象常常由土壤偏酸或其他元素过多造成的。如土壤酸度大则有效钙的含量降低，土壤含钾过高也能引起钙的缺乏。土壤含钙过多时，由于离子间竞争，使其他元素，首先是铁元素很难进入植株体内。

2. 镁

镁是叶绿素的重要组成成分，对叶绿素的形成和叶片光合作用有着密切关系。桑树缺镁时叶肉部分首先失绿变黄，即“缺绿症”，严重时遍及全叶。一般由枝条中下部的叶片首先出现症状，逐渐向上蔓延，影响枝叶生长。

3. 硫

硫也是桑树的重要营养元素之一，存在于蛋白质较多的组织中。叶片和桑葚中含硫较多。缺硫时，新细胞的形成受阻，影响桑树的生长发育。

（五）微量元素

桑树正常生长所需的微量元素有铁、硼、锰、锌、铜、钼等。这些元素在桑树体内的含量虽甚微，但在生理上的作用也是必要的，不可忽视。

1. 铁

铁是多种氧化酶（如细胞色素氧化酶、过氧化酶、过氧化氢酶等）的组成成分。铁在桑树体内具有高价铁和低价铁互相转化的特性，所以认为铁参加细胞内的氧化还原作用。铁在桑树体内有氧呼吸和能量释放的代谢过程中具有重要作用。

铁不是叶绿素的成分，但活化铁对叶绿素的形成有促进作用，即铁与嘌呤形成有关。缺铁便不能形成嘌呤，因此也影响叶绿素的形成。桑树能吸收低价铁和高价铁，但低价铁浓度过高，容易发生毒害作用。一般土壤中铁的含量较多，不致缺乏。但在含钙过多的碱性土壤和含锰、锌过多的酸性土壤中，铁变为沉淀物，不能被桑树吸收利用。在钾不足，地温较低，土壤湿度较大的情况下，也容易发生缺铁现象。

铁在树体内不能被再利用，所以缺铁时幼叶首先受害，呈现失绿现象，老叶仍为绿色（见图5-7）。同一株内，生长旺盛的枝条因需铁较多，黄色较严重。

图 5-7　桑园缺铁性黄化（广西上林县农业局杨家崇提供）

2. 硼

硼能提高光合作用和蛋白质合成的效率，促进碳水化合物的转化和运输。在花中含硼较多。它与分生组织和生殖器官的生长发育关系密切。硼还能改善氧对根系的供应，促进根系的发育，加强土壤中的消化作用，增强桑树抗性。

硼在桑树体内属于活性弱的元素，不能被再度利用。它在分生组织中起着重要的催化作用。缺硼时桑树生长受影响。根据浙江省丽水县的调查，桑树粗皮病的发生与缺硼有关。

土壤中可给态硼的含量与土壤性质、有机质含量等有密切关系。一般表土比心土含硼量高，黏土比沙土高，土壤pH值超过7时，硼易呈不溶性状态。钙质过多的土壤中，硼也不易被根系吸收。

土壤过于干旱也影响硼的可溶性，易发生缺硼症。

3. 锰

锰是一种接触剂，它是氧化酶的辅酶，对细胞中的生化过程都有作用，而且可以加强呼吸强度和光合作用，因此能促进植株生长。锰也是植株体内各种代谢作用的催化剂，对叶绿素的形成、树体内糖分的积累运转以及淀粉水解等也有作用。锰可提高植株对硝酸盐和铵盐的利用。当植株以硝酸盐为营养时，锰是还原剂，以铵盐为营养时，锰是氧化剂。当植株根系通气不良时，锰可促进根对铵盐的吸收作用。缺锰可使叶绿素的含量降低，从而出现缺锰失绿症。

锰和铁在土壤溶液中和植株体内具有拮抗关系。锰能影响铁的氧化还原作用。缺锰时，植株体内的低价铁浓度增高，可引起缺铁失绿症。锰过多时，低价铁过少，不能满足生长需要，也可能发生缺绿症状。因此，锰和铁的比例要适宜，植株才能吸收利用。

土壤中的锰以二价离子（Mn^{2+}）形式被植株吸收利用。三价和四价锰呈不溶解状态，植株不易吸收。土壤偏碱时，锰呈不溶性状态，易发生缺锰失绿症。轻度缺锰时叶片小而硬化，养蚕后蚕的生命力显著下降。

4. 锌

锌在植株体内是以与蛋白质相结合的形式存在的，可以转移。锌是碳酸酐酶的成分。这种酶能催化碳酸分解为二氧化碳和水的可逆反应：$H_2CO_3=CO_2+H_2O$。因而认为锌与光合作用、呼吸作用的过程有关。

锌与叶绿素和生长素的形成有关。缺锌时，植株体内的过氧化氢酶等活性显著下降。因此认为锌是酶和维生素 C 的活化剂和调节剂。

锌对植株生长也有影响。锌与细胞氧化还原和生长代谢作用有密切关系。缺锌可导致细胞内氧化还原系统紊乱，不正常地提高细胞的氧化能力，使芽顶和生长素遭到破坏。

锌在植株体内的分布是与生长素的分布平行的。生长旺盛的部分生长素多，锌的含量也高，缺锌时，生长素含量低，细胞吸水少，不能伸长，枝条细短，叶片小而薄。锌素营养状况良好可提高植株抵抗真菌侵染的能力。

桑树缺锌后，叶色浓绿不匀，叶脉间色淡，呈黄色或黄绿色，叶片小而缩皱，新梢细小，严重时，树势显著减弱。

沙土、盐碱土以及瘠薄的山地桑园，容易发生缺锌现象。这是因为沙土含锌盐少，且易流失；盐碱土则使锌盐易转化为不可溶性的状态，不利于桑树吸收。缺锌与土壤中的磷酸、钾、石灰含量多过有关，一般土壤中磷酸越多，植株吸收锌越困难。

5. 铜

植株体内有些氧化酶含有铜，如抗坏血酸氧化酶。因此这些酶所催化的氧化还原过程需要铜的存在。铜与植物体内蛋白质含量有关，对叶绿素的形成过程有影响。喷洒硫酸铜溶液可使植株叶片内的叶绿素含量增加。

植株缺铜时，幼叶尖端缺绿并且干枯，严重时叶片脱落。

6. 钼

钼是硝酸还原酶的重要组成部分，因此，钼与氮素代谢有密切关系。树体缺钼时，硝酸态氮的还原过程受到阻碍，并且在树体内积累起来。氨基酸、酰胺和蛋白质含量都减少。缺乏其他元素（除铜外）时，虽也有这种现象，但没有缺钼时严重。

植株缺钼时，叶片会发生斑点，叶的边缘坏死而卷曲。

同时必须指出，环境中的某些微量元素的过量存在对于植物是有害的。例如，过量的锰会使桑叶轻度黄化，新梢生长停止，甚至发展到嫩叶叶脉变黑萎缩，直至落叶；过量的锌除会使嫩叶轻度黄化、皱缩及生长停止外，中下部叶还会混杂黑褐色，上部叶黄化，最大光叶以下数叶叶缘枯焦、落叶；过量的铜会使上部叶黄化，严重时伸长生长停止；过量的硼也会抑制生长，使下部叶叶缘发生黑斑并开始变黄，进而枯斑扩展广布于叶脉间；等等。

在由蛇纹石形成的土壤中以及在炼锌厂附近的土壤中，有镉（Cd）、铜（Cu）锌（Zn）或镍（Ni）等过量重金属存在，桑树生长常常受到抑制，并有缺绿、根叶畸形等症状出现，桑叶的叶绿素含量、光合速率以及叶片干重增长等都大大降低（见图 5–8）。因此，在重金属过量的土壤上不适合栽植桑树。

图 5–8　桑树重金属镉过量（朱方容提供）

在对桑树进行营养诊断时，除根据桑树的叶色、长势及有无缺素症状进行判断外，必要时还应对桑叶的矿质元素含量及土壤有效养分进行理化测定，以根据树体和环境中矿质营养元素的丰缺来决定施肥方案。

桑叶中某些游离氨基酸，如天冬酰胺、精氨酸等的含量能比较灵敏地反映树体的氮素营养状况，可以作为桑树氮素营养诊断的指标。但是，由于成熟器官中氮素容易向幼嫩部位转移，嫩叶和老叶中的游离氨基酸含量均不能有效反映树体真实的氮素水平。根据今西和五岛（1985 年）的研究，叶面积已经长足的第 13 ～ 20 叶位（从顶端向下数）中的天冬酰胺含量与培养液的氮素浓度及叶片全氮量密切相关，说明桑树是否已经缺乏氮素，是否有必要施用氮肥。

植株的钾素含量受到土壤条件和气候条件的影响，因此，在适当时期选择适当的采叶部位进行分析，对于做出正确的诊断关系很大。根据广东省农业科学院蚕业与农产品加工研究所桑树栽培组（1985 年）的研究，桑树侧枝叶片的含量最高，主枝叶片次之，主茎最低。侧枝叶片比主枝叶片含钾量高 0.41% ～ 0.45%，主枝叶片比主枝条高 0.33% ～ 0.71%。幼嫩组织中钾素含量要高于成熟组织，第 2 ～ 3 叶位嫩叶含钾量最高，达 2.55% ～ 3.21%，第 11 ～ 12 叶位为 0.52% ～ 0.93%。

桑树叶片对土壤钾素水平最为敏感。由于钾素在桑树体内流动性比较大，体内钾素水平低时，老叶中的钾素会转运到幼叶中去，因此下部叶的钾素含量最能反映出土壤的钾素水平。广东省农业科学院对广东各地 22 个土壤样点的土壤速效钾含量及桑叶含钾量的研究分析表明，这两者之间相关极显著。当伦教 40 号桑树第 8、第 9 叶位含钾量在 1.2% ～ 1.5% 以下，第 11、第 12 叶位在 1.0% ～ 1.3% 以下时，桑树生长开始受到抑制，这时就需要施加钾肥。

三、桑树对矿物质元素的吸收

桑树各个器官多少都能吸收一些矿质，但主要还是通过根系从土壤中吸收矿质营养。由于在叶面施用某些营养元素和农药，在实践上收到较理想的效果，叶子对溶质的吸收问题也逐渐被人们所重视。

土壤中可被根系吸收利用的矿质元素有两种状态：一种是以离子溶于土壤溶液中；另一种是被吸附在土壤胶粒表面上的可代换的离子。这两种离子可以互相交换而处于动态平衡之中。

根系从土壤中吸收矿质元素可分为被动吸收和主动吸收两个过程。在根系对离子的被动吸收中，有一部分是以简单的扩散方式进行的。这些离子只能扩散到根组织或细胞的外区（无阻空间）。到达细胞表面的阳离子可以通过离子交换进入细胞质内部。所以，阳离子进入细胞，是一个被动的过程，不需要代谢能量进行推动。根部细胞呼吸产生的 CO_2 与水反应生成 H_2CO_3，H_2CO_3 解离所提供的 H^+ 离子和 HCO_3^- 离子，可以用以进行离子交换，帮助根系吸收矿质。

根系吸收矿质元素的第二阶段是离子通过原生质膜进入细胞区（非无阻空间）。这个吸收过程必须依靠代谢释放能量来推动，因而是一个主动吸收过程。许多学者认为，离子是通过“载体”而主动运送到细胞内区的。当离子到达无阻空间的最内部时，就和原生质膜上称为“载体”的特殊化合物结合成“离子－载体”复合物而转运到原生质膜的内侧，而后复合物分离把离子释放到细胞内区中去。而载体则又回到膜的外侧重复运载离子的过程。可是已经进入内部空间的离子不能再扩散回到无阻空间中去了，少量的载体重复循环使用，能使比载体数量多得多的离子源源不断地运进内部。载体与离子结合具有专一性。因此，主动运送是有选择性的。有些学者认为，载体是分布在细胞膜上的一种酶，称为“载运酶”，它能在呼吸产生的能量帮助下，将离子从膜的一侧运送到另一侧。

根系对矿质元素的吸收是一个生理过程。凡影响根系生理活动的因素，均能影响对矿质元素的吸收。由于主动吸收矿质元素的过程中需要消耗能量，凡是影响呼吸作用的因素，如土壤温度的高低、土壤通气状况的好坏等，对矿质元素的吸收都有明显的影响。

冬季土壤温度较低时，根系呼吸强度降低，桑树几乎停止吸收养分。春天天气较暖，当土层 30 cm 处温度达到 5 ℃左右时，桑树开始吸收养分，地温超过 10 ℃时，根系吸收活动旺盛，而吸收养分最合适的地温在 25 ℃左右。土壤积水或者土壤过于坚实会使土壤空气供应不足，根系呼吸作用减弱，从而影响对矿质元素的吸收。

桑叶光合作用制造的有机物是根部生长和代谢活动的基础，地上光合活动减弱或者对有机物消耗的增加，会减少对根部所需的有机物的供应。凡是导致光合作用减弱的因子，对根部的生长和矿质元素的吸收也有不利影响。

由于矿质元素必须溶解在水中才能被根系吸收利用，土壤干旱时，根系对矿质的吸收受到阻碍。磷、铁、钙、镁、硼等元素易形成不溶性化合物，降低了桑树对这些矿质元素的吸收。土壤过酸时，铁、铝、锰等离子的浓度过大，根系吸收过量会引起中毒。因此，在桑树栽培中，必须注意增施有机肥料、改良土壤结构、耕耘、排水，保持土壤良好的通气性，调节土壤的酸碱度，使根系发挥正常的吸收功能。

肥料从施入土壤到桑树吸收利用要经过较长时间。在桑树生长旺盛时期，有可能因为干旱而使土壤施肥难以速效，而很多化学物质能以水溶液的状态通过气孔和角质层（主要是角质层）被叶子吸收。因此，用对叶面喷施营养物质的方法（称根外追肥），可以及时补充桑树所需要的矿质元素。有些微量元素很容易被土壤固定而难以被根系吸收利用，而叶面喷施则易于被桑树吸收，因而不失为一种经济有效的施肥方法。

四、桑树对矿物质元素的消耗利用

（一）氮

在大气组成中，氮约占4/5，但桑树对它们无能为力。作为肥料的氮，以硝酸态、铵态或尿素形式存在，但他们又必须在土壤中变成简单的氮化物——硝酸或铵离子方可被桑树根系吸收。桑根吸收了氮以后，除在根部就能合成氨基酸作为组成蛋白质的基本物质外，一部分就转移到叶片，直接用作叶内氨基酸的合成。用标志 ^{15}N 的硫酸铵施入土壤，经过15分钟就可以在根部检验到含 ^{15}N 的新合成氨基酸，经过4小时后，叶中检验到 ^{15}N，而在6小时后就可以检验到 ^{15}N 合成的蛋白质和叶绿素。

叶片蛋白质的合成必须依赖于光照，并且随着二氧化碳供应量的增加而加速叶中蛋白质的合成，没有光合作用能力的叶子，以现成的碳水化合物作为蛋白质合成的碳原，这与根部蛋白质的合成不同，后者不受光照的影响。

叶中的蛋白质含量，虽表现稳定，但各分子处在不断的分解而又重新恢复的代谢更新过程之中，幼嫩叶中的蛋白质更新速度更快，因此，组成原生质的各个蛋白质分子，其寿命只有数小时。

桑叶在日照不足的情况下，碳水化合物的产生较少，进入叶内的铵离子不能充分地与之结合而形成氨基酸或蛋白质，仍以铵态形式存在，不能作为蚕的营养而被吸收利用。即使硝态氮，也必须还原成铵态后才能参与光合成，过量的硝态氮在叶内积累，生成亚硝酸，会对蚕产生损害。

氮在叶内的含量占1.3%左右，为组成蛋白质的重要元素，因此亦是原生质的主要成分，特别是叶绿体和细胞核的构成成分。在氮供应充分，其他条件适当时，吸收的氮很快同化为蛋白质等多种化合物，叶面积扩大，叶绿素含量增高，光合成能量增加，叶肉增厚，叶色加深。但当吸收的氮在同化时，要消耗糖以释放能量，所以，当氮吸收过多时，碳水化合物的合成或淀粉的积累降低，叶的成熟延迟。在多给氮结合遮光的条件下，叶的光合成能力显著下降或者完全丧失，造成呼吸基本物质的不足，此时必须依靠叶内蛋白质分解来获取能量。

（二）磷

桑树从土壤中吸收磷酸根离子，在叶内以多种无机或有机态化合物存在，当磷的供应充分时，在叶内多数以无机态存在。

磷在桑叶内约占0.24%，为组成原生质的重要元素。磷存在于核酸、核蛋白和磷脂中，作为三磷酸腺苷（ATP）和二磷酸腺苷（ADP）在叶内传送能量。在促进光合产物和叶绿素的形成、加速桑叶的生长发育和成熟方面扮演着重要的角色。但过量施用，会引起叶片早熟。

（三）钾

大部分以阳离子形式被吸收，然后以水溶性的无机盐或有机盐态存在，在叶内约占 0.55%。钾对叶内由铵态氮合成蛋白质起着协调的作用，因此，在光合成或蛋白质合成旺盛的叶内，钾的积累也比较多；它又能促使光合作用的进行，有利于糖类的合成、运输和积累；钾能调节水分的蒸腾，若供给充分，保持细胞的膨压，能使桑叶挺健硬朗。钾肥施用过量时，桑叶不会出现任何症状。

（四）钙

以阳离子形式被吸收，吸收后与果胶酸结合，促进细胞膜的生成，钙又能中和细胞内过多的有机酸或重金属之类的有害物质，调节原生质的活动（细胞的充水度、弹性、粘性、渗透性等），从而保持生理平衡，促使淀粉的运输和蛋白质合成。当体内存在过剩的钙，桑叶不会出现不良症状。

（五）其他

镁是叶绿素的主要成分，磷酸的吸收和在体内的移动与镁有关，它是酶的构成成分，与碳水化合物和磷酸代谢等多种酶的活性有关，对光合作用有直接的影响。镁能促使叶片的形成和发育。

硫是构成原生质中含硫氨基酸的成分，参与蛋白质的合成，与体内氧化、还原、生长等调节作用有密切关系。

铁与叶绿素的形成有关，它虽不是叶绿素的组成成分，但可与叶绿素的蛋白质相结合，成为铁酶，铁酶关系到体内的氧化、还原反应。

锰能促进氧化、还原酶的活性，关系到氮的代谢、糖的同化以及维生素 C 的形成。

此外，硼与水、碳水化合物和氮的代谢以及钙的吸收运输有关，维持细胞膜果胶的形成和输导组织的正常功能；锌作为酶的构成元素，促使体内进行正常的氧化和还原反应；钼为酶的构成元素，与维生素 C 的形成有关；铜为酶的成分之一，与叶绿素的形成有间接的关系；氯与光合作用中的明反应密切相关，也关系到淀粉、纤维和木质素等的合成；硅起到增强细胞抗病力的作用。

第二节　桑园肥料的种类和特性

桑园常用肥料的种类很多，可分有机肥料和无机肥料两大类，两类肥料在桑园的实际生产过程中被广泛采用。了解肥料性质是合理施肥的依据。

一、有机肥料

有机肥料是桑园不可或缺的重要肥源。有机肥料中含有桑树生长发育所需要的多种营养元素，是一种完全肥料。有机肥料要经过土壤微生物的分解才能把营养物质释放出来，供桑树吸收利用，肥效迟而持久，也称迟效性肥料。有机肥料富含有机质，在微生物作用下，形成腐殖质，能促进土壤团粒结构的形成，改善土壤理化性质，增强土壤保水保肥和通气性能，有利于根系生长。通常把土壤中有机质的含量作为衡量土壤肥力的重要指标。

（一）人粪尿

人粪尿含有氮、磷、钾三要素，特别是氮素含量较多，常被称为氮肥；同时还含有钙、硫、铁等元素和有机质，因此是一种完全肥料，一般作为春夏季桑园肥料。人粪中的氮素大部分是蛋白质态氮，施用前必须经过腐熟，使其变为铵态氮，才能为桑根系所吸收。人尿中的氮素主要是尿素态氮，易于转变成铵态氮，一般呈微酸性。腐熟的人粪尿含氮素 0.57%、硝酸 0.13%。每 100 kg 人粪尿中的含氮量相当于 2.8 kg 硫酸铵，含磷量相当于 0.8 kg 过磷酸钙，含钾量相当于 3.2 kg 草木灰。人粪尿腐熟后，氮素容易挥发，可加入 3% ～ 5% 的过磷酸钙，并加盖遮阴不受日光照射；施用时，不可与碱性肥料如草木灰、石灰等混合，以免氮素损失，降低肥效。

（二）厩肥

厩肥主要由牲畜粪尿、垫料和饲料残渣等混合堆沤而成，含有丰富的有机质和氮、磷、钾等多种营养元素（见图 5-9）。厩肥的成分含量因牲畜种类、垫料和饲料不同而有变化。一般含氮 0.48%、磷 0.24%、钾 0.63%。

图 5-9　牲畜粪便沤制

厩肥可直接施用于桑园，但最好是先堆沤再施用更理想。厩肥的贮藏方法对氮素的保存影响较大。如将畜舍中取出的厩肥层层紧密堆积，由于通气差，氧化缓慢，有机质分解缓慢，因此腐熟时间较长，但氮素损失少。若堆积疏松，透气良好，细菌活跃，有机质分解快，腐熟时间短，但氮素损失大。还有一种方法是将粪尿褥草先行疏松堆积，加速厩肥发酵分解速度；待温度上升至 60 ℃～ 70 ℃后压紧，堆上第二层厩肥，待温度升高压紧，如此循环堆到一定高度，在顶上加盖吸收性强的细土、泥炭之类的物质，然后用稀泥涂好。温度高的季节两个月后便可达到半熟，四五个月就可以完全腐熟。此外，在堆积过程中加入过磷酸钙，可减少因腐熟而造成氮素的损失。蚕农常将半熟的厩肥施入桑园中，这样既可减少腐熟后氮素的损失，又可扩大施肥面积

（三）堆肥

堆肥是用秸秆、落叶、杂草、绿肥、垃圾等加入少量人、畜粪堆积起来经过微生物分解腐熟

而成的一种富含有机质的完全肥料。堆肥最好在堆肥材料中加入 5% ～ 10% 的泥土，2% 左右的过磷酸钙，1.0% ～ 1.5% 的石灰。这样可以减少养分的损失，提高堆肥的质量。堆肥的养分含量因堆制材料种类、堆制方法的不同而不同。一般腐熟堆肥的养分含量大致是：氮 0.4% 左右，磷 0.18% ～ 0.26%，钾 0.45% ～ 0.76%，有机质 15% ～ 25%。桑园中施用堆肥不仅能增加土壤养分，更重要的是增加土壤中的有机质，改善土壤结构。施用方法与厩肥相同。

（四）泥土肥

桑园常用的泥土肥有河泥、塘泥、沟泥、草皮泥、稻秆泥等。由于泥土的来源不同，养分含量的差别很大。一般泥土肥的养分含量比其他有机肥低，但是它来源广、数量多，是河滩地区桑园的主要肥料。泥土肥一般于秋冬季节施于地面，以后结合耕地翻入土层中。有些地区有在夏秋季施用水河泥的习惯，能起到保墒防旱，提高秋叶产量和质量的效果。

（五）蚕沙

蚕沙是养蚕生产过程中的副产品，是蚕粪、蜕皮、残桑和焦糠等的混合物。饲养 1 张蚕种一般可得到新鲜蚕沙 200 ～ 250 kg。蚕沙中含有丰富的有机质和氮、磷、钾等营养元素。一般蚕沙中含氮 1.45%、磷 0.25%、钾 0.11%。新鲜蚕沙中的氮素主要呈尿酸（$C_5H_4N_4O_3$）形式，腐熟分解过程中会产生高温。蚕沙必须经过堆积腐熟后再施入桑园，这样可以提高肥效，还可以杀灭遗留在蚕沙里面的病菌病毒，防止传播。蚕沙堆肥见图 5-10。蚕沙有机肥见图 5-11。但八桂学者朱方容及团队成员提出：确认已带病毒的蚕沙不宜作为肥料施入桑园，因为桑园的病毒在采叶、用叶中容易通过多种渠道、方式传染给下一批蚕，造成蚕农生产损失。例如夹带僵病病毒的蚕沙施入桑园，随风飘起，污染大面积桑园，后果不堪设想。

图 5-10　蚕沙堆肥（朱方容提供）

图 5-11　蚕沙有机肥

（六）饼肥

桑园中常用的饼肥有豆饼、棉子饼、茶子饼、菜子饼等。饼肥是一种高效的有机肥，施用饼肥的桑园，不仅土壤肥效长，桑树枝叶茂盛而且枝条硬朗坚韧，叶质优良。饼肥的养分含量因种类不同各有差异，一般含有机质 75% ～ 85%，氮 1% ～ 7%，磷 0.4% ～ 3.0%，钾 1% ～ 2%。饼肥中所含氮素以蛋白态氮形式存在居多，须经过微生物分解后才能供桑树吸收利用。饼肥要打碎后在水中浸泡数天后施用。

二、无机肥

无机肥料又称矿质肥料，一般是用化学方法合成的，故称化肥。无机肥料的特点是：易溶于水，容易被桑树吸收利用，故称速效性肥料。施用化肥后桑树生长迅速，增产作用显著。化肥的养分含量很高，体积小，运输和施用都很便利。但无机肥料所含养分比较单一，必须配合施用其他肥料。无机肥料易溶于水，肥效不能持久，并且容易随土壤水分流失。一次施用量不宜太多，要少量分次施用。化肥养分含量高，要加水稀释后施用，或分散施用，避免因浓度过高而灼伤根系。无机肥料分生理酸性和生理碱性两类，应根据桑园土壤酸碱度选用，并且避免长期单纯施用化肥，防止破坏结构使土壤板结。在多施有机肥的情况下，配合施用无机肥料效果更理想。桑园常用无机肥如下。

（一）尿素［$CO(NH_2)_2$］

尿素是白色结晶或颗粒状，含氮 44% ～ 48%，是氮肥中含氮量最高的一种，易溶于水，吸湿性强（见图 5-12）。尿素施用后受土壤微生物分泌的尿酸酶作用，水解成碳酸铵，进而分解为氨、二氧化碳和水，氮素被桑树吸收后土壤中不残留酸性物质。尿素在土壤湿润时肥效高。如遇气候干旱，应加水稀释后施用或者施用后淋水。

图 5-12 尿素

（二）碳酸氢铵［NH_4HCO_3］

又名重碳酸铵，为白色粉末或细粒，含氮 17% ～ 17.5%，略有氨的臭气，易溶于水，吸湿性大，是速效性氮肥（见图 5-13）。碳酸氢铵在常温（20 ℃）干燥条件下较稳定，在 35 ℃以上时易分解为氨和二氧化碳，吸湿受潮后分解加速。所以在运输或贮藏过程中应尽量保持低温干燥，防止养分损失。碳酸氢铵是生理中性肥料，优点是施用于土壤后遇水溶解，产生的铵和二氧化碳都能被桑树利用，不残留于土壤中。缺点是挥发性强，应适当深施并随即覆土。

图 5-13 碳酸氢铵

（三）硫酸铵［$(NH_4)_2SO_4$］

硫酸铵是白色结晶体，含氮 20% ～ 21%，易溶于水，贮存中受潮时成块，有腐蚀性（见图 5-14）。施入桑园后遇水溶解，分解为铵离子和硫酸根离子。前者易被土壤吸附和被桑树吸收利用，后者留在土壤中，施用过量易使土壤偏酸。因此，硫酸铵是速效性氮肥，又是生理酸性肥料。酸性土壤长期施用硫酸铵时应施用适量石灰以中和土壤酸度。还要增施有机肥料。增加土壤有机质以防止土壤板结。硫酸铵不能与酸性物质混合，以免氮素损失。

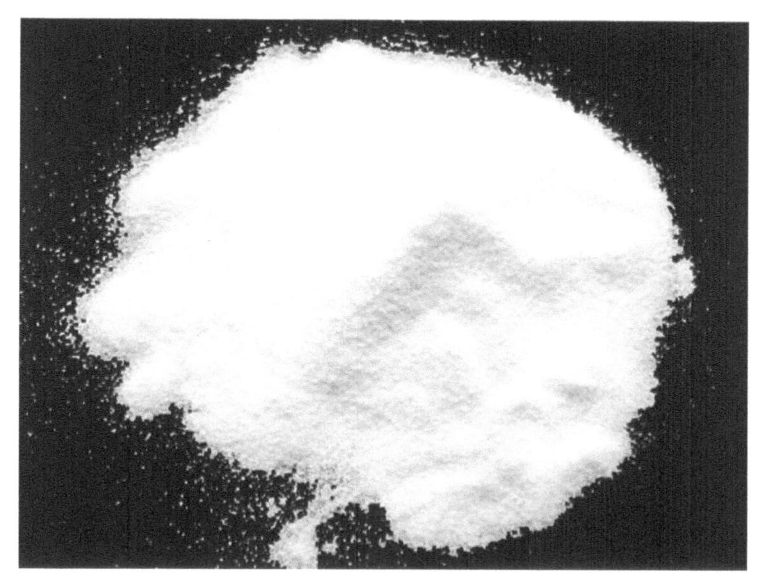

图 5-14　硫酸铵

（四）氨水［NH_4OH］

氨水一般含氮 15% ～ 17%，是速效性肥料，肥力高，肥效快，不会使土壤板结，但挥发性强，并有腐蚀性，运输、贮存和施用不当，肥力容易损失，所以要做好密封、防漏工作。施用时加水稀释 30 倍，施后覆土。

（五）石灰氮［$CaCN_2$］

含氮 18% ～ 23%，为黑色粉末状，加水后产生有毒的乙炔臭气，对人畜均有毒害，施用时应注意防护。石灰氮是碱性肥料，适用于中性及酸性土壤。在酸性条件下易转化为有效铵态氮而被桑树吸收利用。在碱性条件下分解转化比较困难，肥效不高，且会产生有毒物质，伤害桑树，故不宜施用。桑园内一般不直接施用石灰氮，应先与有机肥或湿润土混合堆积，使其腐熟发酵 10 天，除去有毒物质后再行施用。患根瘤线虫病的桑园，施用石灰氮防治效果良好。

（六）过磷酸钙［$Ca(H_2PO_4)_2$］

过磷酸钙是目前施用最为广泛的一种速效性磷肥。灰白色或带淡红色粉末，稍有酸味，含磷 14% ～ 20%（见图 5-15）。它的有效成分是水溶性磷酸钙。过磷酸钙中磷的有效性和土壤酸碱度有密切关系。施用于中性和微酸性土壤时，有效磷呈离子状态存在，肥效高。在酸性土壤里施用时易被土壤中的铁、铝离子固定，形成溶解度很低的磷酸铁和磷酸铝，不易被桑树利用。在强酸性土壤施用过磷酸钙时，应加施石灰以中和土壤酸度。在石灰性强的土壤中施用时，易与钙、镁等离子结合而成难溶性的磷酸三钙和磷酸三镁，降低肥效。因此，过磷酸钙最好与厩肥、堆肥等有机肥料混合施用。既能促进有机肥料的分解，又可减少磷的固定。同时，过磷酸钙在土壤中的移动性小，应施在接近桑根分布最多的地方，并适当集中施用，以增加肥效。

图 5-15　过磷酸钙

（七）草木灰

草木灰含有多种无机营养元素，但以钾元素最多，一般含钾 3% ～ 4%，另外还含有少量的磷、钙和一些微量元素。通常把草木灰称为钾肥。草木灰中的钾大多是以碳酸钾形态存在，易溶于水，桑树容易吸收。草木灰是碱性肥料，它和石灰一样，可以中和土壤的酸度。与饼肥混施能碱化饼肥中的油脂，促进分解，可作桑园基肥和追肥。草木灰不能和硫酸铵、人粪尿等含铵态氮的肥料混合贮藏或施用。

（八）硫酸钾［K_2SO_4］

硫酸钾是一种白色或微棕色的粉末，易溶于水，吸湿性小，不易结块（见图 5-16）。含钾 48% ～ 52%，是一种生理酸性肥料。桑园中多年施用硫酸钾，会使土壤变酸，须适当增施石灰。钾肥在土壤中易被吸附，移动性小。为了减少固定，最好与堆肥、厩肥等有机肥料配合施用，并应集中施在根系分布多的土层里，有助于吸收利用。

图 5-16　硫酸钾

（九）氯化钾（KCL）

氯化钾是白色或淡褐色的粉末结晶，吸湿性小，易溶于水。含钾 50% ～ 60%，为生理酸性肥料。在酸性土壤中大量使用时，易使土壤中游离的铁、铝离子增加，影响桑树正常生长，应与有机肥料、石灰等配合施用，并深施在根系分布最多的土壤中，不宜在盐碱土桑园内施用。

（十）钙镁磷肥

钙镁磷肥是灰色或褐色粉末，为碱性肥料（见图 5-17）。含磷 19% ～ 20%，镁 15% ～ 18%，钙 30%，不吸湿，不结块，不溶于水，但溶于弱酸。因此适用于酸性或中性土壤或缺镁的土壤。对碱性土壤，肥效不及过磷酸钙。最好作桑园绿肥作物的基肥或与有机肥料混合施用，但不能与速效性氮肥混合施用。

图 5-17　钙镁磷肥

三、主要商品肥料及特性

目前施用较多的商品肥料有鸡粪、花生麸和桐麸等。

（一）桐麸

即桐籽饼，是一种含氮 2% ～ 7%，含磷 1% ～ 3%，含钾 1% ～ 2% 及各种微量元素的“绿色”有机肥。还含有大量有机质（75% ～ 80%）、蛋白质、剩余油脂和维生素等成分。它肥分浓厚，营养丰富，是优质的有机肥料。

桐麸的主要特点：肥效高而持久，适用于各种土壤和各种作物。如桑树、果树、茶叶、蔬菜、锥栗、烟叶、甘蔗、瓜类等经济作物。使用方法及用量：每亩 60 ～ 150 kg，沟施或穴施均可。土壤深度 15 cm 左右，施后盖土。如作追肥使用应通过发酵后施用。

（二）花生麸

花生麸是花生仁榨油后的附产物通过加工而成的优质有机肥料，其碳氮比小，施入土壤后分解速度快，肥效迅速。花生麸因富含磷、钾两种大量元素，一般在桑树和果树上施用，因为它们需要较多的钾；花生麸养分齐全又比较平衡，能满足桑树、果树的需要。所以桑树、果树施花生麸既能增产又能提高桑叶、果实的品质。

花生麸一般以饼肥形式存在，在施用前，应注意进行堆沤。因花生麸含大量的纤维，直接施用后会产生大量的热能，会引起烧根或烧种现象。同时新鲜压榨的花生麸有香味，容易吸引老鼠挖掘，不管埋得多深，老鼠一样会闻到气味，容易导致桑树根系被老鼠挖伤或挖死。

在施用时有以下两种方法：①将花生麸粉放入水中，让它在缺氧环境下分解。2 ～ 12 个月后便可使用。时间越长，熟腐程度越高，越不易烧伤植物。花生麸与水的比例约为 1∶15，使用时，需先将液肥加水稀释，液肥与水的比例约为 1∶7。施用后，最好能淋水以免烧伤植物。②先将花生麸饼肥捣碎，然后把它与堆肥或厩肥共同堆积 2 ～ 3 个星期，或将腐熟的人畜粪尿加入碎饼肥中共同沤制 2 ～ 3 个星期即可。肥堆用农膜覆盖封闭发酵，以免发臭后招引苍蝇。

花生麸可作基肥和追肥。如作基肥，应在播种前 7 ～ 10 天施入土中，旱地可条施或穴施，施后与土壤混匀，不要太接近种子，以免影响种子发芽。如用作追肥，要经过发酵腐熟，否则施入土中继续发酵产生高热，易使作物根部烧伤。在水田施用须先排水后均匀撒施，结合第一次耘田，使饼肥与土壤充分混合，2 ～ 3 天后再灌浅水，旱地宜采用穴施或条施。

花生麸的施用量应根据土壤肥力高低和作物品种而定，土壤肥力低和耐肥品种宜适当多施；反之，应适当减少施用量。一般来说，中等肥力的土壤，桑园每亩用量 50 kg 左右。由于饼肥为迟效性肥料，应注意配合施用适量的速效性氮、磷、钾化肥。由于桑树生育期长、采叶次数多，应该根据具体桑树生育期和耐肥能力足量施用。

（三）鸡粪

鸡粪中含有丰富的营养，其中粗蛋白 18.7%、脂肪 2.5%、灰分 13%、碳水化合物 11%、纤维 7%，含氮 2.34%、磷 2.32%、钾 0.83%，分别是猪粪的 4.1 倍、5.1 倍、1.8 倍（见图 5–18）。鸡粪中的主要物质是有机质，施用鸡粪增加了土壤中的有机质含量。有机质可以改良土壤物理、化学和生物特性，熟化土壤，培肥地力。我国农村的“地靠粪养、苗靠粪长”的谚语，在一定程度上反映了施用鸡粪料对于改良土壤的作用。施用鸡粪肥料既增加了许多有机胶体，同时借助微生物的作用把许多有机物也分解转化成有机胶体，这就大大增加了土壤吸附表面，并且产生许多胶粘物质，使土壤颗粒胶结起来变成稳定的团粒结构，提高了土壤保水、保肥和透气的性能，以及调节土壤温度的能力。

图 5–18　发酵鸡粪

由于鸡摄入饲料时没有完全消化吸收，有 40% ～ 70% 的营养物被排出体外，因此鸡粪在所有禽畜类便当中养分是最高的，鸡粪不经过处理或腐熟而直接施用到作物上，则存在很大的害处及隐患。如果直接施在土壤中，在合适条件下发酵并产生大量的热量，则会烧毁作物根系。同时鸡粪本身带有大量病菌，给作物带来病害隐患。因此须将鸡粪进行无害化处理和完全腐熟后才能施用于作物。

传统方法是将鸡粪密封堆沤，进行厌氧发酵，一般要 3 ～ 4 个月才能腐熟，现在通过生物技术，采用好氧发酵，腐熟速度比传统的快 10 ～ 20 倍，将鸡粪的蛋白质等大分子分解成小分子，作物可直接吸收。腐熟完全的鸡粪已基本闻不到臭味。

第三节　桑园施肥

肥料是桑树生长发育的必要物质基础，桑园合理施肥是实现桑叶高产和优质的一项重要举措。所谓合理的施肥，就是根据桑园的土壤质地、肥料本身的特性、桑树的生长发育情况及桑叶用量来确定的合理施肥时期、施肥量及施肥方法，以充分实现肥料的高效、科学、最大化利用，源源不断地满足桑树对养分的需要。

一、施肥时期

全国分布的蚕桑区因地理气候条件不同，桑树的种植和桑树的发育时期差异较大，因此，在施肥的时期上就有早晚之分。江浙及广东蚕区施肥，在季节上都分为春、夏、秋、冬四个时期，依据高产区的实践经验，一批蚕用一次肥为好，全年施肥次数保证四次。

（一）春季用肥

春季是一年桑芽萌发生长的季节，春季施肥又称催芽肥，在发芽前一个月施用较好，如施得过早，桑根不能大量吸收铵态氮转化成的硝态氮，肥料也不能被土壤吸附而流失掉。一般黏性土壤和需小蚕用叶的桑园要早些施，沙壤性土壤和需大蚕用叶的可晚些施，新梢长至 2 ～ 3 cm 时施用即可，桑树生长发育需要硝态氮，春季的春芽肥主要为速效的氮肥，氮素的化肥与腐熟和半腐熟的有机肥配合施用效果为好。

施用春肥不但能促进芽叶生长、发芽量增多、叶片增大加厚、增强桑树的抗病虫能力，而且春季肥效还可储存，延续至秋季，促进枝叶生长，增加了桑树夏伐后的发芽率，从而增加了夏、秋叶的产量。一般春肥的使用量占全年总施肥量的 20% ～ 30%。

（二）夏季用肥

夏季正值桑树旺盛生长的季节，枝叶生长很快，该季桑树的枝叶生长量可达到全年生长量的三分之二，需要养分多，吸收肥力强，需肥量大。一般分两次施用，第一次在夏蚕饲养前，第二次在夏蚕饲养结束后，这个时期气温高，雨水多，利于桑树生长的同时，又容易造成肥料的流失。因此，这个时期肥料如果供给不足，桑树恢复生长的能力就会降低，发条少，产叶量少，叶质差，不仅当年夏、秋叶产量低，而且影响下一年的产叶量。施用夏肥的增产效果是最显著的，当年可增产 30% ～ 55%，第二年春季增产 19% ～ 37%。所以，生产上要重视夏肥的施用，并根据气象状况选用合理的肥料种类，以速效的肥料为主。另外，根据夏季高温多雨、土壤中有机质分解快的特点，也可采用腐熟或半腐熟的有机肥料结合速效性化肥施用。

（三）秋季用肥

为了延续枝叶的旺盛生长，延缓桑树生长机能的减退，提高桑叶的产量要进行秋季补肥。有试验证明，铵态氮和硝态氮经根系吸收后，大部分储存在根部，至次年春叶时使用。因此，秋肥对次年桑树春叶的高产也是养分积累的过程。秋肥施用时期要根据养蚕生产情况来定，需叶质成熟确保蚕造的安全，一般在 8 月下旬前施入。

在秋季，大部分蚕桑区常遇干旱气候，土壤水分不足，因此，在秋季施肥时就要采取“以水带肥”的策略，将施肥和浇水结合起来，才能充分发挥肥效。秋季施肥以速效性肥料为主，为了控制秋发枝条的徒长，氮肥施用量不宜过多。据广东农业科学院的调查，桑树夏季的旺盛生长期在摘叶或发芽后约 20 天内，秋季的约在 16 天内，所以，速效肥料要掌握好在桑树旺盛生长的前期施用，迟效性肥料在桑树旺盛生长前就要施入，以保证桑树生长对营养的要求。另外，施肥后的采叶期要控制好，过早会影响到蚕儿的生命力、产茧量和茧质，过迟采叶，叶片又会老化变硬降低叶质，因此，要掌握合理科学的采叶期。一般以施肥后 15 天后采叶较为安全，具体以当地的气候、土壤蓄肥情况和栽植条件而定，土壤瘠薄保水差的桑园要早采，反之，肥沃储水好的土壤可迟些；密植的晚采，反之，可早采。

（四）冬季用肥

桑树冬季处于休眠时期，冬肥是桑园的基肥，用以培肥土壤，改良桑园的土壤结构，提高桑园的蓄水保肥能力，为桑树来年的生长和高产奠定基础。冬肥一般在桑树落叶后进行，以有机肥为主，如堆肥和厩肥等，结合冬耕施入效果较好，可提高肥效。

二、施肥量

桑树随着每次的收获，都要从土壤中带走一定的矿质养分，因此，为了保持土壤的肥沃和继续的高产，就必须把桑树取走的矿质养分和氮素以肥料的形式归还给土壤。否则，土壤将逐渐枯竭，恶化得寸草不生。肥料报酬递减律对指导桑园施肥具有重要的意义，这个规律依据土地和植物的关系，说明土地和作物在一定的条件下存在有客观的容纳度界限，追施的肥料在容纳度之内，可增产，反之，超过容纳度，投入的肥料就不再起作用。不同蚕桑区，具体施肥标准要依据气候条件，土壤质地、肥料来源、桑树品种及当地的栽培条件来确定。据调查，产桑叶 50 kg 需纯氮 0.625 ～ 1 kg，以往我国桑园的标准施肥量是每亩氮 1.875 kg、磷 1.125 kg、钾 1.500 kg。桑园施肥量可参照下列公式求得：

施肥量 =（收获物中成分量＋根干增加生长成分量）- 天然成分供给量 ×100）/ 肥料利用率

肥料利用率 =（施肥区收获物中成分量 - 无肥区收获物中成分量）/ 施肥量 ×100

以往的经验施肥是将全年的施肥量分配到不同的施肥期，依照以下几点分配：①桑树旺盛生长期施肥量高于缓慢生长期。②剪伐采叶多的施肥量大；密植的、叶形大的和发条多的施肥量要高于稀植的、叶形小和发条少的。③土壤瘠薄的施肥量多于肥沃的。另外，要注意的是，施肥量要配合供水。

近年来，随着我国农业技术水平的不断提高，依靠经验施肥和盲目用肥将逐渐走向测土配方施肥的方向。桑园施肥量参考表 5–1。有的地区春、夏、秋季都在养蚕用叶，要多产叶就要多施肥，谢桂萍给出桑叶产量与全年施肥量见表 5–2。

表 5–1 桑园施肥量参考表

三要素量	春秋蚕兼用的桑园				夏秋蚕兼用的桑园			
	冬季施肥（kg）	春季施肥（kg）	夏季施肥（kg）	合计（kg）	冬季施肥（kg）	春季施肥（kg）	夏季施肥（kg）	合计（kg）
N	6.6	17.3	8	31.9	15.85	39	28	82.85
P	1.1	7.89	5.43	14.42	12.4	18.6	11.4	42.4
K	6.6	8.42	6.35	21.37	16.85	20.56	14.4	51.81

表 5–2 桑叶产量与全年施肥量

产叶量（kg）	全年施肥量（kg）					
	N	尿素	P	$Ca(H_2PO_4)_2$	K	K_2SO_4
1 000	15	33	6	40	8	16
1 500	23	50	9	60	12	24
2 000	40	87	16	107	20	40
2 500	50	109	20	133	25	50
3 000	60	130	24	160	30	60

三、施肥方法

同量同种类的肥料，采用不同的施肥方法，施肥效果是不同的，说明使用合理的施肥方法，不但可以充分发挥肥效，还可减少养分的流失，达到科学施肥、经济用肥的目标。施肥根据肥料的种类、气候条件和桑园的类型采用的方法主要有穴施、沟施、撒施和根外施肥。

（一）穴施

穴施一般是沿桑树行间或隔行开穴，依据肥料的种类和性质不同开穴的大小不同，有机肥类的开穴要大而深，开穴时，要防止伤及根系。养分高的化肥开穴可小些，施肥后立即覆土。采用穴施应注意下次施肥时要更换穴位，以促使养分均匀分布，利于根系向四周伸张。

（二）沟施

沟施就是在桑树行间或是隔行开沟进行，施用有机肥类，一般是在桑树行间开沟施，如果是密植程度高的无干密植园和矮干密植园可隔行施也可行间开沟施；稀植的桑园可在树侧 30 cm 左右开半月形沟（见图 5–19）。开沟时要注意尽量减少根系的损伤，开沟的深浅也因肥料的种类和供水不同。

图 5-19　桑园沟施肥料（朱方容提供）

（三）撒施

撒施就是将肥料均匀地撒施于桑园地面上，撒施相对省工，但是受气候高温和骤雨的影响大，很容易造成养分的挥发和流失（见图 5-20）。因此，采用撒施方式，最好结合土壤的耕翻，将肥料埋入土中，或者在雨后的傍晚进行撒施，可减少肥料养分的损失。

图 5-20　桑园撒施肥料

（四）根外施肥

桑树主要是通过根系吸收营养，也有少量的养分可以通过叶片吸收，一般不超过总养分的 5%，生产上常将速溶性肥料喷施于叶面上，这种方法称为根外施肥，也叫叶面施肥，是一种辅助性施肥方法（见图 5-21）。喷施在叶面上的营养物质，主要通过叶片上的气孔浸入细胞，也有部分通过叶片湿润的角质层裂缝浸入。所以，叶片的成熟度和叶肥接触的部位不同，施肥效果的差异也较大。例如，叶片表皮的蜡质多，有栅栏组织，细胞的组织非常致密的，气孔少，吸肥量就少，反之，吸肥量多。有数据显示，根外施肥在嫩叶上叶面肥料吸收率为 12.5%，叶背吸收率为 59.6%，老叶的叶面肥料吸收率为 16.6%，叶背吸收率为 37.0%。所以，在进行根外施肥时要注意施肥浓度和合理的喷雾方法，将两者与桑树的生长时期结合起来，预防药害。各种肥料的喷施浓度为：尿素 0.5%，硫酸铵 0.4%，磷酸二氢钾 0.3% ～ 0.5%，草木灰 1% 的浸出液，过磷酸钙 0.5% ～ 1%。根外施肥的时间一般选在上午露水初干或傍晚进行。

图 5-21 桑园根外施肥（朱方容提供）

采用根外施肥的养分可以被间断地同化利用，并没有在叶片中长期保存。有示踪磷试验证实，植株下部叶施用后，1 小时即可运移至桑树的顶端。磷肥和钾肥以吸收时的形态在树体内转移。叶面喷施尿素后，在叶片中经光合作用与糖结合成氨基酸或蛋白质，尿素以蛋白质态或氨态在桑树体内运输，当根外施入尿素后，30 分钟后就可在叶内检测出氨基酸或蛋白质。

一般在以下情况进行根外施肥收效较高：①桑树遭遇灾害天气（如水涝、干旱、霜冻、台风等灾害）和病虫危害，根系的吸收功能受到影响；②桑园的土壤酸碱度超标，一些影响元素的吸收利用受到限制；③桑树生长后期，根系活力降低，吸肥能力减弱。但是桑树生长的其他时期也可以施用。有试验显示，根外施肥在春、秋季都有增产效果，秋季的增产效果更明显。

桑园施肥不管采用哪一种施肥方法，都要考虑肥料的科学高效利用，降低肥料养分流失，减少根系受损，将肥料施于根系分布最多的位置，提高肥料的利用率，使肥料充分满足植株生长的需要。在生产上各种施肥方法的应用都要根据肥料的种类特性和施肥时期来定，一般有机肥采用开穴或开沟深埋覆土的施肥方法，化学肥料可以在雨后进行撒施，但无论是有机肥还是化肥均以沟施或穴施覆土方法为好。

四、施肥注意事项

一是未腐熟的有机肥不能被桑树根系直接吸收利用，在土壤中分解易产生各种有机酸，损害桑树根系的生长发育，所以，在生产上施用有机肥，一定要经过堆沤腐熟后施用。施用时配合化学肥料可提高肥效，如人粪尿配合过磷酸钙，便可防止氮素的损失，从而提高肥料利用率。

二是施肥量和深浅度要根据肥料的种类、土壤的质地和桑树品种来确定。有机肥比化肥要深施些，磷肥比氮钾肥深施些，迟效肥比速效肥深施些，沙质土比黏质土深施些。总之，要将肥料施在根系分布最密的位置而又不伤到根系。

三是化学肥料养分含量高，宜分次施入，避免一次大量施入造成烧苗和肥料的浪费。一般施肥 2 次的比例为 7∶3，施 3 次的可按照 6∶2∶2 施入。

四是生产上施肥经常两种以上的肥料配合施用。因此，在肥料配合施用时，要考虑肥料的性质，合理配合可以提高肥效，反之，配合不当，会造成肥料养分的损失，降低肥效。如铵态氮肥硫酸铵、腐熟人粪尿与石灰、草木灰等碱性肥料配合就会造成氮素的挥发损失；过磷酸钙与石灰、草木灰配合，会使水溶性磷变成不溶性磷，严重影响肥效。常见不能配合施用的肥料见表 5–3。

表 5–3　不能配合施用的肥料

肥料种类	硫酸铵	氯化铵	尿素	碳酸氢铵	过磷酸钙	磷矿粉	石灰	草木灰	堆厩肥	人粪尿	骨粉
硫酸铵		√	√	√	√	√	O	O	√	√	√
氯化铵	√		√	√	√	√	O	O	√	√	√
尿素	√	√		√	*	√	O	O	√	√	√
碳酸氢铵	√	√	√		√	√	O	O	√	√	√
过磷酸钙	√	√	*	√		√	O	O	√	√	√
磷矿粉	√	√	√	√	√		O	O	√	√	√
石灰	O	O	O	O	O	O		√	O	O	O
草木灰	O	O	O	O	O	O	√		O	O	O
堆厩肥	√	√	√	√	√	√	O	O		√	√
人粪尿	√	√	√	√	√	√	O	O	√		√
骨粉	√	√	√	√	√	√	O	O	√	√	

注：“√”表示可以配合，“*”表示可以暂时配合，“O”表示不能配合。

（本章编写：潘启寿、唐燕梅；插图：朱方容）

第六章　桑园管护、剪伐与收获

第一节　桑园管护活动

为了获得最大的效益，对桑园结构、空间分布、时间安排等要给予人为的各种干预，这些干预主要为桑园的管护与收获。常言道“三分栽，七分管”，要想实现桑树的高产优质，栽种以后的管护是非常重要的。围绕桑园的活动都属于桑园管护活动。因为桑叶、桑枝、桑果都是桑树的一部分，桑树是收获的基础，收获物与树体关系密切，除收获活动外，养树、护树的活动也是桑园管理（管护）活动，包括植株管理、土壤管理、水分管理、肥料管理（另作一章）、病虫灾害管理（另作一章）、杂草管理、剪伐管理等工作。

通过定株定蔸、缺株补种等工作，使直接成园、种苗成园建设的桑园达到预定的亩植数；通过耕耘等工作，达到土壤通透疏松；通过灌溉与排水，达到适宜水分；通过合理施肥，达到高产量水平；通过病虫害防治，达到减少桑树降低产量和品质的风险；通过除草，达到去除杂草，防止抢肥争水的目的；通过合理剪伐与收获，使桑园结构与分布合理，提高光能利用率等各种效率。

第二节　桑园的耕耘

桑园的耕耘，能消除土壤板结、增加通透性；使肥料与土壤均匀混合；能切断毛细管，使土壤下层水分蒸发减少；促进团粒结构形成；清除行间杂草。

桑行能行驶机械的，可用机械耕耘（见图 6-1）。山地等行间太小不能行驶机械的，可用人力、畜力耕耘（见图 6-2）。为了降低生产成本和劳动强度，应该尽量用机械操作，且要减少机械的进地次数，一次完成旋耕、松土、除草、开沟和施肥等多项作业。耕耘机械大多以手扶拖拉机或小马力多用底盘为动力，以犁和旋耕机为配套机具。

图 6-1 桑园拖拉机耕耘作业

图 6-2 桑园畜力耕耘

定植后桑树一般多年生长在同一地点，桑园土壤原有的理化性状难以保持，且桑树的根系不断地伸展，桑园要耕翻才能促进形成新根活力。在黏重的田地种桑，通过冬耕冬晒、客土改良，可使桑园土地疏松，增加通透性（见图 6-3、图 6-4）。在山坡地种桑，通过多次翻耕，可有效改良土壤。通过桑园密植、行间套种、覆盖等措施，荫蔽环境可有效抑制杂草丛生，减少土壤板结，达到免耕和有效减少耕作的效果，降低生产成本和劳动强度。

图 6-3　密植桑园冬季管护

图 6-4　北方某桑园冬季管护（陈正余提供）

第三节　桑园除草

草与桑争肥水，除草后肥水会集中供给桑树，使桑树长得更好；另外，杂草长起来还会压制桑树生长。除草应遵循“除早、除小、除了”原则。新种桑园、成林桑园夏伐后，光线充足，杂草疯长，要及时除草。除草有人工除草、物理除草、桑园覆盖、化学除草、桑园间套种。

一、人工除草

人工除草虽花工多，但有松土效果。新种桑园光线充足，易多杂草，地面易板结，可多用人工除草（见图 6-5）。桑园中耕有除草效果，所以中耕和除草是连起来进行的。人工除草、机械除草属物理除草，除此之外，桑园覆盖也属物理除草。

图 6-5　新桑园人工除草

二、桑园覆盖

桑园覆盖能保水保肥，防止水分蒸发，保温保湿，抑制杂草生长作用明显。桑园覆盖有地膜覆盖（见图 6-6）、杂草覆盖（见图 6-7、图 6-8）。

图 6-6　桑园夏伐后覆盖黑地膜（崔为正提供）

图 6-7　稻草覆盖桑园免除草

图 6–8　桑园的甘蔗蔗壳覆盖（林健荣提供）

三、化学除草

化学除草即用除草剂除草（见图 6–9）。因为桑叶主要用来养蚕，蚕对农药是很敏感的，稍不注意就会造成很大的损失或者颗粒无收，所以要注意选择合适的除草剂。

图 6–9　桑园化学除草

（一）除草剂种类

1. 非选择性除草剂

非选择性除草剂安全性差，只要被喷到作物上就有可能发生药害，抑制甚至杀死作物。如草胺膦，登记成分为草甘膦异丙胺盐，国外进口的有美国孟山都公司的农达，国内生产厂家众多。其中草甘膦 41% 水剂、74.7% 草甘膦颗粒剂及草甘膦高胺盐，为灭生性除草剂，被广泛应用于非耕地、路边地头及果园。如绿保靓道（永久灭生性除草剂），用于公路、铁路、高压线下、森林防火通道、开荒造林，对绿色植物几乎没有选择性。

2. 选择性除草剂

对 1 种或数种杂草起作用，如氯吡嘧磺隆，只针对蒜头草。

主要除草剂品种有林用惠尔、精稳杀得、精禾草克、高效盖草能、苞美、飞慈、草坪隆、草坪宝、砜嘧磺隆等。

（二）除草剂使用方法

正确使用除草剂，可以起到事半功倍的效果，降低生产成本，提高劳动效率（见图 6–10）。为了安全，非选择性除草剂应选择在无风或者小风的天气用喷雾器加塑料罩来使用。使用过程中要注意最好不要喷到桑树上。如能把旁边用东西挡起来或者用新型专业除草机效果更好。

非选择性除草剂（灭生性除草剂）：草甘膦、绿保靓道等。在杂草生长茂盛时期使用，用药 4 ～ 6 天杂草出现药害症状，约 1 周杂草开始死亡。非选择性除草剂使用方法简便，药效期长，对杂草、木本、灌木及竹子有效。使用时应远离农田及树木，定向均匀喷于杂草叶面上。缺点是药效慢。

图 6–10　桑园夏伐后施用除草剂

选择性除草剂有以下使用方法：

1. 林用惠尔

是一种针叶树苗前封闭除草剂，广泛用于云杉、油松、白皮松、樟子松、白皮松、侧柏等松柏类苗木苗前封闭除草。在试验推广中发现，针叶苗木在出苗后 50 天、2 年生苗木、3 年生苗木及造林苗木，使用林用惠尔除草剂也是安全的。而且根据苗地杂草状况，增添精稳杀得，可以有效、安全地解决林业苗圃除草这一难题。

2. 精稳杀得

是一种内吸传导型苗后茎叶处理剂，对稗草、马唐、狗尾草、牛筋草、千金子、看麦娘、野燕麦等一年生禾本科杂草及芦苇、狗牙根、双穗雀稗等多年生禾本科杂草有很好的效果。正常使用情况下对阔叶作物没有任何影响，可以有效、安全地防除阔叶作物田的禾本科杂草。

3. 精禾草克

登记成分是精喹禾灵，日产，用于大豆、棉花、油菜、花生、西瓜、大白菜、芝麻等旱田作物除草剂，主要防除稗草、野燕麦、马唐、牛筋草、看麦娘、狗尾草、千金子、帮头草等旱田一年生禾本科杂草。在实际生产中也用作中药材除草及阔叶草坪除草。

4. 高效盖草能

登记成分是高效氟吡甲禾灵，由美国陶氏益农公司生产，杀草范围、适用作物与精稳杀得相同。

5. 苞美

由硝磺草酮、烟嘧磺隆、莠去津 3 种除草剂复配而成的悬浮剂，有效地解决了硝磺草酮和烟嘧磺隆复配使用出现的拮抗问题。在玉米 2 ～ 5 叶期使用，每亩 100 ～ 125 mL，杀草谱广，杀草速度快，死草彻底不反弹，省时省工省钱。

6. 飞慈

主要成分是三氯氟吡氧乙酸三乙酸铵盐，主要用于非耕地防除阔叶杂草和木本植物，还可用于禾本科作物如小麦、玉米、燕麦、高粱等田地防除阔叶杂草。对木本作物如胡枝子、榛材、山刺玫、萌条桦、山杨、柳、蒙古柞、枸树、山丁子、稠李、山梨、红丁香、柳叶乡菊、婆婆纳、唐松草、蕨、蚊子草等灌木、小乔木和阔叶杂草，尤其对木苓属、栎属及其他根萌芽的木本植物具有特效，对禾本科和莎草科杂草无效。

第四节　灌溉与排水

一、灌溉与排水的必要性

水分是桑树进行生命活动的必需条件，也是组成桑树器官的主要成分，其中桑叶含水量为 70% ～ 80%。桑树蒸腾作用失去大量水分，必须从土壤中及时得到补充，才能使生命活动正常进行。土壤水分不足，桑树生长缓慢，提前盲顶休眠产量低，干旱季节甚至失收（见图 6-11）。如秋季灌溉 1 次能够多收一造叶，按每亩 300 kg 计，可多产茧 20 kg，增收 500 元。

图 6-11　桑园干旱（谢特新提供）

灌溉是为土地补充作物所需水分的技术措施。为了保证作物正常生长，获取高产稳产，必须供给作物充足的水分。在自然条件下，往往因降水量不足或分布不均匀，不能满足作物对水分的需求。因此，必须人为进行灌溉，以补天然降雨的不足。

桑园是否需要灌溉，主要依据新梢生长情况或土壤含水量来决定。适宜的土壤含水量为田间最大持水量的 70% ～ 80%，低于 50%时就要及时灌溉。

二、灌溉方法

可用地面漫灌（包括畦灌、沟灌）、普通喷溉和淋水等方法以及微灌等技术进行灌溉。漫灌、沟灌利用原有的水利设施（见图 6–12），不需要新的投入，成本很低，但浪费水，会造成水土流失、肥料流失、土壤板结等问题。喷溉有固定的和移动的类型，节水，但需要新的投入。利用喷淋拖拉机来喷淋桑树具有高效、节水、省力等优点。传统地面灌溉、沟灌、淹灌和漫灌，往往耗水量大、水的利用率较低，是很不合理的农业灌溉方式。虽然普通喷灌技术是较普遍的灌溉方式，但普通喷灌技术的水利用效率也不高（见图 6–13）。现代农业微灌溉技术包括微喷灌、滴灌、渗灌等，这些灌溉技术一般节水性能好、水的利用率较传统灌溉模式高，当然，也存在着一些弊端（见图 6–14 至图 6–16）。

图 6–12　桑园周边的灌溉沟渠（谢特新提供）

图 6–13　桑园喷灌

图 6-14　桑园节水喷淋

图 6-15　移动式喷灌

图 6-16　水肥一体化滴灌（计东风提供）

三、排水措施

土壤水分不能过多，雨季低洼土地排水不畅，或地下水位较高时，桑园会积水，造成根系土壤含氧不足，影响正常的呼吸代谢。要设法及时排除积水，降低地下水位（见图 6-17）。地下水位离地面 1 m，才能满足桑树的生长要求。

图 6–17　桑园排水

桑园排水措施有以下几种：

1. 开通排水沟，疏通排水主渠道

通过开通排水沟可把桑园及其周围的积水排除掉，防止再次积水。

2. 起垄提高土层

通过起垄，使桑树所对应的土层提高，桑根上长，距离水层较远而较适宜生长，减少积水影响。可单行起垄，也可双行起垄（见图 6–18）。

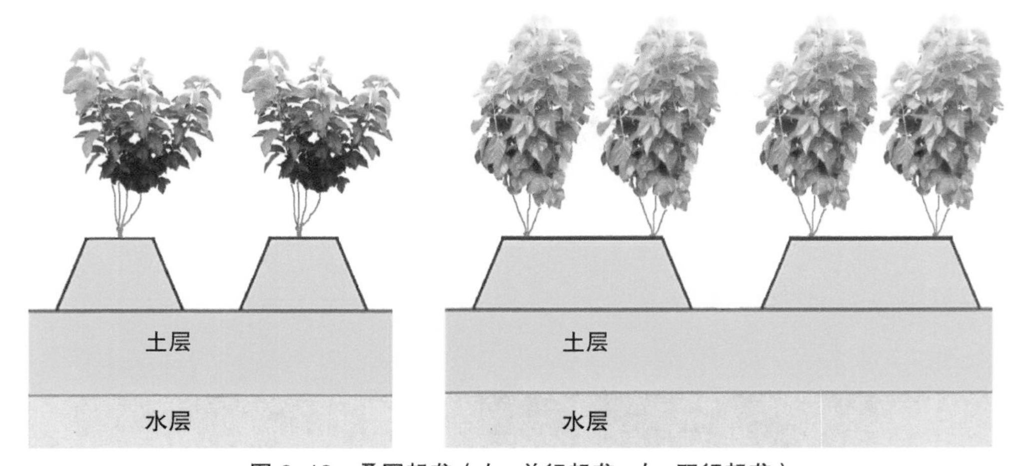

图 6–18　桑园起垄（左：单行起垄；右：双行起垄）

3. 打造桑基鱼塘式桑园

在江口、河口、湖边有很多水网地带，土地水足，容易积水。古代创立的桑基鱼塘系统是以“塘基上种桑、桑叶喂蚕、蚕沙养鱼、鱼粪肥塘、塘泥壅桑”为特色的水陆共生农业生态系统，有效解决桑园积水问题，达到养蚕、养鱼双丰收的效果（见图 6–19）。

图 6-19　湖州桑基鱼塘系统

第五节　桑园剪伐与收获

一、剪伐的作用

随着桑树的不断长高，桑园原有结构和分布被打破，桑树液体输送效率降低，也不方便人们进行采叶等桑园管理操作，病灶还存在，虫口病原累积在桑园。通过剪伐可调整桑园的有效枝条数和总枝条长，使长叶的位置不致过高，方便采叶。合理的剪伐能减少花果，促进桑树生长；更新枝条，调整通风透光环境，促进新梢旺盛生长；减少病虫害，从而增加产叶量，提高叶质。

二、剪伐次数和时间

在广西、广东省，全年采片叶的，一般每年剪伐两次：在冬至前后进行冬伐，在 6 月至 7 月下旬进行夏伐。在长江流域，一般每年剪伐 2 次：在春季萌芽前剪伐 1 次，夏伐 1 次。

全年条桑收获的，可视桑叶生长情况一年剪割枝叶 4 ～ 6 造。水肥条件好的桑园，一般每隔 50 天左右剪割 1 次。

三、桑树剪伐方式

（一）根刈

即平地剪伐地上部分。方便管理，但发条数较少，易造成产量较低，且头造泥沙叶较多（见图 6-20、图 6-21）。

图 6-20　桑园根刈

图 6-21　老桑园根刈

（二）低刈

即在主杆离地 20～30 cm 处剪伐，发条数比根刈增加，泥沙叶也大为减少，产叶量有所提高（见图 6-22）。

图 6-22　桑园夏伐低刈

（三）中刈

即高位剪枝，或留长枝，剪留高度 50 ～ 80 cm。具有发芽较早、发芽较多，总条长较长，叶片较多，且可有效防治桑树花叶病发生的优点，故产叶量较高（见图 6–23）。

图 6–23 桑园中刈

（四）齐拳剪伐

桑树为低杆树型（桑树地上部有主杆，主杆高 30 ～ 50 cm）。在拳部树杈处的枝条基部平剪去枝条（见图 6–24）。枝条数较多，产量也较稳定。

图 6–24 冬伐齐拳剪伐春长芽

（五）大树尾剪伐

1. 冬大树尾低刈

冬伐时剪留下半年生长的枝条高达 30 ～ 60 cm（即高位剪枝）。夏伐时采用低刈的剪伐形式。具有发芽较早、发芽较多，总条长较长，叶片较多，且可有效防治桑树花叶病发生的优点，故产叶量较高（见图 6–25）。

2. 冬留大树尾、春根刈

冬伐时留约 1 m 高的大树尾，头造摘桑先摘阴枝、弱枝、盲顶枝和脚叶养蚕；清明前剪摘全部横枝和叶片后即行剪枝，齐地面剪去。该法可提高头造桑叶产量。

3. 全年大树尾

冬留主杆 60 ～ 80 cm，头造分 2 次摘桑，第 1 次先摘阴枝、弱枝、盲顶枝和脚叶，第 2 次摘叶可同时打顶；第二造开始视实际情况采用驳枝或降枝的方式收获横枝。剪枝时要剪口平滑，不要损伤枝条。

图 6-25　桑园大树尾剪伐长芽

（六）几种剪伐形式产叶量比较

大量试验表明，冬伐采用根刈、低刈、齐拳剪伐、中刈形式，春叶产叶量以中刈最高（见图 6-26 至图 6-29）。原因是冬伐中刈，桑树发芽早、发条多、总条长较长、长叶快、叶大叶厚，桑花叶病少，除此之外根刈易造成缺株，根刈、低刈、齐拳剪伐发芽芽数少，原有积累树体的营养物质随枝条的剪去而失去。把桑树下半年生长的枝条剪掉了，损失了冬芽和枝条贮藏的营养，春发枝条数较少，生长初期比较缓慢，叶子细小轻薄，而且会普遍发生桑树花叶病，造成次年第一、第二造叶产量上不去。

图 6-26　中刈桑园的发芽

图 6-27　冬伐用根刈与中刈形式的芽叶

图 6-28　冬伐中刈与低刈的春季产叶

图 6-29　冬伐中刈桑园桑树生长

采用冬留长枝的冬伐形式能使花叶病的株发病率降低 55.17%，病情指数降低 73.99%，产叶量的综合损失率降低 86.45%。曾试验研究 72 个桑品种（杂交组合）不同冬伐方法后春季花叶病的病情，显示冬留长枝的冬伐形式对各种基因型桑树的花叶病均有较好的防治效果，具有普遍性的意义（见图 6-30）。每年桑树发生花叶病是从 2 月发芽开始至 5 月中旬消失，发病枝段靠近主干拳部（拳状树杈），故主干拳部附近就可能成为带病毒的部位，积累较多的病原。冬齐拳剪伐和根伐（剪伐部位靠近地面处，其发病也较重），其剪伐部位在主干拳部，春芽从主干及拳部长出，就可能容易被存在于这些部位的病原侵染。观察发病植株，大部分只是一些枝条出现症状，而另一些枝条却表现正常，说明病原的繁殖、活动及侵染仅限于植株的某部位。因高温隐症，夏伐后生长的枝条一般不发病，属于健康枝条，冬伐保留这些枝条的大部分而仅剪去梢端，顶端优势效应使枝条长出的春芽离带病毒的主干拳部有较远的距离，而减少了病原侵染的机会。另外，齐拳剪伐和根伐属于重剪伐，随着半年生枝条的剪去，植株便失去了积累在枝条中的营养物质及抗病物质，损害了植株的树势，从而也降低了抗病能力。因此，用传统的齐拳剪伐和根伐形式进行冬伐，次年春桑树就可能出现较重的花叶病。

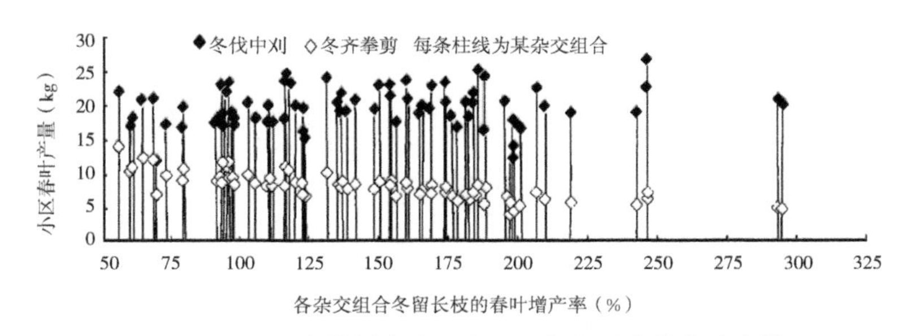

图 6-30　72 个桑树杂交组合不同冬伐形式的春叶产量

采用冬留长枝的冬伐形式，与传统冬伐形式相比能大幅度提高春叶产量，平均春叶增产 135.93%。其原因除冬留长枝可有效防治花叶病、显著减轻桑病危害外，更主要的是由于冬留长枝使桑树的发条数、壮枝数增加，而枝条生长高度并没有降低，单株总条长大大增加；而且单位条长的叶片数有所增加，单叶重也显著增加。这些构成产量的性状都显著增加了，花叶病危害又减轻了，产叶量就必定大幅度提高。

桑树冬留长枝的春叶叶质较优，其春叶含总糖和可溶性糖的量分别提高 17.7% ～ 47.7% 和 15.6% ～ 65.8%，桑叶营养较好，养蚕发育整齐、生长较快，能缩短全龄期半天到 1 天，全茧量提高 2.07% ～ 7.34%，茧层量增加 2.48% ～ 6.70%，养种茧可使蚕蛾良卵数增加 6%。且养蚕用叶省、桑叶的饲料效率即担桑产茧量也较高。近几年来在生产上采用冬留长枝的冬伐方式，已取得既能防治花叶病，又能增加桑叶产量和提高叶质的较好综合效果，没有多花一分钱，多出一分力。因此，值得大力推广。

四、桑叶收获

（一）收获形式

桑叶收获有几种形式：采摘片叶、采芽叶（三眼叶）、条桑收获（剪带叶的枝条）。

1. 采摘片叶

把桑树所长的叶片进行采摘，1 ～ 2 龄小蚕用叶多为第 3 ～ 4 片黄中带绿、微皱、还在长大的叶片；3 龄用叶为浓绿色、顶芽下第 4 ～ 5 片叶或盲顶的三眼叶。大蚕用叶为顶芽下第 5 叶位以下同一枝条的各成熟叶（见图 6-31）。

图 6-31　采摘大蚕用片叶（罗坚摄）

2. 采芽叶（三眼叶）

桑芽位于生长枝的顶端，因为比较嫩所以用于养小蚕，芽叶有的用作人的食材，用于制桑芽菜、桑叶茶。三眼叶位于下部芽，因为停止生长通常盲顶，仅有 3 ～ 5 片叶。因其营养丰富用于养小蚕（见图 6-32）。

图 6-32　桑树冬伐枝条上部有很多芽叶，下部有很多三眼叶

3. 条桑收获

即连枝带叶一起收获（见图 6-33）。条桑收获用于养蚕（见图 6-34），也可直接用于养羊，粉碎发酵、干燥粉化做成各种饲料饲养各种动物，如豚狸（见图 6-35）。桑叶干物含蛋白质很高，有

的桑树品种条桑收获干物中蛋白质含量也较高。桂桑 6 号枝叶粉粗蛋白含量达 21.3%，比对照品种（沙二 × 伦 109）高 3.0 个百分点，桂桑 5 号枝叶粉粗蛋白含量达 20.7%，比对照品种高 2.4 个百分点（见表 6–1）。

图 6–33　条桑收获（计东风提供）

图 6–34　用条桑省力化养蚕

图 6–35　用条桑养豚狸

表 6-1　桑枝叶粉营养成分测定（以干基计）

样品名称	可溶性糖 /%	碳水化合物 /%	粗蛋白 /%	粗脂肪 /%	粗纤维 /%	灰分 /%	水分 /%
桂桑 5 号枝叶	6.08	66.1	20.7	2.59	28.7	10.7	4.72
桂桑 6 号枝叶	7.08	65.5	21.3	2.49	27.4	10.7	4.04
沙二 × 伦 109 枝叶	7.66	68.1	18.3	2.52	25.2	11.1	4.92
桂桑优 12 枝叶	5.15	66.8	18.5	2.34	27.6	12.40	4.32

（二）桑叶生长发育的三个时期

1. 生长期

叶片迅速增大，手触柔软，叶面多缩皱，叶色嫩绿（见图 6-36）。水分含量较多。在生长初期的干物中，可溶性碳水化合物含量相对较少，蛋白质含量相对较高。

图 6-36　生长期的桑叶

2. 成熟期

桑叶已成长到最大限度，叶面充分展开，叶色绿（见图 6-37）。水分、蛋白质含量相应减少，碳水化合物增加，叶片韧性提高。大蚕期大量用叶，应采摘第 5 叶位以下的成熟叶。

图 6-37　成熟期的桑叶（山东省蚕业研究所提供）

3. 硬化期

在夏秋季，桑叶硬化一般出现于展叶后的40天左右（见图6–38）。如果肥水条件适宜，能延迟叶片的硬化。

图6–38　硬化期的桑叶（山东省蚕业研究所提供）

硬化的桑叶的蛋白质含量显著减少，一部分碳水化合物转化成纤维素，灰分率增加，强韧性逐渐降低，手触粗硬，叶片内的有机物不断分解、转运，最后变黄脱落。采叶间隔期长，基部的叶子硬化，甚至黄落，因此要在桑叶硬化前使用。

（三）片叶收获与条桑收获的比较

植物通过光合作用生成有机物，吸收土壤的营养物转化为有机物，建造树体。条桑收获能大幅度提高桑叶收获的工效，但由于枝叶剪伐后桑园较长时间的光合叶面积为零，这段时间桑树没有合成光合产物，而且还需消耗树体积累的养分用来生长芽叶，芽叶生长初期叶片小、叶片少、光合产物也甚少，直至桑树封行之前光能利用率仍然较低。桑树剪枝次数越多，光能损失就越多，光合产物及生物学产量就越少。如表6–2，全年片叶收获能减少桑园光能损失，提高光能利用率，从而大幅度提高桑叶产量。由于条桑收获产叶量下降，单位面积投入物及其用工并不减少，最终使桑园总成本费用与片叶收获桑园的相差无几。因此，桑园全年片叶收获与全年条桑收获相比能显著增加收入和提高经济效益。

条桑省力化养蚕是高效养蚕的重要途径，但需要解决桑园多次条桑收获对产叶量的影响，特别是在干旱地区、干旱季节，以及水肥条件较差和规模不大的桑园，不宜推广条桑收获。为了减少条桑收获后相当长一段时间的光能损失并抑制行间杂草疯长，密植桑园可考虑隔行轮流剪收，第1造隔行剪收条桑，而相邻行只采脚叶，延迟30天再剪收相邻行条桑，形成各造轮流剪收，使桑园始终保持有一定数量的桑叶进行光合作用。此外，还需要改变条桑收获次数越多产量越高的认识误区，每造间隔期由以往的50天延长至60～70天，原有的全年收获6造的改为5造，全年收获5造的改为4造，从而减少条桑收获后桑园光能的损失及桑树生长停滞的时间，提高全年桑叶产量。

表 6-2 桑园全年片叶收获与条桑收获的产量比较

桑品种	时间	条桑收获区产叶量 /（kg·hm^{-2}）	片叶收获区产叶量 /（kg·hm^{-2}）	增产量 /（kg·hm^{-2}）	增产率 /%
桑特优 1 号	上半年	27 615	38 625	11 010	39.87
	下半年	16 965	20 925	3 960	23.34
	全年	44 580	59 550	14 970	33.63
桑特优 2 号	上半年	28 995	36 915	7 920	27.32
	下半年	16 350	20 385	4 035	24.68
	全年	45 345	57 300	11 955	26.36
桑特优 3 号	上半年	27 855	36 930	9 075	32.58
	下半年	15 930	21 255	5 325	33.43
	全年	43 785	58 185	14 400	32.89
S3 × U3	上半年	28 845	38 340	9 495	32.92
	下半年	17 430	21 345	3 915	22.46
	全年	46 275	59 685	13 410	28.98
S2 × C1	上半年	30 135	39 765	9 630	31.96
	下半年	19 710	23 100	3 390	17.20
	全年	49 845	62 865	13 020	26.12
平均	上半年	28 695	38 115	9 420	32.83
	下半年	17 265	21 405	4 140	23.98
	全年	45 960	59 520	13 560	29.50

（四）比较合理的剪伐和收获方式

1. 全年采片叶收获较合理的剪伐收获方式

桑园管理从冬季抓起，且重管，一般在冬至前后进行冬伐。

冬伐：采用冬留长枝的剪伐方式，留下半年长出的枝条高 30 ～ 50 cm、剪口距地面高 50 ～ 70 cm。剪除枯枝病枝。

夏伐：采 4 造以上片叶后夏伐。夏伐可低刈（枝条高 10 ～ 20 cm），也可根刈或齐拳剪，下半年采叶养蚕 3 造以上（见图 6-39）。

2. 条桑收获较合理的剪伐收获方式

采用条桑收获法（剪桑枝）省力化养蚕的，其桑园冬伐也应采用冬留长枝的剪伐方式。次年头造、二造留当造新枝 5 ～ 10 cm（约 3 个芽）剪收枝叶喂蚕（见图 6-40）。

第三造条桑收获后夏伐降枝，下半年头造剪留当造新枝 5 ～ 10 cm（约 3 个芽）、下半年二造（末造）采部分片叶，剪留当造新枝 20 cm，尽量留长枝条过冬。

为了减少条桑收获后相当长一段时间的光能损失和抑制行间杂草趁机疯长，密植桑园可考虑隔行轮流剪收，头造隔行剪收条桑，剪留新枝 10 cm，而相邻行头造只采脚叶，第二造再剪收条桑。以后各造隔行轮流收获和夏伐降枝。

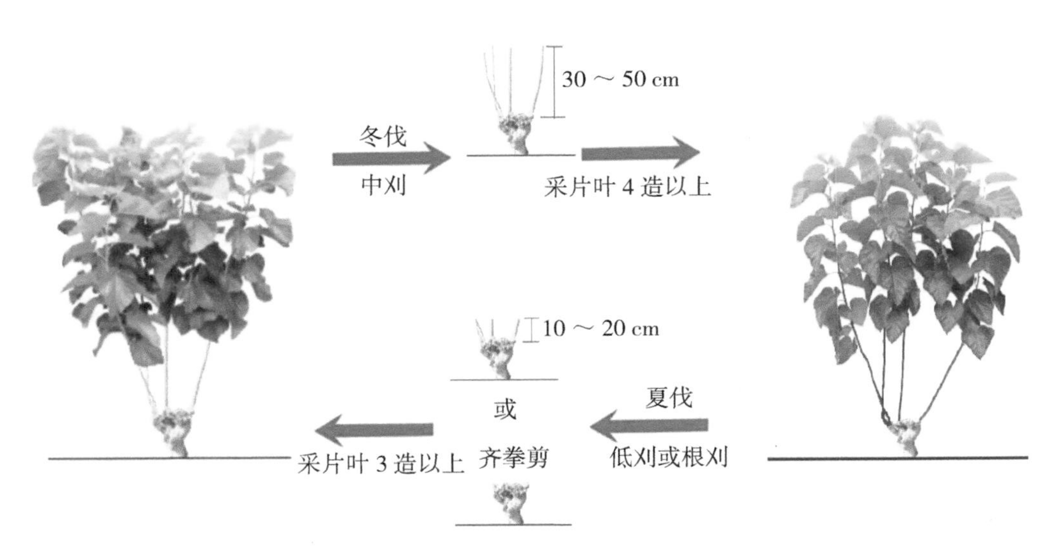

图 6-39　全年采片叶收获较合理的剪伐收获方式

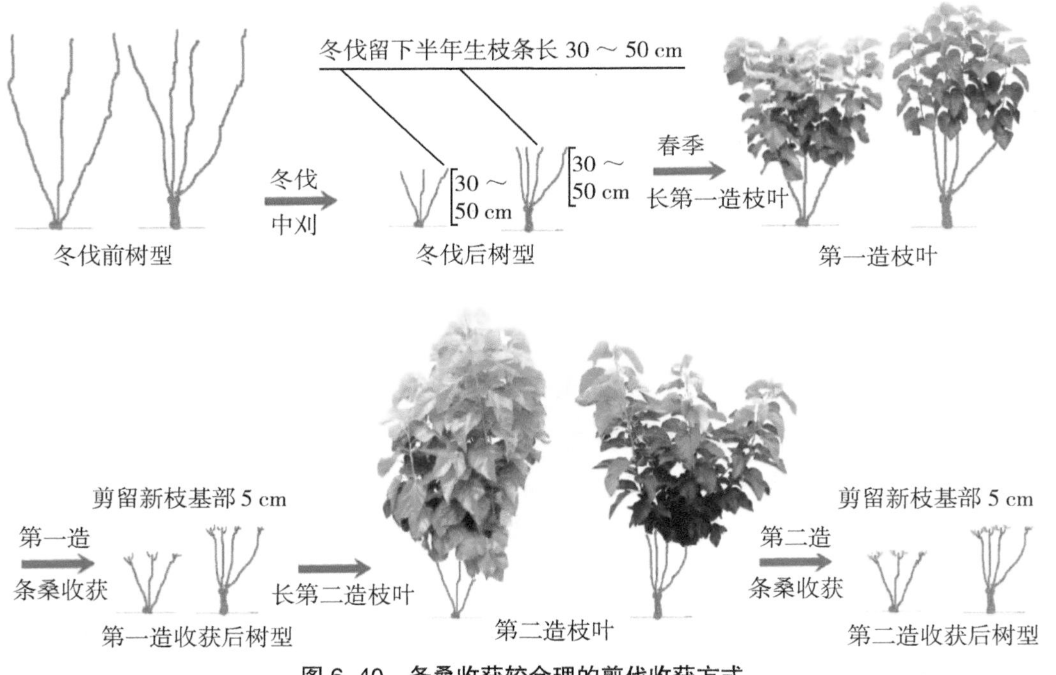

图 6-40　条桑收获较合理的剪伐收获方式

（本章编写：朱方容）

第七章　桑叶产量与质量

桑树为多年生木本植物，是家蚕唯一的天然饲料。栽桑的目的是最大限度合格地收获桑叶。桑叶产量与质量影响生产的目的产量。现阶段蚕茧生产是主要生产，栽桑是为了养蚕，桑叶产量与质量直接影响蚕茧产量和质量，影响生产收益。

第一节　影响桑叶产量的因素

影响桑叶产量的因素主要有：桑树品种、土壤及水肥、气象因素、种植株数、枝条数、叶子大小与厚薄、收获指数等（见图 7–1）。充分利用土地和自然条件，通过桑树制造更多有机产物用于形成更多、更优的叶片，为养蚕提供饲料，这是桑园生产的目的。要增加产叶量首先必须增加生物学总产量（指桑树各器官的总量），同时还必须提高收获指数（指收获物桑叶的重量占桑树生物学产量的比率），即希望有更多的光合产物、代谢合成的有机物用于形成叶片、增重叶片。高产桑园具有合理的生产结构，桑树本身具有旺盛的营养生长性能，桑园的产量形成因素（光合面积、光合时间、光合速率、呼吸消耗等）及其在时间、空间上的配置趋于合理。外界因素，如灌溉、施肥、剪伐、收获通过影响桑树的生长和产量形成因素而对产叶量构成影响。

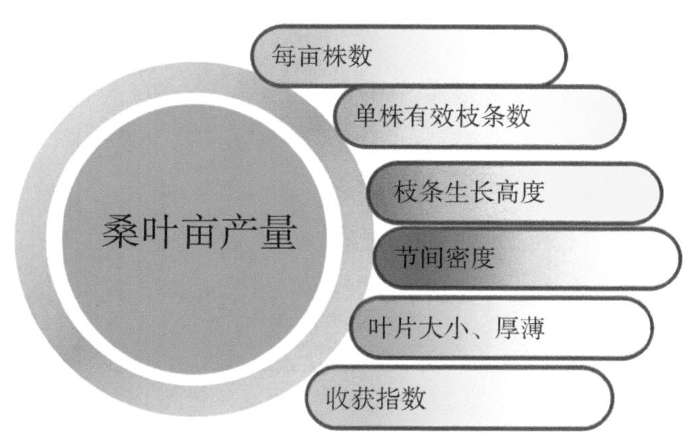

图 7–1　影响桑叶产量的因素

桑叶既是桑树进行光合作用、制造有机物的主要器官，又是收获的对象。桑园剪伐及收获桑叶，减少了桑园群体叶面积（即光合面积）、光合时间而影响到光合产量。因此要妥善处理留叶与采叶、养树与剪伐的矛盾。叶片同化产物的很大部分在叶片的呼吸过程中分解掉，即净同化率也是影响桑树产量的因素。地下部养分吸收供应，影响桑树新梢的生长、生长点分化、叶片形成和生长、有机物的形成；叶面积、光合时间、净光合效率、净同化率等影响有机物的生成和积累、影响叶的增重，也影响桑树的生长。桑树长势旺盛、能分化形成较多叶片，保持桑园适宜的叶面积总数和理想群体结构，延长光合时间，减少光能损失，提高光能利用率，提高净光合效率、降低呼吸消耗，才能获得桑园桑叶的高产。

第二节　提高桑叶产量的措施

一、选用种植优良的桑树品种

品种是决定产量和叶质的首要因素。推广应用优良桑树品种，是提高亩桑产叶量，提高蚕茧产量、质量和效益，提高竞争力的重要措施（见图 7–2）。

作为优良桑树品种的条件，首先是能适应当地土壤、气候条件，并且能充分利用自然条件生产更多更优的桑叶。一些品种在原产地是优良品种，但在异地就不一定是优良品种。因为土地因素、气象因素等也已经变化。外地的良种在本地不一定优良。

图 7–2　桑树品种对产量影响很大

不同的养蚕目的和饲养方式对桑树品种的要求不同。种茧育养蚕的桑园，选栽含糖量较多的桑树品种，有利于增加产卵数，提高卵质；小蚕专用桑园应选栽发芽较早、叶片较大、桑叶成熟较快，叶质较优的桑树品种，有利于提早养蚕、提高采叶效率，叶质好，蚕发育就较整齐；养蚕规模不大、习惯采片叶养蚕的，应栽种叶片较大、较厚、单叶重较重、采叶较省工的桑树品种；种桑养蚕规模较大，劳力不足，可选适合条桑收获的桑品种，要求枝条较多、再生能力较强、耐剪伐、出芽长梢快、节间密、米枝条长叶片数多和叶片较厚重的桑树品种。

二、种植健康无病虫的苗木

桑树的一些病虫害，例如桑紫纹羽病、根结线虫病、桑萎缩病、桑细菌病（青枯病等）、桑白蚧、桑蟥（苗有其卵）等可通过苗木传播和蔓延扩大，不但带病虫害的植株今后会受到直接的危害，而且会蔓延扩大危害整个桑园，甚至大面积的成片桑园。因此，育桑苗时，要选择没有危险病虫的土地，注意防治病虫害，培育无病虫的苗木；购买和调运桑苗，一定要到实地考察，调查了解苗地前作及附近桑园病虫情况，仔细检查桑苗是否带有危险性病虫。禁止从青枯病区购买调运桑苗。确保种植健康无病虫的桑苗，防止病虫害传播和蔓延扩大。粗大健壮的桑苗见图 7–3。

图 7–3 粗大健壮的桑苗（程嘉翎提供）

三、合理密植，保持桑园较多的枝条数

构成桑园产量的因素是单位面积总枝条长度和单位枝条产叶量，而单位面积的总枝条长是由株数、单株枝条数和平均枝条长度所决定。

据有关试验测算，高产桑园最适宜的枝条数为 18 000 ～ 22 000 条 / 亩。桑园种植的株数多，就能在较短时期内达到较多的枝条数和总枝条长，枝繁叶才茂盛，叶多才能充分利用光能。桑叶是光合作用的主要器官，在一定范围内，随着栽植密度的加大，单位面积的总枝条数和总枝条长增加，叶片数和叶面积也随之增加，充分利用光能和 CO_2 生产更多光合产物，从而使产叶量增加（见图 7–4）。

图 7–4 密植桑园

合理密植能充分利用地力、提高光能利用率。桑树生长发育及生产桑叶所需的 CO_2、光能是从地上空间获得的，但水分及氮、磷、钾等大量和微量元素是依靠根从土壤吸收获得的。虽然密植桑园单株桑的根量比稀植桑园的根量少，根系深度也较浅，但单位面积上吸收根量却是密植桑园多，而且其 80%的根系密集在 10 ～ 30 cm 的土层内，因而能充分利用耕作层中的水分和养分；同时密植桑园封行快，可提高光能利用率，抑制杂草丛生，为桑树枝条生长和多产叶创造了条件。

合理密植的要求是：有效利用光能和地力，保证桑树个体和群体得到较大的发展，从而高产；能节省投入，也便于桑叶收获和管理。

适宜的种植密度：普通丝茧育桑园亩栽株数为 6 000 株，单行种植，行距为 65 ～ 80 cm，株距为 13 ～ 18 cm；双行种植，宽行行距为 90 ～ 125 cm，窄行行距为 35 ～ 50 cm，株距为 13 ～ 18 cm。

种茧育桑园为提高叶质以亩栽 4 000 株为宜。条桑育收获的桑园因剪伐的次数多，光能损失多，应高度密植，亩栽株数要达 6 000 ～ 8 000 株，尽量缩小行距，使每次剪伐后新梢能早封行，减少光能损失。

桑园因积水、干旱及病虫、牲畜为害等原因往往会造成缺株，如缺株多、面积大应补种新桑，种满缺株处；零星缺株可通过留枝干增大树型来达到增加枝干数和枝条数的目的。

四、改良土壤、加强肥培管理

（一）深翻改土

种桑建园前要进行深翻改土，成园冬伐后进行深耕冬晒，生长期间结合除草多翻耕土地，覆盖杂草，多施有机肥，以改良土壤结构、增加通透性，增加土壤有机质、培肥土壤，提高土壤保水保肥能力。同时桑园翻耕，还有利于多发新根和根的伸长扩展。管理优良的桑园见图 7–5。

图 7–5　管理优良的桑园

（二）重施冬肥

重施冬肥一般在桑树休眠期间进行。多施腐熟的粪肥、堆肥、饼肥、土杂肥、塘泥等有机肥、覆盖杂草。

（三）及时、足量补充化学肥料

要求氮磷钾配合施用，氮（N）、磷（P_2O_5）、钾（K_2O）的比例为2∶1∶1。土地肥力不高的桑园，每生产100 kg桑叶需施纯氮（N）1.9～2.0 kg、磷（P_2O_5）0.75～1.0 kg、钾（K_2O）1.0～1.13 kg。

持续年亩产叶3 000 kg的桑园，如土壤肥力不高，必须补充施入纯氮57～60 kg，磷22.5～30 kg，钾30～34 kg。各造具体施肥如下：

1. 造桑造肥施肥法

冬伐后开沟施入有机肥，每亩施入有机肥1 000～2 000 kg；在桑树春发芽期施追肥1次，以后每采一造叶后施追肥1次（采叶后5天内施完）。每次每亩追肥用量为：氮（N）6.8～7.5 kg、磷（P_2O_5）3.0～3.5 kg、钾（K_2O）3.0～3.5 kg。折成化肥，即每次每亩施复合肥（15-15-15型）20～25 kg加尿素7～9 kg，或每次每亩施尿素15 kg、过磷酸钙20 kg、氯化钾6 kg。

2. 全年二回施肥法

将全年的施肥量合并分2次开深沟（沟深20～40 cm）施入，上半年施肥量占全年施肥量的60%，下半年施肥量占40%。第1次施肥：在冬伐后至发芽期在桑行中间开深沟，每亩施入有机肥1 000～2 000 kg，并施入复合肥（15-15-15型）80～100 kg加尿素28～35 kg，或施尿素60 kg、过磷酸钙80 kg、氯化钾24 kg，覆土压实。第2次施肥：夏伐后在桑行中间开深沟，每亩施入复合肥（15-15-15型）60～75 kg加尿素20～27 kg，或施尿素45 kg、过磷酸钙60 kg、氯化钾18 kg，覆土压实。

五、及时灌溉和排除积水

桑园土壤要保持适宜的水分，土壤稍干就要及时灌溉，使桑树保持旺盛的长势。如干旱时间过长，灌溉不及时，往往会造成新梢封顶，影响枝条生长和长叶。长时间积水，也不利于植株生存和生长。要设法排除积水、降低地下水位，确保桑园地面距地下水位达1米以上，满足桑根生长发育和代谢需要。

六、合理剪伐和收获

桑园剪伐是促进桑树生长、增产桑叶、提高叶质的重要措施，通过剪伐重新调整光线分布，使养分相对集中，打破顶端优势，优化群体结构，减少病虫害，提高工作效率。

桑园每年都剪伐2次，通过剪伐可调整桑园的有效枝条数和总枝条长，使长叶的位置不致过高，方便采叶。每株树干、枝干数越多，长出的枝条数就越多。根伐、低刈剪伐形式，桑树发芽数少，故生长的枝条数就较少；剪留枝条的部位较高，发芽数多、亩桑枝条数较多、总枝条长就较长，叶片数就较多。

部分高海拔地区或高纬度地区不宜夏伐。

条桑收获可节省养蚕用工，大大提高生产效率，但适合条桑收获的桑园必须是水肥条件比较好的桑园，条桑收获的净产叶量比全年采片叶的产量会相对低一些。水肥不足的桑园产量下降更加明显。

我们经多年试验证明不同冬伐形式对春叶产量和叶质影响很大。传统的冬伐，一般采用根伐（即平地剪）、低刈（主杆离地20～30 cm处剪）和低干桑园的齐拳剪伐（即在拳状树杈处、夏伐后生长的枝条的基部剪伐）形式，这样的剪伐形式把桑树下半年生长的枝条剪掉了，损失了冬芽和枝条贮藏的营养，春发枝条数较少、生长初期比较缓慢，叶子细小轻薄，而且会普遍发生桑树花叶病，造成次年第一、第二造叶产量上不去。

广西及广东省区近十多年来桑树花叶病发生较普遍、较严重，很大程度制约了春蚕茧产量和质量的提高。该病在春季发生，主要是危害桑叶、影响长势、降低产量、损害叶质。病叶有花叶或斑叶（绿叶有黄绿斑、浅绿斑、环斑、网状斑）、卷缩或发皱、叶形畸变（成细小叶、细长叶、丝状叶、条状叶）等症状，含糖量较少、营养价值低，养蚕体瘦、茧小，且易诱发蚕病。花叶病严重的植株，十分矮小、叶小叶轻、严重减产。桑树花叶病为病毒病害，有明显的季节性，在广西每年 2 月底至 3 月中旬始发，4 月盛发，5 月中旬后长出的叶子症状消失，即有高温隐症现象。植物的病毒性病害，还没有很有效的药物防治方法。关于桑树对花叶病的抗性我们已做一些研究，并探索桑树冬留长枝防病高产优质技术。

多年试验证明，采用冬留长枝（即中刈）的冬伐形式能使花叶病的株发病率降低 55.17%、病情指数降低 73.99%、产叶量的综合损失率降低 86.45%。采用冬留长枝的冬伐形式，与传统冬伐形式相比能大幅度提高春叶产量，平均春叶增产 135.93%。其原因除了冬留长枝可有效防治花叶病、显著减轻危害外，更主要的是由于冬留长枝使桑树的发条数、壮枝数增加，而枝条生长高度并没有降低，单株总条长大大增加；而且单位条长的叶片数有所增加，单叶重也显著增加。这些构成产量的性状都显著增加了，花叶病危害又减轻了，产叶量就必定大幅提高，值得大力推广。

第三节　采取针对措施提高桑叶产量

各地气候条件、桑园土地状况等有较大差异，应根据当地具体情况，采取相应的技术措施。以下介绍一些特殊桑园的针对性措施。

一、河滩地桑园

1. 潮泥土河滩地桑园

分布在河流沿岸较高的阶地，土体较深厚，沙泥比例较适当，疏松易耕，通透性好，保水保肥较强，虽然有机质较少，有些低水位的桑园也易受洪涝危害，但仍属种桑良好土地，措施得当，易获高产。此类桑园应注意用地养地并重，重施有机肥，冬季套种冬菜、豆类，增加土壤有机质，培肥土壤，同时增加收益。低水位桑园种桑时桑行应顺河水流向，防止洪水冲倒，冬伐宜早，争取洪水来前多产叶。

2. 河流沿岸较低阶地的桑园

春末至初秋季节常受洪水危害，但洪水过后沉积一层淤泥和新沙，有利于桑树生长。较大河流岸边早晚常有浓雾露水，利于桑树生长，霜冻也相对较轻。土壤多为洪积土、潮沙土，沙质较重，肥水易渗漏，有机质含量较低。种桑宜秋植建园，争取在次年洪水期前根扎深，枝长得高，桑行应顺河水方向；桑园冬伐宜早，冬留长枝，提高剪伐部位，促进春芽早发，争取洪水到来之前多产叶；提高桑树自身的抗洪抗旱能力，种植时深栽，建园后应常保持一段时间的高大树型，促进地下部向深层扩展；秋蚕结束即可套种冬菜、红薯、油菜等作物，增加收益，培肥土地，涵养水源，促进春芽早发。

二、石山地区旱地桑园

1. 石山地区桑园的土地类型

（1）开阔地带及孤峰平原土地。土层深厚、肥力中等以上、土壤蓄水保水力较强，桑园容易获得高产。

（2）峰丛谷地及山间较平台地、坡地。多属棕色石灰土，土层较深厚、肥力中等，但土壤蓄水保水能力较差、不耐旱，水利条件较差。

（3）河滩地。土层较深厚、疏松易耕、通透性好，肥效反应快，保水保肥力较强，但有机质含量大多较低，河流沿岸较低的河滩地易受洪水危害。

（4）峰丛洼地。土层较为浅薄，周围石山裸露，热辐射强、干旱突出；雨季洪水汇集洼底，造成作物减产或绝收。

石山桑园见图 7-6。

图 7-6　石山桑园

2. 桑园根据土地状况应采取的措施

（1）深耕改土、护土保墒、培肥桑园土地。桑园种植前及每年冬伐后深耕使土壤疏松，石山脚瘠薄土地用客土垒土增厚土层，易受雨水冲刷的桑园筑埂保土，防止水土流失；桑园铺盖或深埋秸秆、杂草，防止土壤受冲刷，从而蓄积水分、减少蒸发、增加有机质；冬季间种蔬菜等作物，促进土地熟化，并大量施入有机肥，培肥桑园土质。

（2）合理密植和剪伐、保证每亩枝条数。石山地区的桑园种植密度为每亩 6 000 株。冬伐在冬至前后采用留长枝的剪伐形式来增加发条数，夏伐一般采用低刈方式，保证每亩桑条数在 18 000 条以上。

（3）春夏重管、防涝抗旱、抓住有利时机多产叶。石山地区秋旱突出，有的易受夏涝，桑树长叶主要在春夏。冬伐不宜过迟、重施冬肥、促进新梢快生快长，使桑树在春夏多产叶多养蚕。夏伐适当提前，在 7 月下旬前完成，加强管理，抢在秋旱来临之时使新梢封行，形成荫蔽小气候，减少水分蒸发，有条件的灌水抗旱，争取秋季多产叶。

三、丘陵土山地桑园

桑树属于木本植物，在山坡也能生长。利用丘陵山地来种桑养蚕既可增加收入，又可绿化改善环境。山地桑园虽然较易干旱、条件较差，但比起西部干旱地区桑园，南方丘陵山地桑园还是有优势的。泥质山地，土层深厚，多属红壤土，质地较黏重，因长年受雨水冲刷，水土流失严重，有机质含量少，酸性较高，透水性弱，保水保肥力差。丘陵土山地桑园应采取以下措施：

1. 合理开垦和改良土地

种桑前修筑成梯地，结合挖沟填入较肥的表土，施入多量的土杂肥等，达到蓄水培肥土地的改良效果；梯田以上山坡仍需绿化，种树种草以保持水土。

2. 桑园深耕改土、护土保墒、培肥土地

桑园铺盖或深埋秸秆、杂草，防止土壤受冲刷，蓄积水分、减少蒸发、增加有机质；大量施入有机肥、培肥桑园土壤。

3. 适宜密植

保证枝条数，使桑园长期呈荫蔽状态，减少水分蒸发，为多长叶打基础。

4. 春夏重管、利用雨季多产叶

山地桑园大多没有灌溉条件，突出的问题是干旱，特别是秋旱。桑树要长得好、多产叶，只能指望多下雨常下雨。广西春夏雨量充沛，但多有秋旱，桑树长叶主要在春夏。应重施冬肥，开深沟把全年大部分的施肥量集中在春夏。冬伐宜早，冬留长枝，多发芽、增加枝条数，多产叶。如果当地 8 月以后年年秋旱、长叶很少，应充分利用秋旱前多产叶多养蚕。

5. 灵活除草

为了保土保水，防止水土流失，储存水分，减少水分蒸发，桑园可适当保留矮小杂草，或在行间种植浅根的阴生植物。干旱季节不宜除草，以免加重旱情。光秃的山坡难长树就是这个道理。

第四节　影响桑叶叶质的因素

一、叶质的概念

桑叶叶质，在蚕桑业生产上是个使用频率高的名词。关于叶质的概念，早在 1961 年竹内就曾提出过：对于养蚕来说，桑叶叶质包含着三层含义：一是支配食下量的质量（第一次叶质）；二是支配消化量的质量（第二次叶质）；三是消化物本身的质量（第三次叶质）。所谓叶质实际上是这三种质量的综合体。随着蚕桑科研工作的不断深入，科研工作者对桑叶叶质概念的理解更加明确，其简言之就是不同桑树品种的桑叶对蚕的营养价值和生产实用价值，具体是指以某种桑树品种的桑叶作为饲料用于养蚕生产，桑叶中有益于促进蚕体生长发育的营养成分含量的高低。叶质优良的参考指标有两项：①蚕儿喜欢吃、眠起整齐、蚕体发育快、蚕体强健、全茧量和茧层量高、丝质优，或者卵量多、制种量高、种质好，这种品种的桑叶叶质优良，即“好吃又有营养”。②桑叶的饲料效率高也称为叶质优良。饲料效率的表现指标包括桑叶食下率、消化率、茧重转化率、茧层

率、百公斤桑叶产茧量及5龄日产茧量等。

二、桑叶叶质优劣的主要指标

经过蚕桑科研工作者长年累月的不懈努力，提出关于桑叶叶质优劣的参考指标。

（一）桑叶的理化性状与叶质

桑叶叶质优劣，与桑叶的理化性状，特别是桑叶内含的化学物质的成分有关。物理性质方面包括桑叶的厚度、色泽、桑叶单位面积重、桑叶的强韧性、桑叶对毛刺的抵抗力、桑叶的硬度、桑叶的比重、桑叶粉末比重、桑叶细胞液及组织粉末浸出液的屈光率和电导率、角质层的厚薄等。桑叶的厚度、单位叶面积重及桑叶的绿色程度与叶质的关系密切。某些物理性质的项目虽与叶质有些相关现象，但总的说来很少能直接说明叶质的优劣。在叶厚方面，明确了叶厚与产叶量间有正相关的关系，但不同品种间桑叶厚度的差异与其饲料价值之间并不存在正向关系，只是在同一品种内，叶肉厚的桑叶有叶质好的倾向。

在化学性质的研究方面，组成桑树的主要成分除绝大部分是水分外，剩下的就是干物质，在干物质中由C、H、O和N构成的有机物约占90%，Ca、K、P、Mg、Fe、Mn、Zn等元素组成的成分约占10%，所有这些元素都是桑树通过根系和叶片从土壤和空气中吸收的，并进入体内参与各种代谢活动，最终以有机或无机态的形式存在于桑树体内。根据桑叶干物质中元素分析，C约占44%，O约占42%，H约占6.0%，N约占3%，P约占0.3%，K约占2%，此外还有Ca、Mg、Fe、Mn、Zn和Cu等十多种微量元素。因此，桑树的生命活动以及桑叶的产量和品质都与矿质营养和空气营养有着十分密切的关系。

从桑叶含有的化学成分来看，对蚕生长发育最重要的有机物质是含N化合物（也称粗蛋白质）和碳水化合物（主要是糖类）。粗蛋白主要包括蛋白质、氨基酸、酰胺及少量的硝态氮和生物碱，其含量约占桑叶干物重的22%～26%。一般粗蛋白含量高的桑叶，养蚕成绩也较好，但是硝态氮和游离态氨基酸含量较多的桑叶，则易造成蚕作不稳定。桑叶中的碳水化合物含量约占干物重的43%～54%，其主要形态为糖类、果胶和纤维素，其中糖类约占18%～28%，果胶和纤维素各占10%左右。对家蚕营养价值高的主要是糖类，而桑叶中的淀粉、糊精和纤维素则营养价值低，有的甚至不能利用。此外，桑叶中还含有少量的有机酸、粗脂肪、维生素和无机元素等，这些物质不仅对桑叶本身的生长与生理代谢有积极作用，而且对蚕的生长发育和生理代谢也具有重要意义。

桑叶中的化学成分与养蚕效果密切相关。桑叶的含水量极大地受环境条件，特别是桑园土壤水分的影响，在一般情况下，不同叶位、不同成熟度的桑叶，因含水率不同而表现叶质差异，主要在于其他内含物的差异。不同品种间桑叶叶绿素含量的差异，与养蚕成绩间也无正相关可言。桑叶中氨基酸总量与蛋白质含量有正相关关系，从桑叶氨基酸含量分析看，与蚕体组织内氨基酸含量分析存在较大差异，虽然确定了家蚕营养的必需、准必需和非必需氨基酸，还肯定了桑叶中的这些氨基酸含量大多数能满足蚕的需要，但没有发现桑叶内一种或数种氨基酸含量的多少制约着叶质的优劣。研究证明了家蚕的脂质营养如甾醇类和脂肪酸类的需求，且它们大多来自桑叶，但也未见桑叶中脂类物质的多少与养蚕效果间的直接关系。研究还证明一般桑叶饲料能很好地满足家蚕对维生素和微量无机元素的需求。在桑叶的各种内含化学物质中，与蚕的营养最密切的无疑是糖类和蛋白质的含量，不仅与它们的数量有关，还与它们两者的比例互作关系密切。我们做了不同品种桑叶若干理化性状与养蚕效果间的相关分析，认为桑叶中可溶糖及蛋白质含量与养蚕成绩关系最密切，但试验还提示了其他因子的存在。多数试验表明，桑叶中含糖量的多少，与减蚕率、茧丝产量、质量和卵量卵质有关。多次试验发现，糖与蛋白质的含量和养蚕成绩间的关系，虽有一定的倾向性，但结果往往不一致，其主要原因不是在化学分析的方法上，而是由于采样误差造成的。桑叶中氟化物含量的分析结果与养蚕成绩间的关系也有类似的情况。因为桑叶中蛋白质、糖和氟化物的含量，不仅因不同品种而有差异，还极易受桑园环境与桑叶成熟度的影响。在肥培管理好的条件下，不同品种桑叶内营养成分的开差就小，不同叶位及不同成熟度桑叶间差异极大，而采样误差往往不可避免，这就造成各次分析结果的不完全一致性，以及化学分析与养蚕成绩间不完全对应性。

（二）桑叶叶质与养蚕成绩

用桑叶养蚕的饲育试验是鉴定桑叶饲料价值最直接可靠的方法（见图 7–7）。在这方面，业内有提出利用蚕的就眠性来鉴定叶质，即在稚蚕期喂其正常叶量约 70% 的桑叶。

图 7–7　桑叶质量养蚕试验

止桑一定时间后，调查其就眠率，就眠率高的桑叶养蚕减蚕率低，生命率高，但单茧的茧丝产量不一定高，该法虽比全龄养蚕简便，但不能完全鉴定与茧丝产质量间的关系。近年日本提出了掺入不同桑叶粉的人工饲料，在无菌条件下饲育来判别叶质的好坏，我国在人工饲料尚未普及的情况下，尚难以采用。日本学者提出了饲料效率在蚕、桑育种上应用的可能性，茧层生产效率与消化率，全茧量转换效率及茧层率间有正相关关系。指出决定桑叶叶质优劣的重要因素是消化率。研究还阐明了 5 龄第一天的蚕粪重量与 5 龄期总消化率间的相关系数极高，所以测定 5 龄第一天的排粪量，可以作为茧层生产效率的间接选拔指标。国内学者也做了类似的研究。无疑，这一方法作为开发桑叶叶质的简易鉴定法，用在桑育种的初期叶质选拔上是有意义的。然而，作为品种叶质鉴定的生物试验，还是采用大样养蚕的方式，即用较大的桑叶样本全过程养蚕，调查用桑量、龄期经过、生命率、收茧量、全茧量、茧层量、茧层率及换算而得的万头产茧量、万头产茧层量和担桑产茧量或担桑产值等。我们对若干主要养蚕成绩指标与若干桑叶理化性状间关系做过逐步回归筛选和相关分析，其中以对万头产茧层量相关最密切，其次是万头产茧量。所以在养蚕生物试验鉴定桑叶饲料价值时，可以用 5 龄起蚕万头产茧层量作为度量的主要指标，这正好与蚕品种鉴定的主要成绩指标相吻合。5 龄起蚕万头产茧层量，包含了产茧量、茧层率和生命率等各项主要指标，体现了桑叶养蚕产茧丝能力的综合饲料价值，是一个理想的指标。如果结合用桑量，壮蚕期单位用桑的产茧量或产茧层量也可以作为主要指标，其他养蚕成绩项目可作参考。

（三）桑叶质量与茧丝产量质量

无疑，蚕业生产的最主要目的是获得优质高产的蚕丝，而茧丝的产量、质量又有多个指标来度量，并受到多种因子的影响。丝量丝质的指标，主要有茧丝量、茧丝长、解舒率、解舒丝长、净度、纤度、出丝率等。这些指标大多数对丝厂的经济效益至关重要，也是蚕品种选育的主要目标。影响上述指标的因子大多已搞清。例如茧丝量、茧丝长与蚕品种、桑品种叶质、饲养饱食程度有关；影响解舒率的因素：蚕品种占 19.1%、饲育上蔟环境占 68.4%，其他因素占 12.5%；影响净度的因素：蚕品种占 46.5%、饲育环境占 3.5%，其他因素占 50.0%；纤度与蚕品种、桑品种和饲育饱食程度有关；出丝率与单茧丝量、上车茧率和解舒率成正相关，与单茧全茧量成负相关，其中的上车茧率又主要与上蔟环境有关。已经明确桑品种叶质与茧丝产量、质量有相关的指标是茧丝量、茧丝长与丝纤度，很少见到桑品种与解舒率和净度有相关方面的试验或报道，所以作为桑品种的叶质鉴定可以不考虑这两项指标。茧丝量与桑品种叶质的关系已经肯定，这是因为茧丝量与茧层量成正相关。有学者做过试验，明确了桑品种叶质与茧丝纤度粗细的关系，一般桑叶营养好、茧形大的纤度粗，如 4 倍体品种、桐乡青等养蚕纤度粗；相反叶质营养差、茧形小的丝纤度细，如大墨斗等。从这个意义上讲，不同桑品种的叶片养蚕，还可左右茧丝纤度的粗细。桑叶质量对茧丝产量、质量影响试验见图 7–8。

图 7–8　桑叶质量对茧丝产量质量影响试验

普通鲜毛茧出丝率的公式是：

出丝率（%）=（茧丝量 × 解舒率 × 上车茧率）/ 全茧量 ×100%

这里，上车茧率主要和上蔟环境有关，解舒主要与蔟中环境和蚕品种有关，茧丝量部分与桑品种有关。全茧量与桑品种的叶质正相关，即叶质越好茧子越大，在同样的煮茧条件下，大茧子往往煮茧不透而解舒率低；而出丝率却与全茧量成反比，与解舒率成正比，所以在试验中发现，养蚕产茧成绩好的桑品种，出丝率不一定高。且由于上车茧率和解舒率受蔟中环境影响最大，在桑品种试验时，各期间出丝率高低的倾向，往往出现不稳定。为此，出丝率这一指标，对于桑育种及桑品种叶质鉴定不是主要的。在与出丝率有关的诸因子中，只有茧丝量与桑叶品质有正相关，所以在桑品种鉴定中，如需要一个有关茧丝的指标，单茧茧丝量可以参考。其实，单茧茧丝量与茧层量间有正相关关系，它可以从茧层量指标中体现出来。

三、叶质的鉴定方法

桑树育种的目标是高产、优质和抗病，这些指标的鉴定，特别是早期鉴定，一直是桑树育种工作者所关切并探索的主要课题。桑叶产量的早期鉴定，可通过如平均单株条长、单位面积桑叶重和单位条长产叶量等与产叶量相关的数量性状来估算。日本学者已提出了粗估的经验数学式，国内也有学者着手这方面的研究。在桑树品种的叶质鉴定方面则复杂得多。多少年来，人们尝试着建立各种检验方法用以判断桑叶质量的高低而未能形成简便可靠的技术标准。就如茶叶叶质、烟叶叶质的优劣一样仍需要通过品尝师鉴定，桑叶叶质的好坏最终还是通过养蚕的生物鉴定才能做出大致的结论。这个问题的难度，集中体现在以下几点：一是制约因素复杂，就栽桑阶段而言，桑树品种、树型养成形式、桑园土质、肥培、气候条件、桑叶成熟程度与收获时期等无不对叶质施加不同程度的影响或存在不同程度的差异；二是概念上的交叉重叠，桑叶成分、桑叶质量、饲料价值、饲料效率，这些说法既有区别，又有联系，在不少场合颇有难解难分之感；三是进入养蚕生物鉴定阶段之后，也会遇到来自诸如桑叶的采摘、贮藏与保鲜、给桑量与食下率的掌握、技术处理与温湿度的调节和供试材料蚕品种本身的差异等方面的干扰。目前，常用的方法有养蚕生物鉴定法、理化性质分析法、生态学观察法等。

用桑叶直接养蚕进行生物试验，被认为是迄今为止鉴定桑叶饲料价值最直接、最可靠的方法。在这方面，须藤等（1979 年）做过“桑的叶位——叶质差异与蚕的成长、茧质之间的关系”的试验。该试验以新一之濑作为供试桑品种，春伐后至早秋期选择条长基本一致的枝条，以最大光叶为第 1 叶位顺序往下至第 55 叶位，做好标记备用；供试蚕品种为日 131 × 中 131，5 龄起蚕时用电子秤进行个体称量。选体重开差变异系数在 5% 以内的个体，雌雄各 5 条蚕供试（起蚕体重雌 0.95 g、雄 0.80 g），然后按同一叶位的桑叶养同一条蚕的方法进行隔离饲养。测试数据，按叶位顺序制成分布图并统计处理，其结果简单整理见表 7–1。

表 7–1　叶位（自最大光叶算起）与几个性状的相关系数

性状	雄	雌
5 龄蚕粪总量（干物）	0.99**	0.882
全茧量	–0.545**	–0.736**
茧层量	–0.573**	–0.725**
茧长	–0.303**	–0.596**
茧幅	–0.203	–0.609**

此后，须藤等又以同样的方法比较了多肥区（亩施用量 N30 kg、P10 kg、K10 kg）与少肥区（亩施用量 N、P、K 均为 10 kg）叶位顺序的全 N、全糖含有率及其与养蚕成绩的关系，其结果简单整理见表 7–2。

据测定，桑叶中的全 N 含有率与叶位呈高度负相关，即全 N 含有率随叶位的增大（自上而下）

而减少，其中多肥区两者的相关系数为 –0.945**，全 N 含有率变动范围为 2.7% ～ 4.5%；少肥区两者的相关系数为 –0.822**，全 N 含有率变动范围为 2.4% ～ 3.4%。桑叶中的全糖量与叶位之间也存在相关关系，其中多肥区为正相关（r=0.649**），全糖量含有率变动范围为 5% ～ 15%；少肥区为负相关（r=–0.483**），全糖量含有率变动范围为 7% ～ 12%。

将多肥区与少肥区的数据混合起来进行统计分析，发现桑叶中的全 N 含有率与 5 龄第 6 日的蚕体重、全茧量、茧层量等养蚕成绩均呈高度正相关（详见表 7–3）。

表 7–2　叶位与全 N、全糖含有率的相关性

项目	含有率与比值	多肥区	少肥区
相关系数	全 N 含有率	–0.945**	–0.822**
	全糖（S）含有率	0.649**	–0.483
实测值	S/N 值	2.936 ± 0.787	3.330 ± 0.378

表 7–3　桑叶中全 N 含有率（X）与几个性状（Y）的相关性

性状项目	r	直线回归方程式
5 龄第 6 日体重（g）	0.769**	Y=3.307+0.692X
全茧量（g）	0.813**	Y=1.475+0.316X
茧层量（Cg）	0.764**	Y=28.321+5.708X

叶位与叶龄的对应关系，后来得到李奕仁与小林（1984 年）关于“不同叶龄桑叶中丙二醛含量的变动”的试验证实。20 世纪末，丙二醛（MDA）含量作为植物叶片的老化指标而受人注意。在桑叶上的测试结果表明，MDA 含量同样可以作为桑叶老化的物质指标之一。为说明问题，略举一个数据：对 6 月行夏伐后长出的桑树新梢，至 7 月 5 日成为最大光叶的叶片即同位叶的叶片，每隔 10 日测定一次 MDA 含量，得值分别为 7.9 mol/g、13.2 mol/g、19.7 mol/g、24.5 mol/g、31.5 mol/g，即随着叶龄的递进（叶位的增大）叶内的 MDA 含量呈直线性增加。当然，蚕桑生产上不可能因为某一着生部位的桑叶养蚕成绩好而仅利用那一部位的叶片，但是上述研究说明通过养蚕布局的调整，适时地利用成熟度恰当的桑叶对于提高蚕茧产量、质量的重要性。

我们自 2005 年以来一直从事关于桑叶叶质养蚕鉴定的生物实验。该实验按广西壮族自治区地方标准 DB45/T 872003《桑蚕丝茧育养蚕技术规程》进行蚕种催青和 1 ～ 3 龄小蚕饲养。从收蚁起，1 ～ 4 龄同室同一大区，用桑特优 2 号的母本品种 7862 的桑叶饲养，5 龄起蚕鉴别雌雄，选取雌蚕分成多个试验小区，每小区 50 头，分别用供试桑树杂交组合（品种）的适熟桑叶饲养，每个桑树杂交组合（品种）重复 3 小区，每天给桑 3 次，按幼虫体质量定量给桑每天早上称量蚕体质量，按体质量的 0.5 倍计算当天早上中午的给桑量，按体质量的 0.8 倍计算晚上的给桑量，熟蚕前一天适当降低给桑指数，保证供试蚕儿既充分饱食，给予的桑叶也基本被食下。熟蚕上蔟时记录不同时间段各小区的熟蚕头数，调查各小区 5 龄幼虫的平均经过时间；上蔟后第 7 天调查每小区的收茧量、结茧头数、死笼率、全茧量、茧层量、茧层率等，计算万蚕产茧量、万蚕茧层量、5 龄 100 kg 桑叶产茧量、5 龄 100 kg 桑叶产茧层量、5 龄日产全茧量、5 龄日产茧层量。5 龄 100 kg 桑叶产茧量 = 收茧量 /5 龄用桑量 ×100；5 龄 100 kg 桑叶产茧层量 = 产茧层量 /5 龄用桑量 ×100；5 龄日产全茧量 = 全茧量 /5 龄经过时间（d）。实验结果见表 7–4。

通过分析实验结果，笔者认为影响叶质的因素除桑树的品种遗传因素外，还有桑园环境因素的作用；桑叶养蚕的万蚕茧层量的高低是由于桑树品种的遗传差异引起的；不同品种、不同桑园环境均对桑叶品质有重要影响；在进行不同桑品种叶质鉴定试验时，要尽可能减少环境因素对叶质的影响；桑叶内在质量对桑叶饲料效率指标——5 龄 100 kg 桑叶产茧量的影响更重要；用叶质优的桑树多倍体杂交组合的桑叶养蚕，能够促进蚕体有效地吸收桑叶营养物质，蚕体发育加快，即使食桑时间减少，产茧量也不一定会下降，5 龄日产全茧量反而增加。可见，5 龄日产茧量是评价桑叶品质对家蚕发育产茧量影响的综合性指标。

20 世纪 80 年代，周若梅等用家蚕绝食生命时数来鉴定桑叶叶质的生物实验，即在相同的食桑时间内使蚕积累一定的营养物质而绝食，利用家蚕的耐受饥饿生存时间的长短来判断叶质的优劣。同时调查饥饿就眠率，计算饥饿就眠率与绝食生命时数的相关系数，以及桑叶各营养成分与绝食生命时数之间的相关系数，以验证绝食生命时数能否作为叶质鉴定的方法。

表 7-4　39 个桑树杂交组合（品种）的桑叶养蚕的成绩

试验桑园	杂交组合（品种）	万蚕茧层量		5 龄 100 kg 桑叶产茧量		5 龄日产全茧量	
		实数 kg	指数 %	实数 kg	指数 %	实数 g	指数 %
10 号试验桑园	M2 × 94842	4.00	98.52	7.96	100.50	0.320	101.43
	M1 × 9104	4.29	105.67	8.05	101.70	0.341	107.95
	M1 × 93554	4.21	103.69	7.76	97.94	0.335	106.20
	M2 × 93146	4.08	100.49	8.30	104.76	0.335	106.06
	M2 × 93133	4.12	101.48	8.25	104.21	0.343	108.66
	94200 × 942158	4.10	100.99	8.09	102.17	0.334	105.85
	M1 × 93251	3.84	94.58	7.76	98.01	0.324	102.63
	93200 × 伦 109	3.83	94.33	7.54	95.19	0.300	95.09
	M1 × 9102	4.09	100.74	7.74	97.75	0.316	100.24
	M2 × 94168	4.07	100.25	8.06	101.78	0.340	107.81
	M2 × 9102	3.94	97.04	7.97	100.67	0.316	100.28
	M2 × 伦 109	3.69	90.89	7.77	98.14	0.307	97.15
	93200 × 2158	4.04	99.51	7.72	97.52	0.323	102.31
	M1 × 93514	4.06	100.00	8.00	101.04	0.315	99.73
	M2 × 942158	4.05	99.75	8.21	103.67	0.334	105.84
	M1 × 93133	4.00	98.52	7.88	99.45	0.323	102.20
	桑特优 1 号	4.03	99.26	8.01	101.14	0.331	104.75
	嘉陵 20 号	3.91	96.31	8.06	101.73	0.308	97.68
	桑特优 2 号	3.97	97.78	7.79	98.40	0.312	98.77
	沙二 × 伦 109	4.06	100.00	7.92	100.00	0.316	100.00
11 号试验桑园	942120 × 942158	4.13	101.23	7.94	105.15	0.317	95.66
	M1 × 93133	4.32	105.88	7.89	104.52	0.323	97.55
	M1 × 94781	4.18	102.45	8.14	107.76	0.332	100.30
	M2 × 95201	4.09	100.25	8.11	107.39	0.337	101.67

续表

试验桑园	杂交组合（品种）	万蚕茧层量		5 龄 100 kg 桑叶产茧量		5 龄日产全茧量	
		实数 kg	指数 %	实数 kg	指数 %	实数 g	指数 %
11 号试验桑园	M2 × 94168	3.92	96.08	7.70	101.93	0.331	99.70
	2130 × 94806	4.10	100.49	7.64	101.18	0.326	98.35
	M1 × 9104	4.22	103.43	8.08	106.96	0.338	101.90
	2130 × 942158	4.06	99.51	7.76	102.79	0.313	94.43
	94302 × 2158	3.74	91.67	7.66	101.41	0.328	98.89
	M1 × 94908	3.90	95.59	7.70	102.04	0.318	95.80
	M1 × 94806	3.82	93.63	7.53	99.76	0.296	89.19
	M2 × 94806	3.92	96.08	7.66	101.51	0.307	92.52
	M1 × 94126	4.30	105.39	8.00	106.00	0.341	102.75
	2130 × 2058	4.06	99.51	7.44	98.57	0.320	96.64
	M2 × 94126	4.04	99.02	7.97	105.49	0.316	95.27
	M1 × 942158	4.09	100.25	7.83	103.67	0.314	94.59
	959 × 94806	3.90	95.59	7.82	103.57	0.316	95.27
	M1 × 2058	3.71	90.93	7.56	100.15	0.301	90.71
	M2 × 2158	4.14	101.47	7.71	102.05	0.318	96.01
	2130 × 94806	4.01	98.28	7.54	99.80	0.316	95.22
	93200 × 942158	3.77	92.40	7.23	95.74	0.289	87.09
	93187 × 942158	3.79	92.89	7.88	104.42	0.320	96.43
	M2 × 2058	4.04	99.02	7.53	99.66	0.317	95.57
	沙二 × 伦 109	4.08	100.00	7.55	100.00	0.331	100.00

其具体做法是以不同叶位桑叶分别收蚁饲养，每 6 小时给桑一次；在第 3 次给桑前，将蚕带叶移放在培养皿内，每区计数 50 头蚕（重复 3 区）然后给桑，使总的食桑时间达到 24 小时。然后调查绝食生命时数、死亡蚕的头数及从停食到死亡的时间；计算平均绝食生命时数。计算公式是：

$$T=(n_1t_1+n_2t_2+n_3t_3+\cdots\cdots n_nt_n)/N$$

式中，T 代表绝食生命时数；n 代表一定时间死亡头数；t 代表绝食至死亡经过的小时数；N 代表调查总头数。

2 龄起蚕绝食生命时数的调查为：1 龄以不同叶位桑叶饲养，至眠后取同一时间止桑的眠蚕，每区数出 50 头（重复 3 区）置于培养皿内，蜕皮后的起蚕不给桑使其绝食，然后定时调查死亡头数，计算其平均绝食生命时数。饥饿就眠率的调查为：各龄食桑 65% 左右的时间止桑，经过 40 小时后调查其就眠头数，然后按公式计算就眠率。采用康威皿法测定桑叶蛋白质含量。用蒽酮法分析总糖，每个样本均重复 4 次。

就眠率 =（眠蚕＋起蚕）/ 供试头数（即眠蚕＋起蚕＋不眠蚕）× 100%

不同蚕品种由于对叶质适熟程度的要求不同，因此绝食生命时数也不同。绝食生命时数与饥饿就眠率则有一致性倾向，无论是孵化后食桑 24 小时的还是 2 龄起蚕的绝食生命时数，与之相对应的饥饿就眠率都有极显著的相关性。绝食生命时数与桑叶各营养成分之间的关系表现为与水分、蛋白态氮、非蛋白态氮呈显著的负相关，与总糖、可溶性糖呈显著的正相关。绝食生命时数与蚕体健康关系密切，凡是小蚕绝食生命时数长的后期健蛹率、结茧率高。因此认为，绝食生命时数可以作为评判叶质优劣的一种方法，与饥饿就眠率一样有效，直接可鉴定收蚁后食桑 24 小时叶质的优劣以及小蚕各龄叶质，不必像饥饿就眠率调查时一定要计算食桑经过。在没有掌握一个蚕品种的龄期经过情况下，用绝食生命时数的调查，可以很顺利地达到叶质鉴定的目的。在实际生产上运用时，可以直接用平均绝食生命时数的长短来判断叶质的优劣。

蒋献龙还提出利用蚕儿就眠率的高低可简单、快速判断桑叶叶质的好坏。此法利用就眠率的大小与营养好坏有关这一原理来鉴别叶质的优劣。

四、影响桑叶质量的因素

桑树是多年生木本植物，具有一定的生长发育规律，桑叶是其进行光合作用、蒸腾作用和呼吸作用的器官，同时又是栽桑目的收获物。影响桑树单位面积和桑叶产量、质量的因素很多，与土壤条件、树体管理及病虫害防治等关系密切（见图 7–9）。提高桑叶生产质量是蚕桑业科研工作者的工作中心和重点，选育出高产、高抗、优质的桑树品种是桑树育种工作永恒的主题。本节就影响桑叶质量的主要因素概述如下。

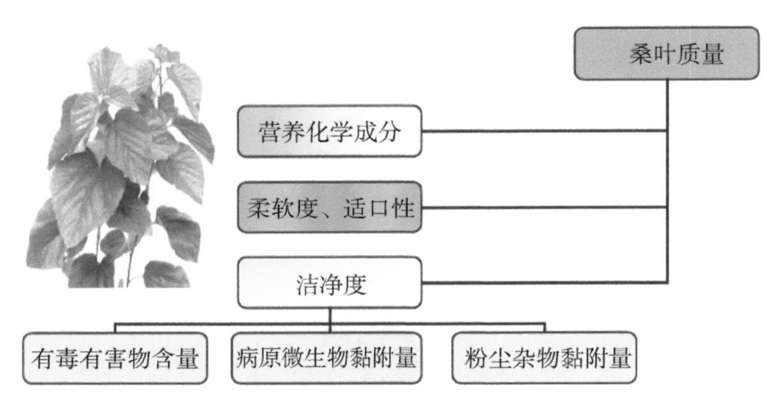

图 7–9　桑叶质量构成因素

（一）土壤条件

土壤是桑树生长的基础，桑树整个生长发育过程的一切生命活动所需水分和营养成分，都是从土壤中获取。虽然桑树有较广泛的适应性，但不同土壤的理化性状，均能影响桑树的生长发育。黏重土壤吸收力强，保水保肥性能好，但通气透水性差，土粒间的黏结力强，易造成土壤板结。砂土与黏土相反，吸附力与黏结力弱，通气透水性好，但保水保肥力差。壤土或黏壤土，土质较疏松，通气排水性好；在壤土上栽培的桑树，桑叶含水分和蛋白质多，碳水化合物少，成熟迟。在砂质土壤上栽培的相反，桑叶中含水分和蛋白质少，碳水化合物丰富，成熟早；不论何种土质，要有针对性地采取改土措施，如施用有机物使分散的土粒在有机物的作用下，形成大小不同的团粒结构，尤以新鲜有机物对团粒结构的形成更为有利。酸性土施用石灰，可加速有机物分解，促进团粒结构的形成。黏重土壤参和木屑及石谷子等，既能使黏块分散变细，又能增加土壤有机质含量。并经常深耕细作，促进土壤团粒结构的形成。同时在改善土壤的理化性状时，既要补充土壤养分含量，提高亩产水平，又要注意土壤对肥料的承受能力、肥料在土壤中能不能发挥作用。肥料成分要靠土壤吸收、承载、转化后方能为根系所利用，土壤结构不良，土层浅薄，通透性差，流失严重，地下水位高等，均会降低土壤的承载、转化能力，影响土壤水、肥、气、热状况的协调。只有弄清这些问题，才能对土壤进行合理整理、改良及科学施肥，为桑树生长发育创造一个良好的生态环境。所以，要提高肥效及单位面积桑叶的产量、质量，首先应从土壤的整理、改良入手，提高土壤承载能力，减少肥效损失。

（二）桑树品种对桑叶质量的影响

一个好的桑树品种不但应具有抗逆性强、适应性广、能高产稳产的必要性状，而且还要达到丝茧育和种茧育的各项质量指标的要求。种茧育桑园需达到茧质优、丝质好、蚕体健壮等要求，同时要保证蛹蛾强健，母蛾造卵数多，产卵量、良卵率、下代孵化率均高，小蚕健康性好等。要以上各个指标均达到要求，最关键的是在桑叶的各种内含物中，与蚕的营养关系最密切的糖类和蛋白质含量高。从桑叶含有的化学成分来看，对蚕生长发育最重要的有机物质是含 N 化合物（也称粗蛋白质）和碳水化合物（主要是糖类）。粗蛋白质主要包括蛋白质、氨基酸、酰胺及少量的硝态 N 和生物碱，其含量占桑叶干物重的 22% ～ 26%；桑叶中的碳水化合物含量占干物重的 43% ～ 54%，其主要形态为糖类、果胶和纤维素，其中糖类占 18% ～ 26%，果胶和纤维素各占 10% 左右。一般蚕儿对粗蛋白质和碳水化合物含量高的桑叶食欲强，蚕体发育快、蚕体健康、体形大、抗病强、养蚕成绩好。因此，有益于蚕儿成长的化学成分含量高是优良的桑树品种必须具备的指标。目前，我国种植广泛的优良桑树品种有桑特优 2 号、桂桑优 12、桂桑优 62、嘉陵 20 号、沙二 × 伦 109、湖桑 32 号、桐乡青等。

（三）桑园管理对桑叶质量的影响

桑园管理主要包括桑园施肥和病虫害防治。施肥是桑园栽培管理的重要环节，是提高桑叶产质量的主要手段，要桑园高产稳产、叶质优良，必须提高施肥水平。但施肥量过多或不足，均影响桑叶的产量和质量。春肥以速效性肥料为主，夏秋肥以速效性肥料为主，配施堆肥、厩肥等，冬肥以迟效性肥料为主，施用的目的是增加有机质，改善土壤理化性状，为来年桑树生长发育创造良好的土壤条件。施肥应注意 N、P、K 肥的配比施用，尽量使 $N:P_2O_5:K_2O=2:1:1$；桑树病虫害防治是一项长期复杂的工作，应重视病虫害的综合防治措施，根据桑树生长发育时期和养蚕时期的不同，将各种防治措施、方法及技术综合起来，充分发挥各种防治措施的优点，把病虫害控制在经济危害水平之下，从防病治虫的角度保证桑叶产质量，降低生产质量风险。

第五节　提高桑叶质量的措施

蚕儿从收蚁到吐丝结茧再到成虫产卵整个生命周期的生长发育所需要的一切物质营养均来自桑叶，由此可见桑叶的质量对蚕的生长发育和蚕茧的产量的重要性不言而喻，提高桑叶的质量可使蚕儿吃得好、吃得饱、体健茧大，蚕农收益有保障。因此，在蚕桑生产中，采取有效措施，提高桑叶质量是十分必要的。

一、选育优良桑树品种，推广普及优良桑树品种

优良的桑树品种中富含大量与蚕儿生长发育息息相关的化学营养物质。优良的桑树新品种是获得优质高产蚕茧的基础，随着蚕桑生产的发展，人们对桑树新品种的需求也越来越迫切。因此，选育和推广普及优良桑树品种变得日益重要。近30年来，经过我国蚕桑科研工作者的不懈努力，桑树育种取得了可喜成绩。经全国蚕桑品种审定委员会审定（认定），农业农村部批准的新桑品种有30个，我国优良桑品种普及率达80%以上，基本实现了桑树品种良种化。

以杂交育种作为育种手段，在桑树育种中取得了显著的成效。通过杂交育种，我国先后育成了中桑5801、育2号、育237、育151、湘7920、吉湖4号、育71-1、川7637、7946、农桑12号、农桑14号等优良桑树品种。其中育71-1、农桑12号、农桑14号等优质高产桑树品种已成为新一代当家品种，在除珠江流域以外的各主要蚕区大面积推广应用，取得了巨大的经济、社会和生态效益。

近年来，多倍体育种有了突破性进展，多倍体种质资源研究、四倍体桑诱导技术、人工三倍体品种选育与三倍体杂优组合选配方面已达较高水平。全国各地通过人工诱导的四倍体材料达数百份，人工三倍体桑品种嘉陵16号、大中华的问世，填补了我国栽培品种中无人工三倍体品种的空白。这些多倍体品种普遍具有优质、高产、抗逆性强等特性。近年来，人工无性系四倍体品种陕桑402，无性系同源三倍体品种陕桑305，三倍体杂交组合粤桑2号，人工三倍体品种嘉陵20号、桑特优2号、桑特优1号、桑特优3号等相继选育成功。

桑树一代杂种的利用取得较大进展，先后选育出丰驰桑、沙二×伦109、塘10×伦109、粤桑2号、顺农2号、桂桑优62、桂桑优12、桑特优2号等杂交组合，为速成密植桑园的建立开辟了一条新途径。杂交桑可以当年播种、当年移栽、当年养蚕、当年收益。同时，成本低、建园快、投产快，对实现条桑收获、省力化养蚕，提高劳动生产率有重要的现实意义。桂桑优62桑园见图7-10。

图7-10　桂桑优62桑园

在近年的桑树新品种繁育推广过程中，结合桑树品种推广应用的实际，通过与生产、推广、品种繁育部门紧密联系，试验、示范、推广相结合，建立新品种高产示范园、接穗母本园、苗木繁育基地，加快了新品种的推广应用。近几年，在我国热带、亚热带地区，包括广西、广东、海南的全部及云南、贵州的一部分，桑园面积目前已达400万亩左右，约占全国桑园面积的30%，基本上实现了桑园的良种化。按种植面积的大小，生产上应用的品种依次为：桂桑优12、桂桑优62、塘10×伦109、沙二×伦109、桑特优2号等。广西、江苏和浙江三大苗区都保持了大规模的桑苗繁育，年繁育量均在10亿株以上，在广西一年四季都有苗木供应。其中，繁育的新品种苗木占了很大的比例，如广西蚕业科学研究院育成的桂桑优12、桂桑优62和桑特优2号3个品种年繁育量超过10亿株，反映出蚕桑生产对优质高产桑树新品种的迫切需求和良种化的普及力度。在品种的推广普及之前，要成立机构和形成机制对树种进行严格检疫，把是否抗病虫害作为桑苗的重要指标，严把质量关，确保苗木健康。无病菌、无虫卵的桑品种栽培后能有效控制桑园病虫害的发生，或减缓病虫害的发生速度，创造高产、优质桑园。

随着我国农业产业结构调整以及蚕桑业的发展，科研工作者应更加明确和掌握新形势下育种方向及先进方法手段，即以选育适合各地区资源条件的高产、优质、抗逆、易繁殖的桑品种和杂交组合为主攻方向，并兼顾培育适合多元化开发的特异桑种质及桑品种。在方法上以常规育种、多倍体育种、杂交优势利用为主，辅以现代育种的先进技术，利用已有的研究基础和桑树种质资源，加快育种进程，加强桑树种质资源收集、研究与创新等基础性工作。例如，开展分子标记育种研究，重点研究高产基因、抗病基因及基因定位，创造出高产优质品种和杂交组合；研究桑树转基因技术，将主要抗性基因导入高产优质品种背景中创造出高产优质高抗品种；利用人造卫星搭载开展太空育种，实现在各优良指标上的更大突破。

二、对“桑”重要性的认识

我国的蚕桑业发展史中，上至各级政府的农业部门，下至蚕农，在蚕桑生产上普遍存在重蚕轻桑、重育轻栽、重栽轻管的思想，对“桑”作为整个行业发展的源头、基础中的基础的重要性认识不足，缺乏扶持桑树发展方面的激励政策，在桑树研究方面投入的人力、物力、财力不够。遇上茧丝市场好的时候，各地蚕种场发种量大幅度提高，桑叶用量猛增但桑园面积不足或桑园产量跟不上而无计划盲目选种扩种，出现良种供应不足的情况，每逢桑树管理时期，主抓管理的领导、干部、技术力量严重缺乏，督查不力，使桑树管理流于形式。虽然栽桑面积上去了，但由于桑树品种不良、管理不善而产叶不高，造成壮桑采叶过度，树势不断衰败，幼树过早采叶，推迟成林投产，新桑遭到摧残，难以正常生长，使用的桑叶质量跟不上，出现了有发种量没产茧量的现象。

为扭转这种本末倒置的不利局面，各级政府应从源头抓起，提供资金保障，大力宣传，积极推广、普及优良的桑树品种；号召广大蚕农注重蚕茧生产更注重桑园的投入，在桑树管理上坚持栽管并重，以管为主，围绕产量、质量、效益三个方面来抓桑树管理。一是从单纯追求栽桑数量，忽视桑叶质量，转变到数质并举，质量第一上来。二是从靠多发蚕种增产，采叶不养树，季季缺叶吊食，转变到留叶保尖，保叶养树，提高产量、质量上来。三是从重蚕轻桑，重栽轻管，转变到桑蚕与栽管并重，以管为主，充分发挥现有桑树效益上来。各级政府相关部门要落实专职人员，出台政策，严格检查评比，考核奖惩；形成人才培养机制，推进优良桑品种选育的科研工作，源源不断地培育出适合各蚕区的优质桑种。

三、改良土壤，提高桑叶质量

改良土壤的重要措施为以下几方面：

首先是加厚土层，定期深耕。桑树系深根植物，根系入土可达 1 ～ 2 m，扩展面积为树冠的 2 ～ 4 倍。栽桑土层厚度应在 70 ～ 100 cm。土层深厚，不仅土壤积蓄水肥能力强，利于根系的深入和扩展，而且土温稳定，能防止旱、寒、过高过低的温度变化对根的危害。土层深厚，水分、养分充足，树体健壮，抗性也会增强。有些桑园地土层虽厚，但地势低下，地下水位高，实际上等于降低了土层厚度，导致桑树长势大受影响，所以应注意排水、降低地下水位。

深耕可使土壤疏松，提高土壤孔隙度、底层土的通气、透水性能及增加可吸收态养分，特别是增加硝酸态氮素。结合深耕，施入大量有机肥，可改善土壤结构，促进根系向深处发展。深耕主要应在耕植前进行。由于深耕的效果可持续 3 ～ 10 年，所以每隔 5 ～ 10 年可调查深处土壤孔隙率的情况。如土壤孔隙率降低，在正常施肥情况下就应考虑再次深耕。另外，在桑园地养殖蚯蚓，利用蚯蚓的活动起到松土、改良土壤的作用。据报道，有蚯蚓活动的土壤，孔隙率提高 8% ～ 28%，桑叶可增产 10% ～ 20%。

其次是增施有机肥，改善土壤结构。一般情况下，土壤可分黏质、壤质、砂质等不同土壤质地。砂质壤土是桑树生长最理想的土质，但这种土质不是随处都有。实践证明，只要加强对土壤改良和耕作管理，大多数土质栽桑都能高产稳产、桑叶优良。桑园土壤改良和管理的目标应特别注意改善土壤结构，促进土壤团粒结构形成，维持和增强地力。

土壤由于其组成母质的颗粒大小、胶体多少、有机质含量等不同，以及耕作管理是否适当，都将影响并形成土壤的各种不同的结构。其中耕性良好、通气透水、保水保肥、地力持久、作物生长旺盛、各种土壤养分溶解于其中、土壤有机质的分解主要在其表面进行的为团粒结构。但怎样使土壤团粒化呢？施用有机物，使分散的土粒在有机质的作用下，形成大小不同的团粒结构。尤以新鲜的有机物对团粒结构的形成更为有利。酸性土施用石灰，可加速有机物分解，促进团粒结构形成。黏重土壤结合改土，参和木屑、石谷子等，既能使黏块分散变细，又能增加土壤有机质含量，是很好的改土措施。耕作可使土壤细碎，提高土壤通气透水性能，促进有机物分解和团粒结构形成，同时微生物的繁殖也变得旺盛起来，从而促进养分的分解。但耕作不当，反而会破坏已形成的团粒结构。

再次是及时、足量补充化学肥料。要求氮磷钾配合施用，氮（N）、磷（P_2O_5）、钾（K_2O）的比例为 2∶1∶1。土地肥力不高的桑园，每生产 100 kg 桑叶需施纯氮（N）1.9 ～ 2.0 kg、磷（P_2O_5）0.75 ～ 1.0 kg、钾（K_2O）1.0 ～ 1.13 kg。持续年亩产叶 3 000 kg 的桑园，如土壤肥力不高，必须补充施入纯氮 57 ～ 60 kg，磷 22.5 ～ 30kg，钾 30 ～ 34 kg。具体各造施肥：①造桑造肥施肥法。冬伐后开沟施入有机肥，每亩施入有机肥 1 000 ～ 2 000 kg；在桑树春发芽期施追肥 1 次，以后每采一造叶后施追肥 1 次（采叶后 5 天内施完）。每次每亩追肥用量为氮（N）6.8 ～ 7.5 kg、磷（P_2O_5）3.0 ～ 3.5 kg、钾（K_2O）3.0 ～ 3.5 kg。折成化肥，即每次每亩施复合肥（15-15-15 型）20 ～ 25 kg 加尿素 7 ～ 9 kg，或每次每亩施尿素 15 kg、过磷酸钙 20 kg、氯化钾 6 kg。②全年二回施肥法：将全年的施肥量合并分二次开深沟（沟深 20 ～ 40 cm）施入，上半年施肥量占全年施肥量的

60%，下半年施肥量占40%。第一次施肥：在冬伐后至发芽期在桑行中间开深沟，每亩施入有机肥1 000～2 000 kg，并施入复合肥（15-15-15型）80～100 kg加尿素28～35 kg，或施入尿素60 kg、过磷酸钙80 kg、氯化钾24 kg，覆土压实。第二次施肥：夏伐后在桑行中间开深沟，每亩施入复合肥（15-15-15型）60～75 kg加尿素20～27 kg，或施尿素45 kg、过磷酸钙60 kg、氯化钾18 kg，覆土压实。

最后是实施地面覆盖。地面覆盖是一种可行的先进技术。用作物残茬、秸秆或者地膜等材料覆盖地面，土壤变得疏松起来，保水能力提高，腐殖质增加，还可防止表土被冲刷，提高土温，在夏季能预防地温过分升高，进一步抑制杂草滋生，减少病虫害，有利于作物生长。地面覆盖材料如连续、多年选用稻草等覆盖物进行覆盖，由于近地表土层中腐殖质的增加，桑根的发育和伸展也在表土层中多起来，因此每3～5年必须进行一次深翻，这一点如不充分引起注意，将导致桑叶产量、质量的下降。如选用地膜覆盖桑园，则效果显著。

四、选择科学的种植方式

桑树的种植方式包括种植密度和树型养成形式。桑树种植密度和桑叶产量、质量息息相关。桑园植株过于稀疏，桑叶产量跟不上，浪费土地资源；植株密度过大，则影响桑园通风透气、阻碍低层桑叶对光照、空气的充分吸收，容易诱发桑园病虫害、降低桑叶中的蛋白质和糖类的含量，桑叶质量不优，养蚕成绩差。目前，中国老蚕区江浙、湖北、湖南、四川、山东等地按600株/亩种植、7 000条/亩留枝，两广及周边地区按6 000株/亩种植、20 000条/亩留枝。剪伐科学合理，既能使枝条、桑叶在生长过程中充分利用空间和吸收阳光、空气，又可保证桑园空气流通，防止病虫害频发，实现桑园高产稳产、叶质优良。

栽培的桑树常采用修剪技术，将其养成一定的树形，以提高桑叶质量及方便管理。桑树的树形种类较多，按树干高度可分为低干桑、中干桑、高干桑等，又因剪伐时基部残留部分的长短而有拳式和无拳式之分。夏伐桑树多为拳式树形，春伐桑树多为无拳式树形；高干拳式树形叶形小，叶片薄，肥水要求较高，土壤管理方便，但树体管理较难。低干树形栽植密度大，收益早，虽土壤作业有难度，且对茧质，特别是卵质影响较大，但树体作业方便，丰产性能好。种场养蚕，重在春季，在污染较严重的今天，饲养春蚕在一定程度上能保证饲养成绩及蚕种质量，采用夏伐的剪伐方式且中干拳式树形养成，对提高桑叶产质量有一定的促进作用。

五、加强桑园病虫害管理

实践证明，与正常桑叶相比，用病虫害桑叶进行蚕茧生产损失巨大，甚至绝收。因此，做好桑园的病虫害防治工作，是保障蚕农养蚕收益的必要措施。桑园病虫害防治应预防为主，综合防治。注意桑园病虫害发生发展，做好预测预报，在此基础上采取相应措施，以控制为害，确保桑园稳产高产。桑园的病虫防治根据季节的特点，分为蚕茧生产期防治和非蚕茧生产期防治。

在春季养蚕期，防病治虫应在确保春蚕用叶的前提下，采取农业防治、生物防治、物理防治及化学防治并重的防治手段。田间作业时人工捕杀桑尺蠖、桑毛虫等，钩杀或药棉塞孔防治天牛类害虫，利用害虫假死性捕杀叶虫类及象虫类害虫，对桑黑枯型细菌病及桑断梢病应及时剪除病枝，摘除病叶及桑白葚；在3～4月把野蚕卵块及虫害枝、半截枝等放入天敌保护室，以提高天敌成活率；加强田间管理，对潮湿、通透性差的桑园应及时开沟排湿，杜绝或减轻细菌病的发生和桑白蚧的为害；干旱时应及时灌溉，减轻桑红叶螨的为害。夏伐桑园应在壮蚕用叶前7～10天摘芯，既能摘除桑瘿蚊黄卷叶蛾等幼虫，又可提高产量；生长期内用80%敌敌畏EC1000倍液（残效7天），90%晶体敌百虫1000倍液，40%乐果EC600～800倍液（残效3～4天），20%三氯杀螨醇EC1000倍液（残效7天）药杀桑螟、桑毛虫、桑象虫、桑蓟马、桑尺蠖、桑红叶螨等害虫；喷洒70%甲基托布津WP1000倍液可防桑断梢病，喷洒0.1%铜氨液AS1000倍液可防桑黑枯型细菌病；用50%多菌灵WP1000倍液（加入0.05%的洗衣粉）在起点期与扩展期喷洒，可防桑褐斑病。另外，在2月底至3月初用含有效氯3%的漂白粉澄清液喷洒树干及条梢，从防治角度避免桑叶带毒；夏秋季桑树病虫害严重，在保证夏秋用叶的前提下，做到划片分区防治。夏伐或春蚕结束后用90%晶体敌百虫1000倍液（残效18天）进行一次全园防治。生长期内用80%敌敌畏EC1000倍液（残效2～3天）药杀桑蓟马、桑螟等；用73%克螨特EC3500～4000倍液（残效7～8天）或20%三氯杀螨醇EC1000倍液（残效6～7天）药杀叶螨类害虫；对桑白蚧应采用农业防治为主，化学防治为辅，重治第1代，巧治第2代（红色斑纹），狠抓第3代的防治方法；防治桑蓟马的方法是在预测预报的前提下，巧治春伐虫源，重治夏秋季虫源，在多发条件出现时，适时喷药为主；桑天牛的防治则重点在6月成虫羽化盛期和7～8月幼虫孵化盛期；对病害的防治，采取防虫治病，虫病兼治桑萎缩病，结合防治桑菱纹叶蝉，用90%晶体敌百虫1500倍液（残效15天）防治桑膏药病，结合防治桑白蚧，用竹片或竹刀刮除菌生膜，病部痕迹用含有效氯5%的漂白粉液涂布。

非蚕茧生产期的防病治虫应在12月进行。落叶前喷洒2.5%溴氰菊酯（敌杀死）EC3500～4000倍液封园，可杀死桑螟、桑尺蠖、野蚕等越冬幼虫，减少微粒子病的传染；清除桑园杂草，搜集地面和树上的落叶、残枝，制成堆肥以杀桑褐斑病、桑污叶病等病及桑螟、桑尺蠖、桑毛虫等病虫。深沟施肥可将地面土中潜伏的害虫及虫卵翻出冻死或经鸟雀和天敌杀伤杀死；施入腐熟的堆肥可改良土壤，提高地力，减轻根部为害，复壮树势减轻病害；及时冬耕能改善土壤理化性状，提高地力，同时又有清除杂草、减轻病虫害的作用；用竹片刷干净树体清除越冬幼虫、蛹等，再用石灰和黏土混合堵塞孔隙，阻止害虫出入，压低越冬虫口密度；修除枯桩、病虫枝、半截枝并集中烧毁，可消灭拟干病菌桑天牛及桑象虫。

（本章编写：朱方容、朱光书、李乙）

第八章　种茧育桑园栽培管理技术

种茧育桑园是生产桑叶用于饲养原蚕、原蚕生产种茧的桑园，由于其桑叶影响到蚕种数量和质量，桑园建设、桑园栽培管理、桑叶采收等有比较高的要求。

第一节　蚕种场桑园规划与建设

充足优质的桑叶是蚕种生产的物质基础，蚕种场为了保障蚕种生产的需要，应建设相应的原蚕基地。根据自然条件，按照定点集中的原则，把原蚕区固定下来，桑树栽植集中成片形成蚕种场种茧育桑园。

建设高产优质的蚕种场桑园是有一定要求的。一是应选择地势较平坦，土层较厚、土壤肥沃、水源充足的地方建园。二是土地要地势较高的、成片的，缓坡地坡度小于 15°，不易发生洪涝灾害。三是没有危害桑树和家蚕正常生长发育的污染源，无家蚕微粒子孢子、桑树紫纹羽病菌、桑青枯病菌等蚕桑检疫性病原物存在。四是直线距离水泥厂、磷肥厂、砖瓦厂、玻璃厂、制药厂、化工厂等 5 km 以上，无农药及其他有毒物质残留，1 km 范围内无烟草、除虫菊等对蚕有害的作物种植。年生产原种 5 万张，应配备桑园 150 ～ 250 亩；年产一代杂交种 10 万张，应配备桑园 350 ～ 450 亩，其中小蚕专用桑园占 15% ～ 20%。

桑树是多年生作物，生长周期长，一次栽植多年收获。一般桑园丰产期可持续十多年以上，因此桑园的建设要根据生产条件，做好长远考虑，合理规划，便于管理。在规划时应考虑以下几个方面：①选择自然条件好适宜桑树生长，能排能灌的地方栽桑，以保证获得桑园的稳产高产。②桑园应相对集中，规模经营，有利于养蚕生产等工作的组织和管理。③环境清洁，避免污染。栽桑养蚕需要清洁的环境条件，有些工厂排放的煤烟、废气、污水等会使桑树生长不良，甚至引起蚕儿中毒，因此，应在远离污染源 1 500 m 以上的土地建设桑园，同时不宜与其他农田靠得太近，避免或减轻农田喷药对桑、蚕的污染和中毒损失。这样才能保证桑蚕良种繁育生产的安全。

一、道路与排灌设施建设

桑园道路是指为了满足日常桑园管理工作包括肥料物资运送、桑叶采收运送、机耕工作等需要，按照桑园规划及地形地块进行修建的水泥路或者机耕路。桑园的排灌设施是根据桑园规划及地形地块提出的抗旱灌溉和遇涝排水功能进行修建用于桑园排灌水渠及水井、水管等设施设备。良好的道路与排灌设施是大面积种茧育桑园日常管理和桑叶优质丰产的基础保障（见图 8-1）。桑园地下水灌溉水质需达到按国家标准中旱作类作物的要求；叶面喷施用水水质需达到人饮用水且无昆虫微粒子孢子污染的要求，并对桑、蚕生长发育和蚕卵质量无害。

图 8-1　蚕种场道路和灌溉设施布局（朱方容摄）

二、土地整理与土壤改良

土壤较肥沃、土层深厚的水稻田、旱地，经过翻耕、平整即可种桑；土壤较贫瘠的田地，栽植前将土地深翻，把心土翻到面层，利于心土风化熟化，表土翻入底层增加土壤通透性，利于桑树根系生长扩展，可结合翻耕，施入基肥，耙平待种，也可按行距开沟，深宽都是 40 cm 左右，施入基肥，总用量每亩 2 000 ～ 4 000 kg，再加上磷肥 50 kg，回土拌肥后待种。桑园土地平整见图 8-2。

图 8-2　桑园土地平整（朱方容摄）

三、品种选择

优质的品种和种苗是获取高产优质的基础，是决定产量和叶质的首要因素。选择适宜当地种植的优良桑品种，是提高蚕种产量和质量，提高竞争力的重要措施。种茧育桑园，应选择栽植含糖量较高的桑品种，有利于增加产卵数，提高卵质。小蚕专用桑园应选择栽植发芽早，叶片大，叶质优良，成熟较快的桑品种，有利于提早养蚕，采片叶养蚕的应选择栽植叶片大而厚，单叶较重的桑品种，这样采叶较省工，叶质好蚕儿发育也较整齐。广西现在桑树品种上主推的优良品种有桂桑优 12、桂桑优 62、桂桑 5 号、桂桑 6 号、桑特优 1 号、桑特优 2 号、伦教 40 号等。桑特优 1 号、桑特优 2 号、伦教 40 号植株桑叶大而厚，含可溶糖较高，叶质优良，采片叶养蚕，特别是小蚕，生长快，发育整齐，效率较高。桂桑优 12 见图 8–3。

图 8–3　桂桑优 12（朱方容摄）

四、桑苗种植

（一）种植适期

以冬期及早春栽植较好，时间为每年 12 月至次年 2 月，也可在秋期栽植，时间为中秋节以后。冬期栽植苗木较充实，处于休眠期，气温较低，蒸腾量少，起苗及桑苗运输对桑苗损伤较小，加上早春多有阴雨，气温逐渐回升，栽植成活率较高。冬春嫁接培育的苗木，如果已达 40 cm 的高度，可在 4 月上旬至 5 月底前移栽。

（二）苗木的选择和处理

选择品种纯正、质量合格、无病虫害、质量优质的苗木。

选用良种桑的健壮苗木，要求不带病虫，特别不能带有青枯病和根结线虫病。起苗时尽量不要伤根，保全桑苗根系，桑苗如能带土移栽成活率会更高。冬春种植桑苗，如主根过长可轻度修剪，不会影响成活，且方便种植。栽植时可用混有少量磷肥的泥浆蘸根，利于发根成活。

（三）种植密度

桑园适宜密植速成，但种茧育桑园不宜过于密植，应利于通风透光和机械作业，提高叶质。杂交良种桑每亩植 5 000 株左右为宜。单行种植，行距为 70 ～ 80 cm，株距为 15 ～ 20 cm；双行种植，宽行行距为 90 ～ 130 cm，窄行行距为 30 ～ 50 cm，株距为 15 ～ 20 cm。机械作业的桑园，行距应达 125 cm 以上。

（四）种植方法

在经过耕翻平整好的土地，按原来计划的行距拉好种植线，栽植时，最好两人合作，一人拿铲，一人拿苗，按株行距一铲放一苗，把桑苗根部埋入桑行线土中浅栽、盖土轻提使根伸展，然后踏实，再壅层松土，要求壅过根茎部 3 cm。淋足定根水，并在离地 10 ～ 20 cm 高处剪去梢端，达到统一高度，控制发芽数，使枝条粗壮。

五、新桑园管护

（一）桑园覆盖

用杂草或地膜覆盖地面或桑行间，保水防旱，抑制杂草丛生，防止土壤板结，培肥土壤。

（二）桑园灌溉与排水

桑苗定植后，在桑地四周开沟排水，保持土壤适宜的水分是新桑成活和生长的关键，土壤干旱及时淋水，多雨时及时排水，防止积水。

（三）松土除草

经过一段时间后，特别是雨后土壤易板结，结合除草进行松土，增强土壤通透性，利于桑根生长。

（四）桑园施肥

新桑发芽开叶后，施粪水或尿素水肥 1 次，小树阶段每次施肥量不宜过多。以后根据桑树生长情况，施追肥 1 ～ 2 次。施肥量为每亩施尿素 5 ～ 10 kg 或复合肥 10 ～ 15 kg，人畜粪水 10 担。

（五）桑园补植缺株

桑园缺株会影响产量，发现缺株应及时补种。在种桑时应预留一些预备苗用来补植，补种的植株要加强管理，促使其生长跟上。

（六）病虫害防治

随着桑树的不断生长，叶片不断增多，容易发生桑螟、桑蓟马、桑毛虫等为害，应注意观察，及时喷药防治，可用 40% 乐果或 80% 敌敌畏 800 ～ 1000 倍液喷洒防治。

第二节　蚕种场桑园规模化栽培管理

为了便于管理，提高效率，蚕种场桑园从选址到建设都是经过详细规划和严谨思考的。桑园规模化栽培管理是现代蚕桑业技术发展以高效机械化方式替代传统养蚕业人工劳作方式的产物。桑园规模化栽培管理包括桑园种植标准化、劳动力集约化、生产规模化等方面，主要表现就是以高效机械作业方式替代传统人工作业方式，以较少的劳动力成本投入获得经济效益的最大化。规模化蚕种场桑园见图 8–4。

图 8-4　规模化蚕种场桑园（朱方容摄）

一、桑园机械化作业

机械化是指在生产过程中直接运用电力或其他动力来驱动或操纵机械设备以代替手工劳动进行生产的措施或手段。顾名思义，桑园机械化作业是指在规模化标准化栽培的桑园使用机械设备进行桑园耕作管理代替人工劳动进行的生产作业。桑园机械化作业主要包括耕翻、除草、采伐、治虫及开沟、施肥等（见图 8-5）。

图 8-5　桑园机械耕耘与开沟（朱方容摄）

当前桑园机械化作业主要有用于耕翻、开沟、中耕除草、施肥的中耕机、旋耕机、施肥机等；用于枝条采伐的伐条机、割灌机等；用于治虫的诱捕器、药剂喷雾机等。桑园机械化作业是提高劳动生产率、减轻体力劳动的重要途径。桑园机械剪枝见图 8-6。

图 8-6　桑园机械剪枝（朱方容摄）

二、蚕种场桑园的施肥

桑树是多年生的叶用经济作物，桑树栽培以采叶为主要目的，所以施肥的方法和用量与其他作物有所不同。桑园合理有效地施肥，不但有利于桑树的生长发育，更能促进施肥的经济效益充分发挥。

（一）桑树需肥特点

研究表明，每生产 1 000 kg 桑叶，需吸收纯氮 6 kg、纯磷 1 kg、纯钾 4 kg。桑树除氮、磷、钾三要素外，还要施钙、镁、硫，还较易缺铁、锌、硼、锰。春季生长量大，但生长周期短，占全年总生长量的 1/3，春肥占全年施肥量的 20% ～ 30%。夏秋季生长量大，生长周期约占全年生长量的 2/3，夏秋肥占全年施肥量的 50% ～ 60%。冬期生长量小，冬肥占全年施肥量的 10% ～ 30%。

（二）桑树施肥原则

1. 施足基肥，合理追肥

在有机肥为主的施肥方式中，将有机肥为主的总肥分的 70% 以上的肥料作为基肥，种植前施入土壤中肥分不易流失，并可以改良土壤性状，提高土壤肥力。追肥要根据作物生长情况与需求，以速效肥料为主。采用根区撒施、沟施、穴施、淋水肥及叶面喷施等多种方式。施肥盖土见图 8–7。

2. 科学配比，平衡施肥

施肥应根据土壤条件、作物营养需求和季节气候变化等因素，调整各种养分的配比和用量，保证作物所需营养的比例平衡供给。除了有机肥和化肥外，微生物肥、微量元素肥、氨基酸等营养液，也可以通过根施或叶面喷施作为作物的营养补充。

图 8–7　施肥盖土（朱方容提供）

3. 注意各养分间的化学反应和拮抗作用

磷肥中的磷酸根离子很容易与钙离子反应，生成难溶的磷酸钙，造成植物无法吸收，出现缺磷的现象。南方红壤中的铁、铝、钙离子会与磷酸根生成难溶的磷酸盐，过磷酸钙等磷肥不能单独直接施入土壤，必须先与有机肥混合堆沤，然后施用。磷肥不宜与石灰混用，也不宜与硝酸钙等肥料混用。钾离子和钙离子相互拮抗，钾离子过多会影响作物对钙的吸收，相反钙离子过多也会影响作物对钾离子的吸收。

4. 禁止和限制使用的肥料

城市生活垃圾、污泥、城乡工业废渣以及未经无害化处理的有机肥料，不符合相应标准的无机肥料等禁止施用，以防污染桑园。桑树是忌氯作物，禁止施用含氯肥料。

（三）桑园施肥方法

1. 施有机肥

栽桑时坚持施足基肥有利于桑树加快进入盛产期，达到高产稳产。亩施基肥的用量依据种植密度、种植方法、肥料的种类不同差异很大。一般种植密度大、开沟槽种植、肥料品质差的增加施入量，如普通农家肥秸秆成分多，亩施量 3 ～ 5 t，开深沟施入；反之施肥量可适当减少，如油麸、鸡粪等，亩施量需 300 ～ 600 kg。注意：施入基肥后，必须填盖 10 cm 左右的表土，防止肥料腐烂发热损伤苗根。施肥应以有机肥、氮肥为主，结合磷钾肥，配施中微量元素的原则。

2. 施化肥

桑树在生长高峰期需要营养成分很大，化肥具有可供吸收快、转化率高等特点，所以中途以追施化肥为主。桑树化肥使用要坚持以根施为主，根外追肥为辅。桑树一年每亩的主要用肥和用量大致为复混肥 100 ～ 150 kg，尿素 15 kg，厩肥 2 000 ～ 3 000 kg。其中春肥又称催芽肥，以氮为主配合磷钾肥，分 2 次施入，3 月下旬和 4 月下旬各 1 次，第一次与第二次比例为 7 : 3（见图 8-8）。主要用肥和用量为每亩施复混肥 25 ～ 50 kg，尿素 5 kg，并叶面喷施 1 次 1% 磷酸二氢钾或 0.5% 尿素溶液。夏肥又称产后肥，夏秋肥重施氮、磷、钾肥，配施有机肥，在夏伐后中秋前施入，夏伐后一星期内 1 次，夏蚕结束后又 1 次，第一次以有机肥为主，第二次以速效性氮肥为主，主要用肥和用量为每亩施复混肥 50 ～ 100 kg，尿素 10 kg，并叶面喷施 1 次 1% 过磷酸钙或 0.5% 尿素溶液。秋肥又称长叶肥，在 8 月底前施入，以速效性化肥为主，氮磷钾配合，主要用肥和用量为每亩施复混肥 20 ～ 40 kg，尿素 5kg 左右。冬肥又称越冬肥或基肥，在落叶后至土壤封冻前施入，以有机肥为主，适施氮、磷、钾肥，主要用肥和用量为每亩施厩肥 2 000 ～ 3 000 kg，复混肥 25 kg。施肥要以沟施、穴施为主，避免撒施，施肥深度为 15 ～ 20 cm，施后及时盖土，以减少肥料流失，提高肥料利用率。

图 8-8 肥料氮磷钾配合施用（朱方容提供）

（四）蚕种场施肥

蚕种场的桑园称为种茧育桑园，是以良种繁育为目的专门用于蚕种生产的桑园。其区别以丝茧为获取物的普通桑园在意栽培的密度较小，管理要求较高，采收的桑叶对蚕白质、碳水化合物、无机盐类及维生素等营养物要求较高。以热带亚热带气候条件为主的广西原种场桑园为例，蚕种场桑园的施肥与普通丝茧育桑园在施肥特点和施肥技术上没有太大的区别，只是由于对所获取的桑叶营养成分侧重点不同，所以对使用肥料的种类和所占比重也不同，施入化肥 N、P、K 的比例大约为 5：4：4，同时注重有机肥的施用以补充钙、镁、铁等微量元素满足桑树生长需要，每亩施用 1 500 kg 新鲜猪牛粪便、500 kg 桐麸、50 kg 磷酸二氢钙堆沤发酵腐熟的有机肥。

三、蚕种场桑园的树型养成与剪伐方式

栽培桑树的最终目的是为了得到更多优质的桑叶，产生更大的经济效益，而树形养成就是栽培过程中的技术措施之一。桑树人工栽培后，常采用修剪的办法，将其养成一定的形状，这一过程称为树形养成。树形养成是通过剪伐方式实现的，而将桑树养成各种树形的修剪技术措施称为桑树的剪伐方式。剪伐方式是根据桑树品种生理特点特性、栽种地域气候环境条件、蚕业生产要求等，人为调控桑树自然生长，把桑树养护成一定形状，以满足发展蚕桑生产的需要。因为桑树在自然状态下生长，能长成高大乔木桑，这种高大乔木桑枝细叶小，花果多，产叶量低，收获管理不方便。蚕种场桑园树形养成是在桑苗定植后，按照生产需要进行人工剪定，养成一定的树型，树型种类很多，通常是以树干高度来划分，一般分为地桑（无干桑）、低干、中干、高干和乔木桑几种形式。桑树养成一定树型后，又因剪伐时基部残留的长短而分有拳式和无拳式两种。

（一）几种常见树型养成方法及其特点

1. 低干桑养成

桑苗栽植后，在离地 15 ～ 20 cm 处剪去苗干。当新芽长到 10 ～ 15 cm 时，选留顶部生长健壮、着生位置匀称的新芽 2 ～ 3 个，养成 2 ～ 3 根枝条，可采叶，但每根枝条梢端必须保留 7 ～ 8 片叶，进行光合作用，以利桑树生长。冬伐、夏伐剪伐离地面 50 ～ 70 cm。以后每年都在枝条基部剪伐，利用潜伏芽生长，即可养成拳式。

低干桑的特点：①养成时间短，收益早，但树势易衰败，树龄较短；②树干少而短，偏于营养生长，在良好的肥水条件下，枝叶生长快，丰产性高。但由于树干低，根系分布浅，易受旱、涝害，且下部泥叶较多；③树冠面积小，适合密植，单位面积株数多，易达到丰产群体结构的要求。但用苗多，肥水量大，成本高。透风透气较差，易遭病虫害；④采叶、伐条、剪梢、整枝及病虫害防治方便，但耕翻、施肥、除草等管理花工较多。

2. 高干桑养成

桑苗栽植后一般在离地 50 cm 剪定，发芽后，新芽长到 15 ～ 20 cm 时疏芽，选留健壮和位置匀称的芽 3 个，养成 3 根枝条；在离地面 80 ～ 90 cm 处冬伐，养成第一支干。发芽后第一支干选留健壮和匀称的新梢 2 个，养成 6 根枝条；在离地面 100 ～ 120 cm 处夏伐，养成第二支干。发芽后每支干保留健壮和匀称的新梢 2 个，养成 12 根枝条；在离地面 120 ～ 150 cm 处冬伐，养成第三支干。发芽后第一支干保留健壮和匀称的新梢 2 个，养成约 24 根枝条。下次剪伐，在离地面 130 ～ 165 cm 处，养成第四支干。以后每次在枝条基部剪伐。

高干桑的特点：①高干桑根系发达，能吸收土壤深层的养分和水分，抗旱力较强，树势健壮，树龄也长；②由于树冠高大通风透光，桑叶成熟快，水分较少，叶质充实，特别适于春季稚蚕用叶，但花果较多，叶形小，秋叶硬化也早；③木质充实，抗寒力强，不易遭受霜害，但支干较多，树型养成年限长，从定植到盛产期时间长，收益慢；④由于树干高枝叶不易被洪水淹没，故泥沙叶少，但易受风害；⑤施肥、中耕除草等作业方便，但采叶、疏芽、伐条、整枝修剪及病虫害防治等操作不便。

3. 中干桑养成

桑苗栽植后长高，离地面 35 cm 处剪定，养成主干。当新芽长出后，选留上部生长健壮、着生位置匀称的新芽 2 ～ 3 个，养成 2 ～ 3 根枝条；冬伐或夏伐，在离地面 65 ～ 70 cm 处剪，养成第一支干，发芽后每支干选留分布均匀而健壮的新梢 2 ～ 3 根，每株留 4 ～ 6 根枝条；下次剪伐离地面 100 cm 左右，养成第二支干，发芽后每支干留 2 ～ 3 芽，每株养成 8 ～ 12 根枝条；再下次在离地面 100 ～ 120 cm 处剪定，养成第三支干。发芽后每支干留 2 ～ 3 芽，每株养成 16 ～ 24 根枝条，以后每年在枝条基部剪伐养成中干桑。中干桑见图 8–9。

图 8–9　中干桑

（二）蚕种场桑园的剪伐方式

选用哪种树型，必须根据当地环境条件、品种特性、栽培特点和生产要求灵活决定，才能确保桑园高产稳产。

下列情况，宜采用地桑或者低干树型：速成密植桑园；地下水位较高或土层较浅的；多风地区；花果较多的桑品种。

下列情况，可采用中干或高干树型：易受旱害、涝害、雪害或霜害地区；易受水淹的河滩地；四旁隙地；不耐剪伐的桑树品种；间作桑园。

总之，蚕种场桑园的树形养成与剪伐方式原则上以桑树能充分利用空间和光能，减少花果，减少病虫害，增产桑叶，还能使桑园保持整齐，方便管理为指导原理。以热带亚热带气候为主的广西为例，目前生产上一般采用无干（地桑）拳式养成法。该方法是根据桑树品种生理特性、栽植密度的不同，养成低干留拳的树形后，再根据冬夏季节桑树生长发育特点进行平拳剪伐或者留 1 层枝干。具体养成方法如下：桑苗栽植定苗、养苗 1 年后，第二年在离地 25 ～ 30 cm 处剪去苗梢定拳，剪伐是将新长的枝条平定拳处剪掉，养成桑拳。进入丰产收获期后，根据气候条件和生产要求，夏伐可采取平拳剪伐，冬伐时想促使桑树尽快萌发，可采取离桑拳 40 ～ 60 cm 处留 1 层枝干的剪伐方式。无干桑见图 8–10。

图 8–10　无干桑（朱方容提供）

第三节　洁净桑叶生产技术

家蚕良种繁殖最严格的控制指标是微粒子孢子原虫病。此病传染主要是通过两个途径：胚种传染、食下传染。防控措施：一是通过母蛾检疫，杜绝胚种传染和“虫传虫”；二是杜绝桑叶带病被污染造成病从口入。因此，桑叶的洁净生产十分重要。

一、桑园清洁栽培

清洁栽培是指将作物生产过程中的每个环节都与环境保护相结合的新技术。作为唯一一种为家蚕提供营养物质的作物，桑树清洁栽培的特殊性在于其所有技术措施都以家蚕食下健康食物为目的。目前桑树清洁栽培的主要指标包括桑树无病虫害、桑园无病毒细菌繁殖及杂草滋生等。桑树清洁栽培的主要内容包括桑园选址、桑树品种选择、病虫草害防治方式及肥水管理等。

（一）桑园选址

桑园的选址必须满足几个条件：一是没有微粒子孢子等病原微生物；二是地势平坦，通风良好，光照时间长，有机质含量高，土壤 pH 值在 7 ～ 8 范围；三是水源充足，排灌便利；四是周边植物良好且无化工污染。

（二）桑树品种选择

桑树应选择对病虫害抗逆性强且适合当地生长条件的品种栽培，如亚热带地区适应的品种有桂桑优 12、桂桑优 62、桑特优 2 号等。种植容易诱虫的桑树品种不利于蚕种防微。

（三）病虫草害防治方式

桑树清洁栽培的最重要的目标就是杜绝桑园的病虫草害，桑树在长期的进化过程中与特定的一些昆虫形成了相互依赖的关系，这当中不仅仅是家蚕，还包括了同属鳞翅目的桑螟、桑尺蠖及桑毛虫等，因此利用化学药物防治杀灭了其他昆虫的同时也极易对家蚕造成伤害。在防治病虫害时应以生物防治为主，如在桑园中养鸡鸭鹅等，在需要化学防治时应以低毒低残留的农药为主，如使用 3% 虫螨腈代替常规使用的乐果、敌敌畏。甚至在小面积发生病虫害时，如桑赤锈病或菌核病发生初期，可通过人工摘除病叶、病果的方法进行防治。

（四）肥水管理

桑园施肥以堆沤发酵的有机肥或绿肥为主，一次性施足，在生产过程中不再施肥，只进行灌水，以水促肥。因为蚕粪有微孢子，蚕种场桑园禁止施入蚕粪肥。建立排灌系统，用清洁水灌溉，防止污水污染，做到排灌自如，旱时可利用微喷灌进行补湿降温除尘，涝时确保桑园田间无积水。

二、桑园野外昆虫防控

桑园野外昆虫防控必须以调查为指导，在确定防治对象、龄期及虫口密度后采取有针对性的防治措施。

（一）及时有效预测防治

做好桑园病虫害预测预报和及时防治桑园病虫害。

（二）物理防治

包括人工捕杀、诱虫灯诱杀及性诱杀等。人工捕杀主要是针对的是体型较大的害虫和具有群集性特征的幼虫或卵块；诱虫灯诱杀主要是利用害虫的趋光性进行诱杀；性诱杀是指利用性信息素诱惑杀虫，从而降低雌虫受精概率；在伐后清园将带有害虫的桑枝条、梢、桩集中烧毁；在桑树夏伐后进行夏耕，冬伐冻翻，暴晒土壤表面害虫，使害虫无法越夏越冬。

（三）化学防治

一般指的是农药防治。化学防治必须以防治对象和该药品对家蚕的毒力测试结果为依据，选择合适的品种及浓度。为避免昆虫产生抗药性，应该轮换使用两种或两种以上农药，能不进行化学防治的就不进行化学防治，能局部防治的就不要全面防治。

三、桑叶采收与运输

（一）桑叶的采收方法

采收分为片叶采收与条桑采收两种。蚕种场一般都采取片叶采收法，这种采收法很大程度上保护了桑树的腋芽，所采收桑叶受损小，营养成分流失少，但效率比较低；条桑采收是指将枝条连同桑叶一起截剪下，直接将桑叶及枝条放入蚕座喂蚕，养蚕法上称之为条桑育，此种方法一般在以获取茧丝为目的的养蚕农户中使用，效率也比较高，但对树体伤害较大。装桑叶的采叶箩、蛇皮袋、车辆等用前须消毒，不能带有微粒子孢子，不能装蚕茧、蚕沙或病死蚕。采叶人员采叶前须洗手。

桑叶的采收以桑叶成熟度和蚕龄为依据，1 ～ 3 龄蚕采收嫩叶，一般叶位在第 3 至第 8 之间，桑叶叶色偏黄，叶肉薄，蛋白质含量高，符合稚蚕发育营养需要。4 龄之后采收第 8 叶位以下的成熟叶，叶色偏绿，叶肉厚，碳水化合物及糖分等含量高，能为壮蚕提供生命活动的能量来源。

（二）桑叶的运输

桑叶采收后通过人工或者车载等方式及时运送供给到养蚕室，不要停留受污染。采叶箩在设计上要求通透性好、光滑有弹性，载重量在 25 kg 以内以保证桑叶不受严重挤压损伤。装载过程中应快速、松弛、避免桑叶受到污染。

四、桑叶消毒

桑叶的消毒清洗是指以消灭家蚕微孢子虫及其他病毒细菌为目的防治措施，同时也是桑园病虫害防治的延伸，工艺流程为：选叶—消毒—清洗—脱水—晾干—贮存。目前所使用的消毒药剂主要是漂白精（粉），1 至 3 龄蚕所使用浓度为 0.3% ～ 0.33%，4 龄及 5 龄蚕所使用浓度为 0.4%。使用硫代硫酸钠分析法进行浓度测定。

广西蚕业技术推广站研制开发了全自动桑叶消毒清洗生产线（见图 8–11），其主要设备见图 8–12，所用材料均为不锈钢材质，包括传输系统、喷淋系统、气浴系统等自动设施，桑叶消毒时间准确、浸泡充分、清洗干净，日处理桑叶量可超过 5 000 kg。其工艺路线如下：人工喂料—提升选叶—浸药消毒—提升出料—第一道清洗（冲浪、鼓泡、喷淋）—提升喷淋—第二道清洗（冲浪、鼓泡、喷淋）—提升去水—离心脱水—晾干。

图 8–11　桑叶消毒清洗生产线（朱方容提供）

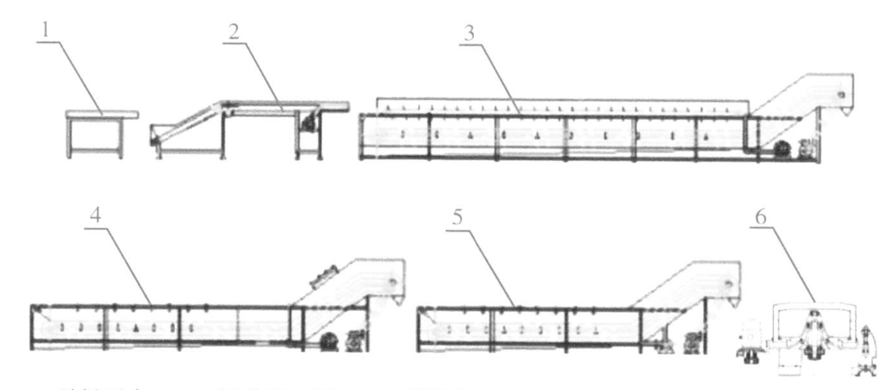

1—喂料平台；2—提升选叶机；3—消毒机；4—清洗机；5—清洗机；6—离心机

图 8–12　桑叶消毒清洗生产线主要设备

五、桑叶冷藏配送

桑叶冷藏配送是蚕种场为了适应规模化养蚕需大量洁净桑叶而进行的一系列桑叶保鲜、贮存、分配、运送等技术流程。其流程如下：消毒—晾干—装筐—冷藏—出库调温—配送—养蚕室。桑叶晾干与冷藏见图 8–13。

图 8–13　桑叶晾干（左）与冷藏（右）

将晾干以后的桑叶按固定量装筐后放入冷库，冷库温度控制为 11 ～ 13 ℃，相对湿度 80% 以上，在喂蚕前 30 min 将桑叶搬出冷库，待桑叶温度上升、表层水汽挥发后运送至养蚕室。桑叶配送应遵循“先进先出，后进后出”的原则，所运送桑叶须按量按需按时提供给养蚕室。冷藏桑叶的库房靠近养蚕室，利于消毒防病，减少桑叶搬运。

第四节　原蚕基地桑园栽培管理要点

为了节约成本、提质增效，绝大多数蚕种场均采取在原蚕基地饲养原蚕、收购种茧回场制种的形式生产桑蚕一代杂交种。原蚕饲养的好坏直接影响一代杂交种质量，而一代杂交种质量好与否对千家万户农民养蚕收益和蚕业的发展有着重大影响。影响一代杂交种生产质量的主要因素：一是气象环境，二是微生物环境，三是饲料环境。树立“质量第一”的生产目标，加强管理，全面贯彻执行良种繁育质量标准，在满足蚕儿生长发育所需的气象环境，搞好消毒防病的基础上，狠抓原蚕基地桑园栽培管理，保证蚕食下营养丰富、无病原污染的桑叶。

桑叶是养蚕的物质基础，桑叶叶质优劣直接影响蚕儿的生长发育及健康状况。原蚕区种茧生产，桑园这个基础条件不仅直接影响养蚕成绩，而且对后期的种茧质量、制种成绩、蚕种质量都有很大影响。以往，蚕种场多重视自有桑园桑树管理，忽视农村原蚕基地的桑树管理，加上蚕农也存在重蚕轻桑的思想，导致农村原蚕基地桑树病、虫害一年比一年严重，再经野外昆虫病原与蚕病交叉感染，桑叶污染严重，给养蚕生产带来一定损失。因此抓好原蚕区的桑园管理，提高原蚕区的桑叶质量是种场提高种茧质量和制种成绩的最有力措施和根本保障。

一、原蚕基地桑园的建设

（一）原蚕基地的选址

应选择交通方便，距离制种单位 1 小时左右车程的地方，其周围远离丝茧育基地、果园基地、蔬菜基地和甘蔗基地，因为这些基地经常使用大型机械喷洒农药，容易造成蚕儿农药中毒。同时选择地势相对平坦、土层厚、肥力好、能排能灌的地块做桑园，最好集中连片便于管理，要有充足蚕房（大蚕房、小蚕房、储叶室、上蔟室）、消毒池，有足够的劳动力，有一定的养蚕经验的村屯作为原蚕基地。

（二）原蚕区桑树品种选择

在指导原蚕区蚕农新栽桑树或建立新桑园时，各蚕区要因势利导，选择适宜当地气候和土质条件的桑树品种。从外地引进新品种时一定要先在品种园进行比对，确定其生长适宜当地气候特点、叶质能满足种茧生产需求时才能引进，绝不能盲目引进一些不适应当地环境和气候条件的桑品种。

广西蚕业技术推广站选育出的 7 个桑树品种（桂桑优 12、桂桑优 62、桑特优 1 号、桑特优 2 号、桑特优 3 号、桂桑 5 号、桂桑 6 号）都可以作为原蚕基地桑树品种，具有优质高产，成园快，有一定的耐旱性和抗病性。在广西一年四季都可以栽植。

（三）桑树栽植

原蚕基地桑园适当稀植，保证桑园通风透光，桑叶能充分进行光合作用，营养成分全面。种植密度为每亩 2 500 ～ 3 000 株，行距以利于机械操作（打地除草施肥）为宜，一般行距 1.0 ～ 1.1 m，株距 0.2 ～ 0.25 m，桑园四周修好道路（利于桑叶运输和喷药）和灌、排水沟。由于稀密适度，有利于桑树根系生长和枝叶光合作用，提高桑树的抗逆力和抗病力，最大限度提高单位面积桑叶的产量和质量。一般以冬栽最好，因为冬季劳动力比较充裕，栽后到明春发芽早。发芽时间长，生长快，5 月就可以养蚕了。在栽桑前要用大型拖拉机犁地深耕翻晒，加深耕作层，改善土层性状，增加有机质，使桑根向深处生长。然后耙平、耙碎，开沟放足猪粪、牛粪、鸡粪 、塘泥、堆肥等基肥，每亩 2 t 左右。（堆沤发酵的蚕沙不能作为原蚕桑园的基肥，其他丝茧育桑园可以）。

二、原蚕基地桑园的管理

（一）合理安排肥料种类

根据桑树的不同剪伐形式做好桑园的施肥管理工作。注重 N、P、K 元素的配方施肥比例，严格按 N : P : K 为 5 : 3 : 4 的比例进行，绝不能为提高产叶量而单施 N 肥或 K 肥，而忽略 P 肥的施入量影响后期制种成绩。

以有机肥为主，把厩肥、堆肥和桐麸或花生麸一起堆沤腐熟，重施冬肥，每亩 1 ～ 2 t，堆沤发酵的蚕沙严禁作为原蚕基地桑园的基肥，因为蚕沙可能含有微孢子虫，蚕儿会吃下传染，引发微粒子病。以化肥为辅，每亩施俄罗斯复合肥（15-15-15 型）150 kg，磷肥 100 kg，按照氮磷钾 5 : 3 : 4 配比，分上下半年各 1 次施完，养蚕期间不再追肥。尽量少施或不施含氮高的尿素和碳铵，避免蚕儿吃了含肥分、含水分多的桑叶而引起的后期脓病、大肚蛾，影响制种产量和质量。施肥方法：一般采用沟施，在行间用拖拉机或耕牛开沟 20 cm 以上，撒施肥料后覆土。

（二）耕耘和除草

在桑园内间作蔬菜或矮秆作物，既可提高土地利用率，增加蚕农收益；又可通过对间作作物的管理减少杂草的生长环境，铲除桑园内的杂草，桑园滋生杂草后，不仅会消耗土壤中的大量养分和水分，影响桑树生长，而且杂草会助长害虫和病菌的滋生蔓延。现在由于劳动力紧缺和人工成本不断上升，除草可用拖拉机耕地除草和喷除草剂灭杀（见图 8-14），除草剂一般有草甘膦和草胺膦等，草甘膦用于桑园道路及四周的杂草，不能直接接触桑叶，草胺膦可以在剪伐后还没发芽前喷杀。

图 8-14　原蚕基地桑园喷除草剂

（三）采叶、装运与贮存

原蚕户的养蚕防病比较严格，采叶与装运要求高。采叶前要洗手；除沙后要洗手才进桑园，接触死蚕烂茧是不能直接采叶的；采小蚕叶不能有虫口叶，大蚕叶尽量不要有虫口叶。运叶时要避免接触病菌，采叶箩（袋）不能装茧，采叶前要消毒装叶箩或装叶袋。运叶过程中不要随地乱放，防止受到污染；桑叶直接运到专门的贮叶室贮藏或直接喂蚕。贮叶室要经常消毒，防止不洁或受到污染。

第五节　原蚕区小蚕共育桑园与桑叶消毒要点

目前蚕种生产单位大多是在农村原蚕区饲养原蚕，再收购种茧回来制种。种茧育小蚕饲养一般有几种方式：散户饲养、联户共育和专业化共育。其中，由技术人员进行的专业化共育，是蚕种生产单位采用的最普遍也是最有效的模式之一。种茧小蚕共育，有利于统一执行标准技术操作，把握共育质量，相对固定地为养殖户提供优质小蚕，解决零散原蚕户良莠不齐的小蚕饲养水平问题（见图 8-15）。要提高种茧小蚕共育质量，要抓好消毒防微的技术关键，首先要抓好桑叶的洁净生产。

图 8-15　小蚕共育（朱方容提供）

一、种茧育小蚕专用桑园管理

就目前家蚕饲养而言，蚕的营养完全来源于桑叶，其质和量不仅直接影响当代蚕的体质、茧质、产卵量、卵质及化性、眠性的变化，而且还影响到次代蚕的饲养成绩。

种茧小蚕共育，除了要配备基本的蚕房设施和专业技术人员外，建立优质高产的专用桑园也是基础。要确保足够优质的桑叶，必须加强桑园的水肥管理和病虫害防治工作。种茧小蚕专用桑园不仅要为小蚕蚕体强健提供充足的营养，还要为其生理机能，造卵营养物质积累打下基础。桑园管理要配合种茧生产计划，早剪伐，早管护，早投产。桑园剪伐宜以低伐为主，剪伐高度离地面 50 cm 左右，桑叶生长点离地面有一定高度，可减少泥沙叶的产生和相关病原污染，同时有利于早封行、早采叶。桑园施肥以施有机肥为主，配合施用优质长效复合肥，特别要重视平衡施肥，N、P、K 比例要适当，一般为 5∶3∶4，禁止单施、偏施尿素、碳铵等、氮肥，有机肥以桐麸、滤泥与堆沤腐熟的农家肥为佳，只有营养合理搭配和良好的水肥条件，才能生产出高品质的桑叶。同时，要结合微粒子病防治措施，强化桑园病虫害防治工作，加强中耕除草，改善田间小气候。小蚕共育桑园用叶周期较短，桑园用药要以短效性、低残留药物为主，防虫一般以 10 ～ 15 天为一个周期，减少桑叶虫口密度，确保桑叶量多质优，满足种茧育小蚕饲养需要。为了防微确保效果，进行桑叶全程消毒试验，采用桑叶浸泡消毒与桑树上喷消相结合的桑叶全程消毒模式，在原蚕区逐步推广应用，取得了明显的成效。

二、桑叶全程消毒主要做法

（一）含氯消毒液的配制

含氯消毒剂有漂白粉、漂粉精、三氯异氰尿酸粉、次氯酸钠液等。因漂粉精液有效成分稳定，用作桑叶消毒（见图 8–16）。漂粉精原粉一般按含有效氯 60% 计算来配液。如用含有效氯 0.3% 药液消毒桑叶，1 kg 漂白精加水 200 kg。用清洁水搅拌，先溶解或浸湿消毒剂，再加够水量。

图 8–16　用漂粉精药液消毒（朱方容提供）

（二）硫代硫酸钠简易测定法

本法所用的药剂和器材见图 8–17。用 10 mL 医用玻璃针筒将 10 mL 待测液移到锥形瓶中，加入 1.0 g 碘化钾，摇匀，再加入 1.0 ～ 1.5 mL 冰醋酸，待测液呈棕红色。然后用另一只 1 mL 医用玻璃针筒吸取 1 mL 的 0.282 N 硫代硫酸钠标准溶液，边轻摇边将硫代硫酸钠标准溶液注入含有待测液的锥形瓶中，随硫代硫酸钠标准溶液的增加，待测液颜色随之变浅，到待测液颜色变淡黄色时，要缓慢滴入，直至变成无色为止。硫代硫酸钠标准溶液的用量：待测液中有效氯含量（%）= 0.282 N 硫代硫酸钠标准溶液量 mL/ 吸取的待测溶液量 10 mL × 100。

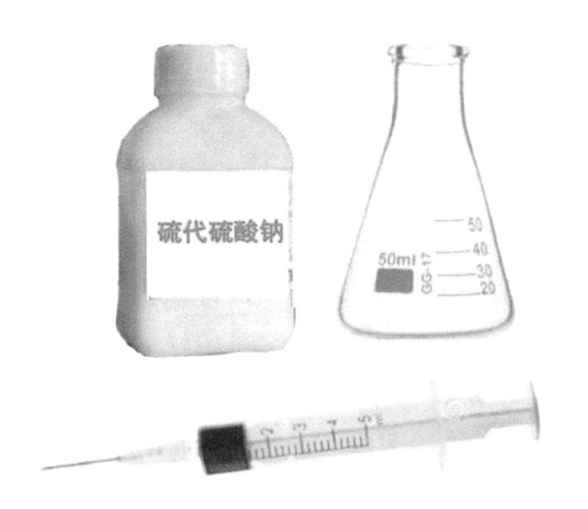

图 8–17　含氯消毒剂含量测定的药剂和器材（朱方容提供）

（三）原蚕共育室桑叶消毒

将消毒剂溶于干净的水中，搅拌均匀，浸渍液含有效氯浓度为 0.3%，浸渍时间 8 min，捞出的桑叶在干净的清水中漂洗 10 min 后，放到脱水机甩干，晾干后喂蚕。

（四）原蚕区农户桑叶消毒

将含氯消毒剂溶于干净的水中，搅拌均匀，浸渍含有效氯浓度为 0.4%～0.5%，浸渍时间 8～10 min，漂洗 5 min，捞出桑叶稍滴干放入家用脱水机中甩干，摊到贮叶室晾干后再给桑喂蚕。

（五）桑树上喷药

在原蚕区农户饲养大蚕到 5 龄第 2 天后，食桑量增多，人力物力紧张，只能采取桑园树上喷洒药物消毒的办法。选用合格品多菌灵粉（蚕用）（60 g/ 包）喷洒。用少量清水溶解后，每 15 L 水中加入 1 包（60 g），喷施于桑树树叶，每亩桑园约用 300 g，桑园喷消应避开中午进行，喷药时间一般选择阴天或下午 4 时以后进行，喷时必须喷湿喷匀叶面，对蚕安全隔离期 8 h 以上，喷洒 1 次药效可达 5 天左右。

（本章编写：施祖珍、黄景滩、虞崇江、卢德、蓝必忠）

第九章　桑园间作套种

桑园采叶养蚕时间大多在 4 月上旬至 11 月中旬，从 11 月下旬至翌年 4 月上旬约有 4 个多月时间，大多数桑园行间闲置，没能充分利用光能和土地肥效。农作物间套种是提高土地复种指数和实现高效农业生产的有效手段，利用桑树冬闲期通风透光较好的有利条件合理套种适销对路的农作物，有利于增加桑园收入，促进桑园管理，稳定桑园面积，提高综合效益。桑园间套种有多种模式，主要根据桑园的行距、桑树品种、种植规格、当地农事习惯等决定。

第一节　桑园套种玉米

在有些地方，玉米是仅次于水稻的第二大粮食作物，随着养殖业发展，一些省、市、区自产玉米已经不能满足口粮及饲用需求。利用桑园间套种玉米，可解决部分桑园与粮食作物争地问题，增加收入。桑园套种玉米是粮食增长的一项重要技术，既可以提高土地利用效率，增加复种指数，又可以减少桑园行间的杂草。将玉米秸秆覆盖桑园，增强土地肥力，降低劳动强度的同时，也可以提高生产效益，一举多得（见图 9-1）。

图 9-1　桑园套种玉米

一、品种选择

选择销路广、高产优质、抗性强、生育期短的鲜食玉米品种。

二、套种时期

春季在3月上旬前，秋季在6月下旬前。

可盖膜直播，也可集中育苗再移栽，以集中育苗较好。

三、种植管理

（一）育苗

选用肥沃的菜园地作育苗床（如在桑园直接开出苗床，要在20 m^2的苗床上混匀5 kg复合肥，提高桑园苗床肥力），并开好排水沟。

每亩用约40个100孔的育苗盘平铺在整好的苗床上。早春育苗盖农用薄膜保温，夏秋季育苗用遮阳网覆盖防晒保湿，出苗2叶以后去掉遮阳网。

（二）移栽桑园

1. 选地条件

选择土壤肥力高，排灌方便的桑园，桑园行间较宽的（如宽窄行桑园）适合间套种玉米。桑园高度密植的地块不适合间套种玉米。

2. 精细整地

视桑园流水情况和种植行数确定起畦，桑园宽行种植为宜。要求高畦深沟，深犁20 cm，耙平后按畦面宽100 cm，沟宽30 cm，沟深20～30 cm进行起畦，畦面土块整成细碎颗粒状。第二造可采取免耕栽培。

3. 施足基肥

亩用腐熟农家肥1 500～2 000 kg混合过磷酸钙50 kg、氯化钾10 kg或进口复合肥（15-15-15型）10 kg在起畦时作基肥施入种植沟并覆盖薄土。

4. 移栽

移栽密度：大行距80 cm、小行距50 cm、株距25～30 cm，视桑行情况确定几行，一般为1行间移栽玉米1行；当苗有4叶时即可定向种植（叶片要与行间垂直），栽后淋足水才能保证全苗。

（三）玉米田间管理

1. 施肥

（1）提苗肥：种后5天，亩用清水（稀沼气水）1 000 kg＋尿素2.5 kg淋施促进根系生长。

（2）拔节肥：在8～9片叶时，结合中耕除草、松土、培土亩施尿素、钾肥各12.5～15 kg。

（3）攻饱肥：在大喇叭口期（约12叶），亩施尿素、钾肥各10～12.5 kg，或复合肥（15-15-15型）10～12.5 kg，除草松土、培土穴施肥。

（4）灌浆肥：在散粉期根据苗情，亩施2.5～5 kg尿素延长绿叶功能期。

（5）巧施叶面肥：在6～9片叶时，亩喷施国光玉米矮丰叶面肥1支，在开花前喷一次1 000

倍进口硼肥＋0.4%磷酸二氢钾。

2. 水分管理

旱时灌水保持土壤持水量达70%，在开花期灌跑马水1次。

（四）病虫害防治

苗期：选用桑园用药，主要防治地老虎、蝼蛄、青虫等害虫。异地育苗，要求对桑叶养蚕没有农药影响。

拔节、成穗期：选用桑园用药，防治玉米螟可用80%敌敌畏1 000倍或者48%毒死蜱1 500倍2～3次。防治纹枯病可用农用链霉素，玉米大小斑病可用50%多菌灵或70%甲基托布津，拔节期开始结合防虫连喷2～3次。要求对家蚕的安全间隔期已过才能用桑叶养蚕。

果穗开花期：有蚜虫为害，可用40%乐果乳油600倍＋80%敌敌畏1 000倍喷施，家蚕安全用叶间隔期为7天，收获前20天禁止使用农药。

四、收获处理

鲜食玉米达到成熟或收购标准时就可收获销售，玉米秸秆砍断就地覆盖桑园，让桑树充分生长产叶。

第二节　桑园套种绿肥

桑树行间套种绿肥，既能防止水土流失，又能培肥地力，增加桑叶产量，增加桑农收入，促进桑园管理，提高综合效益（见图9–2）。

图9–2　桑园套种绿肥（黄振文提供）

一、品种选择

红花草、萝卜等。

二、套种时期

套种是在秋蚕饲养基本结束后进行，由于气温正逐步下降，要适时播种（10月下旬至11中旬前进行播种），加强苗期管理，确保套种绿肥良好生长，提高桑园套种的综合经济效益。

三、种植管理

秋蚕采叶结束后，要及时剪除桑树的细弱枝和下垂枝，同时将桑园中的杂草和落叶清除干净。每亩桑园播种萝卜种子1.5 kg，播种前先进行翻耕，按行开沟施足基肥，每亩施腐熟农家肥500 kg＋复合肥10 kg，回土覆肥。按桑树行间进行撒播，用1.5 kg复合肥＋300 kg腐熟人粪尿进行追肥2～3次，注意遇旱及时灌溉。红花草作绿肥，可在11月初播种，播种前用水灌田，用细沙将种子混匀后进行撒播，撒施复合肥，每亩50 kg，生长期间注意桑园抗旱灌溉。

四、收获处理

萝卜在次年1月中旬至2月初收获，每亩桑园可产萝卜1 000 kg，增产约600元，收获萝卜后的叶子可作为绿肥回田。红花草在次年2月桑树发芽至施催芽肥前翻耕入土。红花草作绿肥可有效改善土壤肥力，提高桑叶的产量和质量，每亩年约可节省肥料投入200元。

第三节　桑园套种黄豆

利用新栽桑园套种黄豆，对降低新栽桑园成本、改善土壤肥力及提高农民收入能起到一定的促进作用（见图9-3）。

图9-3　桑园套种黄豆（文柳璎提供）

一、品种选择

黄豆品种应选择早中熟品种，适宜广西桑园套种的黄豆品种主要有桂春 1 号、桂春 8 号、桂春 11 号等。

二、套种时期

桑种播种适期为 2 月下旬至 4 月中旬，套种的黄豆可在播桑种的同时播种，也可适当提前播种，争取在 5 月左右收获套种的黄豆，以免影响桑树的生长。

三、种植管理

桑地宜选用土质疏松、容易打碎的地块，在套种前进行桑园整地细耙，开好排水沟，防止桑地苗期积水。整地时均匀施入农家肥 1 500 ～ 2 500 kg/ 亩，并混合化学钾肥 8 ～ 10 kg（黄豆是嗜钾作物），如土壤肥力不足，可在底肥中加入尿素 4 ～ 5 kg，使其逐渐转化分解满足豆苗早期需氮的要求。在新桑园行距 80 ～ 85 cm 行间进行双行种植，1.2 万～ 1.5 万株 / 亩的密度。采用点播方式，行距 40 cm 左右，穴距 15 ～ 20 cm，每穴播 3 ～ 4 粒，出苗后每穴留 2 株。用种量为每亩 2.5 ～ 3 kg，播种后 3 ～ 5 日即可出苗，当幼苗长出第 1 对真叶时，要及时间苗、补苗和定苗，以保证足够苗数。

播种后小苗阶段注意淋水补湿，使出苗、长苗整齐，及时除草，带土移苗补上缺株。喷施敌百虫、万灵等农药防治病虫害，喷托布津防立枯病保苗。如有蜗牛为害，应在播种的同时施蜗克星诱杀蜗牛。套种的作物有病虫害也应注意防治，常淋水肥攻苗快长。套种的作物收获后，及时施肥，不久就可采叶养蚕。

四、收获处理

5 月初可以采鲜荚，5 月底可以收豆粒。每亩桑园可收黄豆 150 ～ 200 kg，增收近千元。黄豆收获后加强桑园施肥管理，就可使桑树充分生长，多产叶多养蚕，土地越种越肥。

第四节　桑园套种蔬菜

桑园套种蔬菜，既可提高桑园土地利用率，增加桑园经济收入，又能提高土壤肥力，提高桑叶质量、产量，为次年的稳产高产打下坚实的基础。据调查统计，可在桑园套间种的蔬菜有白菜、生菜、韭菜、土豆、萝卜、冬瓜、南瓜、黄瓜、辣椒、西红柿、毛豆、扁豆等，种类非常多（见图 9-4、图 9-5）。

图 9-4　桑园套种蔬菜

图 9-5　桑园套种奶油南瓜（樊民军提供）

一、品种选择

选择市场易销售的品种，如白菜、菜花等。

二、套种时期

一般在 11 月初播种，每亩桑园用种 0.15 ～ 0.25 kg。

三、种植管理

10 月下旬秋蚕结束后，及时进行土地翻耕，施足底肥，注意氮、磷、钾混合，每亩施优质农家肥 1 000 ～ 1 500 kg，或复合肥 50 kg。出苗移栽后，按照桑树行间进行隔行套种。其间，用复合肥＋腐熟人粪尿进行追肥 2 ～ 3 次，注意浇水、除草和治虫。此时桑树进入休眠期，已经不长叶不养蚕，但为了养蚕安全，所用农药应该按照桑园用药和标准使用。

四、收获处理

次年 1 月中旬左右可以收获，每亩桑可产白菜 800 ～ 1 000 kg，增收 750 ～ 1 000 元；可收菜花 1 000 ～ 1 500 kg，增收 1 500 ～ 2 000 元。

第五节 桑园套种竹荪、大球盖菌

竹荪、大球盖菌都是名贵的食用菌，营养十分丰富，香味浓郁，滋味鲜美；竹荪自古就被列为“草八珍”之一，被誉为“菌中皇后”，历史上列为“宫廷贡品”，近代作为国宴名菜。竹荪喜欢荫蔽、湿度大、土壤肥沃的环境，在桑园中套种竹荪、大球盖菌，利用桑树代替传统的荫棚或遮阳网，降低了竹荪栽培的生产成本，且桑枝可就地取材，变废为宝，减少污染。收完竹荪、大球盖菌后大量的培养基留在桑园地里，通过丝状菌等微生物的分解转化为有机质，改良了土壤，提高了土壤肥力。

一、品种选择

应选择适宜南方湿热气候的竹荪、大球盖菌（见图 9–6）。

图 9–6 桑园行间套种大球盖菌（林发仁、罗平提供）

二、套种时期

一般在 2 ～ 3 月播种。

三、种植管理

选择 4 年以上树龄、土壤肥沃、排灌方便、土壤通透性好、交通方便的桑园地作为栽菇地。为了便于桑叶和竹荪分别采收，可隔行套种，也可每行都种竹荪，但要留出 20 ～ 30 cm 的人行道。可用作栽培竹荪的材料较多，如竹枝、竹屑、杂木屑、桑枝、稻草、甘蔗叶等。配方如下：杂木屑为 49%，桑枝碎片为 32%，麦皮为 12%，稻草为 3.5%，生石灰为 1%，石膏粉为 1%，营养素为 1.5%。栽菇前 10 ～ 15 天，按比例将基料充分拌匀、撒水，使基料含水量达 95% 以上，堆沤发酵，7 ～ 8 天翻堆一次，使基料腐熟后备用。

结合桑园施肥，将栽菇桑园的行间进行平整、除草、杀虫、消毒等清园工作，将腐熟后的基料平铺在桑树行间，隔一行铺一行。基料平铺宽度为 60 ～ 70 cm，厚度约为 10 cm；然后栽入竹荪菌种，再撒上一层厚度为 2 ～ 3 cm 的基料，铺上 3 ～ 4 cm 的碎土。播种后正常温度下培育 25 ～ 35 天，菌丝吃料逐渐向培养料及泥土内蔓延，不断增殖爬上料面形成菌索，很快出现菇蕾，并破球独柄形成子实体，至成熟出菇。种植过程中主要是抓好发菌、出荪至采收前各环节的温、湿、光、水肥管理和病虫害防治等技术，确保营养积累。

四、收获处理

竹荪播种后 60 ～ 75 天开始采收，一般可采 3 ～ 5 茬。采收应在竹荪生长发育过程中的成型期进行。成型期的竹荪子实体菌柄伸长到最大高度，菌裙完全张开到最大粗度，这时采取的竹荪子实体具有很好的形态完整性，菌体洁白。一般在上午 9 点前采收 2 ～ 3 次，用手指顶住竹荪根部，另一只手用小刀将菌托下的菌索切断，及时剥离菌盖、菌托，保留菌柄、菌裙，去掉菌托表面上的泥土，保持菇体清洁、完整（见图 9–7）。

图 9–7　采收桑园套种的竹荪菌

第六节　桑园套种马铃薯

冬季桑园免耕栽培马铃薯技术，是指冬季桑园不经过翻耕而直接在土面上摆放马铃薯种和施肥，然后用稻草全程覆盖栽培，收获时扒开稻草直接在地面上捡薯的节本增效轻型栽培技术。由于生态条件改善，马铃薯病虫害轻，草害更轻，有利于生产无公害马铃薯。用这种技术种植的马铃薯，薯块整齐，薯形圆整，表面光滑，薯块鲜嫩，破损率低，产量增加，商品价值高，增产增效明显（见图 9–8）。

图 9–8　桑园套种马铃薯（黄振文提供）

一、品种选择

选择早中熟品种合作 88。该品种结薯集中，薯块商品率高，薯形为长椭圆形，块茎红皮、黄肉，表皮光滑，芽眼浅少，休眠期长，蒸煮品味微香，适口性较好。

二、套种时期

养蚕结束后，在 10 月中下旬进行播种，在 11 月上旬播种完成。

三、种植管理

播种前先进行桑园除草和土地平整，土地过干的要进行淋水，做好种子处理工作，要选用无病、无破损、表皮光滑的种薯。种薯应催芽，以带 1 cm 长度的壮芽播种为佳。可选用 30 g 左右的小种薯整薯播种；大种薯要切块播种，每个切块至少要有 1 个健壮的芽，切口距芽 1 cm 以上，切块形状以四面体为佳，避免切成薄片。切块可用 50% 多菌灵可湿性粉剂 250 ～ 500 倍液浸一下，稍晾干后拌草木灰，隔日即可播种。在桑园桑树行间沟内以双行品字形摆放种薯，芽眼向上，株距

15 ～ 20 cm，种薯按对空摆放，确保每亩株数在 2 000 ～ 2 500 株，每亩桑园用种 50 kg 左右。生长期间不用再进行追肥，但应注意水分管理和除草。

基肥每亩用复合肥（15-15-15 型）50 kg。施用方法：在播种时复合肥直接放在 2 粒种薯的中间，与种薯保持 5 cm 以上距离，以防烂种，影响出苗。薯块膨大期亩用磷酸二氢钾（氨）1 kg/ 亩喷施叶面促进薯块膨大。

水分管理：播种后如遇干旱天气，要及时浇水将稻草压实保墒，促进及早出苗。结薯膨大期遇干旱要及时浇水抗旱，遇阴雨天及时排涝除渍，防死苗。

四、收获处理

次年 2 月中下旬茎叶呈现黄色可以收获马铃薯，收获时只要拨开稻草就可以收马铃薯，马铃薯 80% 以上薯块在土面上，少数薯块入土，但较浅，容易采挖。一般每亩桑园可产薯 500 ～ 800 kg，增收 500 ～ 800 元。

第七节　桑园套种甘薯

甘薯是我国主要粮食作物，栽培面积和总产量仅次于水稻、小麦和玉米，居第四位。甘薯抗旱、抗风、抗雹、耐瘠薄，在旱薄地，也能获得亩产 500 ～ 1 000 kg 的鲜产量。经济系数高达 70% ～ 85%。利用桑园套种甘薯既可提高粮食产量，又可提高蚕农收入，是很好的桑园套种模式（见图 9-9、图 9-10）。

图 9-9　养蚕结束桑园套种甘薯

图 9-10 养蚕季节桑园套种甘薯

一、品种选择

“心香”等弱感光型甘薯品种。

二、套种时期

4 月下旬播种育苗，10 月假植培育种苗，11 月下旬至 12 月上旬冬伐桑园翻地、施基肥、起垄种植。

三、种植管理

甘薯是高产高效作物，需肥量较多，要重施基肥，以磷钾肥为主，氮肥为辅，每亩施农家肥 1 000 ～ 2 000 kg，过磷酸钙 20 ～ 25 kg、硫酸钾 5 ～ 10 kg 作基肥。有机肥全部耕前撒施，复合肥起垄时作包心肥。

在桑园行间开沟种植一行甘薯，垄高为 25 ～ 30 cm，从垄肩部每垄栽薯秧 1 行，并将薯苗基部斜插入土中 5 cm，株距 25 ～ 30 cm，每亩桑种薯苗 3 000 株。插植后 6 ～ 10 天，结合第一次除草追施提苗肥，每亩施尿素 8 kg 加 45% 复合肥 15 kg。在封垄前，结合中耕，追施结薯肥，每亩穴施 45% 复合肥 20 ～ 25 kg，硫酸钾 10 kg，并进行培土。

进入薯块膨大期后，对长势偏弱，有早衰趋势的地块，每亩用尿素 0.5 kg 加磷酸二氢钾 0.1 kg，兑水 50 kg 喷施，长势偏旺的地块，每亩用磷酸二氢钾 0.2 ～ 0.3 kg，兑水 50 kg 喷施。每隔 7 ～ 10 天喷 1 次，连喷 2 ～ 3 次。红薯为忌氯作物，禁用含氯化肥。

甘薯病虫害主要有地老虎、大螟、卷叶虫、黑斑病、软腐病等，在防治病虫害时，要早期防治，禁用高毒、高残留农药，提高甘薯的商品品质。

四、收获处理

次年 4 ～ 5 月收获。甘薯叶片开始变黄时，选择晴天收获。一般亩产 500 kg 左右。

（本章编写：唐燕梅、朱方容、潘启寿、黄艺）

第十章　果桑栽培技术

第一节　果桑的定义及形态

一、什么是果桑

传统的栽培桑树是以采叶养蚕为目的的。果桑，是以结果为主、果叶兼用桑树的统称。桑果既是药品，也是食品，口味鲜美，自古以来深受人们的喜爱和追捧。果桑种植技术有相应要求。

二、桑果的形状

桑果又称为桑葚，是由多数密集成一卵圆形或长圆形的聚花果，由多数小核果集合而成，呈圆形、短圆形、长圆形，有的为长圆柱形、长条状（见图 10–1）。

图 10–1　桑果的形状

三、桑果的各时期

桑果最初是由幼芽长出，由雌花发育而来。柱头萎成幼果，之后进入成长期，将熟变红，最后为成熟期。不同时期的桑果见图 10–2。

图 10-2　不同时期的桑果

四、桑果的颜色

桑果不同时期有不同的颜色，但以成熟时的颜色表示该桑果的颜色（见图 10-3）。将熟果除白果外变红。大多数桑果为紫黑色。白桑果成熟时为白色。

图 10-3　桑果的颜色

第二节　果桑园规划

一、果桑发展对策

（一）不同产地的果桑差别

不同产地的桑果，其成分含量有较大差别，含糖量差别很大，低的仅 5%，最高可达 30%。南方雨水多，桑果糖度低；干燥地区，阳光充足，气温较低的产地桑果含糖量较高。广西、广东地区的桑果，可溶性固形物含量（糖类含量）为5%～12%，平均为8%～9%；金沙江流域凉山州德昌县、攀枝花市盐边县的桑果含糖量达15%～18%；新疆的桑果含糖量高达25%。

（二）果桑生产经济效益分析

果桑种植具有易开发、见效快、加工升值大的优点。果桑种植投入成本低，每亩果桑第一年投入成本约1 500元，第二年起只需投入600元，第三年可进入丰产期，每亩果桑年可产果1 500～2 000 kg，按4元/kg计，每亩果桑年桑果收入为6 000～8 000元。同时，每亩果桑年产桑叶约1 500 kg，可养蚕产鲜茧100 kg，收入4 000元，每亩果桑综合收入可超万元，经济效益十分显著。

（三）果桑生产存在的问题

①桑果容易变质腐烂。桑果为浆果，成熟后容易腐烂，采摘后仅能放置2天；采摘及运输过程中容易发生伤果变质。采果、运输、贮藏、销售难度大。

②桑果成熟期集中，需要大量劳力突击采收，劳力投入较大。

③南方桑果品质欠佳，容易烂市。两广地区桑果成熟期雨水多，桑果普遍甜度不够，大量食用的人群不大；采摘后鲜果销售期仅2天，鲜果市场销售受限制，一旦销不出去，马上受损。

④桑果酒、桑果醋等大宗加工产品的消费市场还没有完全打开，终端产品销售不畅，必定影响原料桑果的收购。

⑤容易暴发和流行桑葚菌核病（白果病），有严重发病受灾的风险。

（四）稳步发展果桑产业对策

①以市场需求为导向，科学规划布局果桑生产加工基地，避免盲目发展。同时扶持桑果加工龙头企业，加工基地与原料基地并举齐建。

②因地制宜，选准产业化模式。根据生产需要可以采用果叶双收模式、游客采摘体验模式、一年多熟果桑模式。

③创新产品、打造品牌，培养消费者，积极开拓市场。

④及时防治桑葚菌核病。按有机食品生产要求，规模化、专业化、标准化生产、采收与加工。从基地选址开始，全程预防桑葚菌核病等病虫害。

⑤创新桑果采收、包装、贮藏、运输、加工新技术，避免桑果变质和损失。

⑥研究高效采果、地头包装、就近加工、桑果速冻、冷冻保鲜、冷链运输配送等新技术、新工艺、新模式，生产、加工、销售建立“互联网+”营销模式。

二、果桑园规划设计

（一）种植地选择

桑树对土壤有较大的适应性，可因地制宜利用土地，但从稳产高产角度考虑，最好是选择有机质丰富、保水保肥力强、排灌方便的土壤建园。种植地必须无工业“三废”及农业、城镇生活、医疗废弃物等污染，种植地的灌溉水、大气、土壤必须符合GB 5084、GB 3095—2012、GB 15618的规定。

（二）种植地规划

平整土地：做好土地平整工作，使桑园能排能灌和适应机械化操作。

作业区的划分：以方便田间管理为原则，作业区的大小，因地形地势而定，山坡地以水土保持设置适当的排水和灌溉沟渠，便于调节土壤水分，保证桑园高产稳产。

第三节 无公害桑果产地环境要求

一、无公害桑果产地选择要求

生产基地应边界清晰，生态环境良好，远离交通主干道，距离工业污染源、生活垃圾场等大于 3 km。选择旱地、坡地或水田作果桑园地，园地应易排水，地下水位距地面≥ 1.0 m。生产基地及周围 2 km 范围内近 2 年内没有发生流行桑葚菌核病及油菜菌核病，表土中桑葚菌核病（或油菜菌核病）病原菌核的平均数量应小于 5 粒 / 米 ^{2}。

二、环境空气质量要求

环境空气质量符合 GB 3095—2012 中的二级标准的要求（2016 年 1 月 1 日起实施），具体指标见表 10–1。

表 10–1 环境空气污染物浓度限值（二级）

序号	污染物项目	单位	年平均	24 小时平均	1 小时平均	日最大 8 小时平均	季平均
1	基本项目						
1.1	二氧化硫（SO_2）	μg/m^3	60	150	500		
1.2	二氧化氮（NO_2）	μg/m^3	40	80	200		
1.3	一氧化碳（CO）	mg/m^3		4	10		
1.4	臭氧（O_3）	μg/m^3			200	160	
1.5	颗粒物（粒径≤ 10 μm）	μg/m^3	70	150			
1.6	颗粒物（粒径≤ 2.5 μm）	μg/m^3	35	75			
2	其他项目						
2.1	总悬浮颗粒物（TSP）	μg/m^3	200	300			
2.2	氮氧化物（NOx）	μg/m^3	50	100	250		
2.3	铅（Pb）	μg/m^3	0.05				1
2.4	苯并芘［a］（BaP）	μg/m^3	0.001	0.002 5			

三、灌溉水质量要求

灌溉用水水质符合 GB 5084 的规定，具体指标见表 10–2。

表 10-2　灌溉用水水质控制项目标准值

序号	项目类别	限值
1	基本控制项目	
1.1	五日生化需氧量 /（mg/L）	100
1.2	化学需氧量 /（mg/L）	200
1.3	悬浮物 /（mg/L）	100
1.4	阴离子表面活性剂 /（mg/L）	8
1.5	水温 /（℃）	35
1.6	pH	5.5 ～ 8.5
1.7	全盐量 /（mg/L）	1 000（非盐碱地区），2 000（盐碱地区）
1.8	氯化物 /（mg/L）	350
1.9	硫化物 /（mg/L）	1
1.10	总汞 /（mg/L）	0.001
1.11	镉 /（mg/L）	0.01
1.12	总砷 /（mg/L）	0.1
1.13	铬 /（mg/L）	0.1
1.14	铅 /（mg/L）	0.2
1.15	粪大肠菌群数 /（个 /100 mL）	4 000
1.16	蛔虫卵数 /（个 /L）	2
2	选择性控制项目	
2.1	铜 /（mg/L）	1
2.2	锌 /（mg/L）	2
2.3	硒 /（mg/L）	0.02
2.4	氟化物 /（mg/L）	2（一般地区），3（高氟区）
2.5	氰化物 /（mg/L）	0.5
2.6	石油类 /（mg/L）	10
2.7	挥发酚 /（mg/L）	1
2.8	苯 /（mg/L）	2.5
2.9	三氯乙醛 /（mg/L）	0.5
2.10	丙烯醛 /（mg/L）	0.5

四、土壤环境质量要求

土壤环境质量符合 GB 15618 中的二级标准，具体指标见表 10-3。

表 10–3　土壤环境质量标准值

单位：mg/kg

项目	pH 值		
	< 6.5	6.5 ～ 7.5	> 7.5
镉≤	0.3	0.3	0.6
汞≤	0.3	0.5	1
砷水田≤	30	25	20
旱地≤	40	30	25
铜农田等≤	50	100	100
果园≤	150	200	200
铅≤	250	300	350
铬水田≤	250	300	350
旱地≤	150	200	250
锌≤	200	250	300
镍≤	40	50	60
六六六≤		0.5	
滴滴涕≤		0.5	

注：1. 重金属（铬主要是三价）和砷均按元素量计，适用于阳离子交换量大于 5 cmol（＋）/kg 的土壤，若小于等于 5 cmol（＋）/kg，其标准值为表内数值的半数。

2. 六六六为 4 种异构体总量，滴滴涕为 4 种衍生物总量。

3. 水旱轮作地的土壤环境质量标准，砷采用水田值，铬采用旱地值。

第四节　果桑园建设

一、果桑品种选择

应根据当地的气候条件及用途选择高产、优质、抗病的果桑品种。各地有很多优异的果桑品种，因以前桑树只要叶子用来养蚕，桑果没被重视，很少有果桑品种或果桑兼用品种审定。近年已有一些果桑品种或果叶兼桑用品种通过审定。现以审定的、获得植物新品种权（或品种登记）的、多省应用的果桑品种，进行有代表性的介绍。

（一）粤椹大 10

1. 品种来源及选育经过

广东省农业科学院蚕业与农产品加工研究所育成，三倍体，果叶两用品种。1977 年从大田选拔出的广东桑实生苗优良单株，经定向培育，于 1985 年育成，2006 年 1 月通过广东省农作物品种审定委员会的审定，审定编号：粤审桑 2006001。

2. 生物学特征

树形稍开展，枝条长而直，皮青灰色，节间直，节距 4.8 cm，叶序 1/2，皮孔圆或椭圆形，6 个 /cm²。冬芽三角形，棕色，尖离，副芽大而多。叶心脏形，叶长 20.0 ～ 24.0 cm，叶幅 17.0 ～ 20.0 cm，叶色翠绿，叶尖长尾状，叶缘锐齿，叶基心形，叶面光滑微皱，光泽弱，叶片稍下垂，叶柄粗短。开雌花，无花柱，果圆筒形，紫黑色，无籽，果长径 2.5 ～ 6.2 cm，横径 1.3 ～ 2.0 cm（见图 10-4、图 10-5）。

图 10-4　粤椹大 10 的成熟果（罗国庆提供）

图 10-5　粤椹大 10 的果（罗国庆提供）

3. 生长发育特性

植株生长势强，发条力中等，侧枝较少。广州市栽培发芽期 1 月中下旬，开叶期 2 月上中旬，盛花期 2 月中旬，桑果盛熟期 3 月下旬。

4. 产量、品质、抗逆性等表现

盛产期亩产果量 1 500 kg 以上，同时亩产叶量 2 000 kg 左右。广州市栽培坐果率 92% ～ 96%，平均单芽坐果数 5 粒 / 芽，单果重 2.5 ～ 8.2 g，平均 4.4 g，鲜果出汁率 70.0% ～ 84.0%，可溶性固形物 9.0% ～ 13.0%。饲养两广 1 号蚕品种进行叶质生物鉴定，万蚕产茧量 13.3 kg，万蚕茧层量 3.06 kg，100 kg 桑产茧量 7.40 kg。轻感花叶病，易受微型虫为害。开花期遇雨水多的年份桑果易感菌核病。耐寒性较弱。

5. 适宜区域和推广应用现状

适宜珠江流域及长江以南等热带、亚热带地区种植。在广东、广西、陕西、四川、上海、重庆、浙江、江苏、福建、河南等地区大面积应用。

6. 栽培技术要点

做好嫁接繁殖。作果叶两用一般亩栽 500 株左右为宜，仅作果用宜降低种植密度。每年春季收果结束后第一次剪枝，剪留一年生枝条 2 个芽，7 月中下旬第二次剪枝，剪留新枝 20 cm 左右。结合剪枝收获 2 次条桑，其他时期可收获叶片。施有机肥为主，配合磷、钾肥，可提高品质和减少落果。重视桑葚菌核病的防控，在桑树开花期，用 70% 托布津粉剂 1 000 倍液喷花，隔 5 ～ 7 天喷 1 次，直至花期结束，在桑果发育期间，经常巡视桑园，及时摘除病果集中焚烧。

（二）嘉陵 40 号

1. 品种来源及选育经过

西南大学育成，人工诱变四倍体。用二倍体桑品种中桑 5801（杂交品种：湖桑 38 号 × 广东桑）× 纳溪桑的 F_1 组培与化学诱变育成相结合，以果性状优选单株为亲本材料而选育成新果叶兼用多倍体新桑品种。2009—2014 年参加重庆市的桑树品种区域鉴定试验，2014 年 6 月通过重庆市蚕桑品种审定委员会审定（证书编号：渝蚕桑品审 201401），是果叶兼用人工多倍体新桑品种。

2. 生物学特性

人工四倍体，育成地重庆市发芽期为 3 月上旬，为中熟品种。植株树形紧凑高大，枝条直立粗长，赤褐色，生长旺盛；节间密，节距 2.13 cm；桑葚成熟期为 4 月 25 日至 5 月 15 日，盛熟期为 4 月 28 日至 5 月 8 日，桑葚果型大，结果多，果形圆筒形，果肉肥厚，果长 3.83 ～ 4.97 cm，果横径 1.53 ～ 2.10 cm（见图 10-6）；坐果率 85% ～ 93%，单芽坐果数为 3 ～ 9 个，平均坐果数为 5 ～ 6 个 / 芽，单果重 3.9 g，少籽，种子的发芽率低；枝条结果部位果多叶少，适宜套袋；亩桑产果量为 1 245.42 kg；叶序紊乱，叶片大，叶长 25.9 cm，叶幅 21.4 cm，叶尖长锐，叶色绿，冬芽红色，芽大，有副芽；桑叶产量较高，桑叶易摘，采叶省力。亩桑产叶量为 2 438.92 kg。是一个果叶双高产的新桑品种。

图 10-6　嘉陵 40 号的果（赵爱春提供）

3. 适宜区域

适宜在西南地区及长江流域、黄河流域地区种植。

4. 栽培技术要点

（1）土地选择：选择在地势高、土层深厚、通风良好的地方种植；不要与油菜等十字花科植物间套作。

（2）种植密度：行距 1.33 m、株距 0.76 m，亩栽 600 株。

（3）砧木选择：选用实生桑或杂交桑作砧木。

（4）果桑嫁接技术：根据各地具体情况，可选用冬季芽接或春季芽接或短枝腹接。

（5）树形养成技术：养成低干树形，即主干高 38 cm；一级支干 3 支，每支长 26 cm；二级支干 6 ～ 9 支，每支长 16 cm，主干＋一级支干＋二级支干的总高度为 80 cm；收获枝 12 ～ 18 条，每条长 120 ～ 150 cm，每亩 6 000 ～ 9 000 条。树形总高度 200 ～ 250 cm。

（6）修剪技术：树形养成后，一行枝条在当年冬季保条短尖，枝条留长 120 ～ 150 cm，第二年产果养春蚕后夏伐（在 5 月下旬进行），即从枝条基部及二级支干顶部伐条，伐后重施夏肥，这些条在冬季进行重剪，第三年养条。另一行枝条在当年冬季进行重剪（留长 16 cm），第二年萌发的芽经过从春至夏到秋的生长，非常健壮，这些条在冬季保条短尖，每条留长 120 ～ 150 cm，第三年产果。这样循环往复，每年每亩保持 300 株产果，300 株养条，以保证桑葚生产不出现大小年。

（7）肥培：施有机肥料或复合肥。

（8）果桑菌核病防控技术。

①农业防控。冬季对果桑园进行冬耕 1 次，耕的深度应在 12 ～ 15 cm，把土壤表面的桑葚菌核病越冬菌核深埋于土中，使其来春菌核萌发出的子囊盘不能长出地面，减少侵染发病。

②物理防控。有条件的地方，早春桑树发芽前，对果桑园地面用地膜覆盖，覆盖后既能使来春菌核萌发出的子囊盘不能长出地面，减少侵染发病，又能有效防除杂草。

③化学防控。于 3 月上旬，果桑初花期用 70% 甲基托布津可湿性粉剂 1 000 倍液喷洒果桑雌花；于 3 月中旬再用 50% 腐霉利 1 000 倍液喷洒果桑青葚，用这两种农药交替使用，以免菌核病产生抗药性。视病情决定是否喷第三次药，如果发病轻就不喷第三次药，若发病重则于 3 月下旬再喷第三次药，第三次仍然用 70% 甲基托布津可湿性粉剂 1 000 倍液喷洒果桑青葚。

（9）果桑葚瘿蚊防控技术：于 3 月上旬至下旬用 10% 吡虫啉可湿性粉剂 2 000 ～ 4 000 倍液喷洒果桑青葚 1 ～ 2 次。

（三）红果 2 号

1. 品种来源

由西北农林科技大学蚕桑丝绸研究所从广东引进的伦教 408 品种，经过辐射诱变选育而来。属广东桑种（*M. atropurpurea* Roxb.），二倍体。

2. 选育过程

1987 年采用对伦教 408 的一批萌动桑芽进行 $^{60}Co-\gamma$ 照射处理、单芽嫁接分离。第 2 年及以后对外观具有变异特征并且符合果用桑品种育种目标的植株进一步种植观察和连续培育。1989—1995

年进行株系和品种比较试验，从 2002 年开始进行多点区域试验，并定名为红果 2 号。其果形大，产果量高，品质优，抗旱耐寒性较强，适应性强，目前已在全国多地均有栽植，陕西、山东、山西、北京等北方地区应用面积较大。

3. 特征特性

树型直立紧凑，发条数较多，枝条细直而长，无侧枝；皮青褐色，节距 4.2 cm，叶序 2/5 或 3/8，皮孔圆或椭圆形，5 个 /cm^2。冬芽正三角形，饱满，红褐色，芽尖离，副芽少而大。叶卵圆形，叶片向上斜伸，叶尖短尾状，叶缘乳头齿，叶基浅心形，叶面光滑，叶色深绿，光泽较强；叶长 18 cm，叶幅 15 cm。开雌花，花柱长，葚大而多。陕西关中地区栽培，发芽期 4 月 1 日前后，开叶期 4 月 10 日前后，花、叶同生。低干桑单株发条数 15 根，平均条长 180 cm 左右。发芽率为 94%。桑果 5 月 10 日前后开始成熟，成熟期 30 天左右。每亩产鲜果 1 500 ～ 1 800 kg，产桑叶 1 300 kg 左右，桑叶含粗蛋白 21.36%，粗脂肪 2.96%，总糖 6.57%。抗旱耐寒性较强，桑蓟马为害轻，适应性广。是鲜食和加工兼用型果桑品种。

4. 花果性状

该品种易形成花芽，花芽率 99.2%，坐果率 86%，单芽果数 6 ～ 7 个，果穗不集中，新梢基部叶腋陆续有果。成熟桑果紫黑色，有光泽，果形长筒形，果长 3.0 ～ 3.5 cm，果径 1.3 ～ 1.4 cm，单果重 3 g 左右，最大 8 g，米条产果量 300 ～ 400 g（见图 10–7、图 10–8）。果肉较柔软，好采摘，果味酸甜爽口，糖度 12.3%，pH 值 4.12，鲜食性好。鲜果出汁率约 60%，果汁紫红鲜艳。果实营养丰富，维生素 C 以及 Ca、Fe、Zn 含量均显著高于对照品种粤椹大 10，总多酚、总黄酮含量也高。果实种子较少。

图 10–7　红果 2 号的成熟果（苏超提供）

图 10–8　红果 2 号的果着生态（苏超提供）

5. 栽培要点

（1）红果 2 号适宜采用芽接、袋接等嫁接方法繁殖。

（2）栽植密度为 280 ～ 330 株 / 亩，行距 200 ～ 220 cm、株距 100 ～ 120 cm 为宜，培养成中低干树形，树干高度 80 ～ 100 cm，以拳式养型为主。

（3）栽植时需要配置5%～8%的雄株作授粉树，品种有国桑27号、西乡2号等。

（4）由于该品种发条数多，花芽率高，为提高桑果商品性能，可通过夏季疏芽和秋冬季合理修剪控制条数条长，一般留条6 000根/亩，秋冬季剪留条长150 cm左右。

（5）桑园施肥以有机肥为主，并适当增施磷、钾复合肥。

（6）注意桑园通风条件，防治桑葚菌核病。

（7）桑叶硬化较迟，秋蚕期可以适当采叶或剪梢养蚕。

（8）本品种发芽比较早，注意预防晚霜冻害。

6. 适宜区域

该品种较抗旱耐寒，适生条件比粤椹大10广泛，适宜长江流域和黄河流域栽植，而在黄河流域干旱、较寒冷地区栽植优势较强。

（四）桂椹94257

1. 品种来源和分布

1994年，由广西壮族自治区蚕业技术推广站以化场2×桂7722的F_1植株通过化学诱变定向培育而育成的四倍体果叶两用桑品种。2020年7月获植物新品种权证书，现保存在广西壮族自治区蚕业技术推广站桑树种质资源圃。

2. 特征特性

树形稍开展，枝条长而直，皮灰紫色，节间直，节距4.7 cm，叶序2/5，皮孔圆，5个/cm^2。冬芽卵圆，棕色，腹生，副芽小而少。叶心脏形或卵圆形，叶长24.5～27.2 cm，叶幅18.0～23.8 cm，叶色墨绿，叶尖短尾状，叶缘钝齿，叶基浅心形、圆形，叶面光滑微皱，光泽较弱，叶片稍下垂，叶柄粗、较长。南宁市栽培，发芽期1月上中旬，开叶期1月下旬至2月上旬，桑叶成熟期3月中下旬。盛花期2月中旬，桑果盛熟期3月下旬。南宁市栽培坐果率92%～95%，平均单芽坐果数5粒/芽。果圆筒形，紫黑色。果长径3.3～4.6 cm，横径1.6～1.9 cm。单果重2.5～8.2 g，平均5.3 g，可溶性固形物9.0%～13.0%（见图10-9、图10-10）。盛产期亩产果量1 500 kg以上，同时亩产叶量2 000 kg以上。

图10-9　桂椹94257的果

图 10-10　桂椹 94257 的果与叶

3. 栽培技术要点

做好嫁接繁殖。亩栽 300 ～ 500 株。每年春季收果结束后第一次剪枝，剪留一年生枝条 2 个芽，新桑长出第一级新梢 15 ～ 20 cm 时进行第一次打顶形成第二级新梢分枝，以后新梢长出 15 ～ 20 cm 后再进行第二次打顶，8 月底以后长出的新梢不再打顶，让新梢充分生长。施有机肥为主，配合磷、钾肥，可提高品质和减少落果。采用化学防治和物理方法相结合进行桑果菌核病的防治，发病较重的园区，12 月上中旬桑果园及其外围 2 m 范围内全面覆盖地膜，阻隔地表菌核子囊盘散发的子囊孢子的侵染。在桑树开花期，用 70% 托布津粉剂 1 000 倍液喷花，隔 5 ～ 7 天喷 1 次，直至花期结束，在桑果发育期间，经常巡视桑园，及时摘除病果集中焚烧。

4. 适宜区域

适宜珠江流域及长江以南等热带、亚热带地区种植。

（五）台湾长果桑

1. 品种来源和分布

台湾长果桑又名超级果桑、紫金蜜桑，民间引进台湾新品种，是由台湾专家将大果桑和其他几种野生长果桑经几次授粉后改良而成的优良品种。最初台湾老板从台湾带来广西钦州市发展，之后畅销全国各地。

2. 植株特征特性

生长势强，树形开张，枝条粗壮，侧枝少，叶片大，较易形成花芽，幼苗叶长 18 ～ 25 cm，叶宽卵圆形或卵形。为雌性植株，桑果成熟后呈紫黑色，果长 8 ～ 12 cm，最长 18 cm，单果重 10 g，最大 20 g，果径 1.2 cm，含糖量 20%，富含多种维生素（见图 10–11）。鲜甜爽口，口味极好，成熟期 30 天左右，一般亩产 1 600 kg。

图 10–11　台湾长果桑的果

3. 种植要求

台湾长果桑适应性强，荒滩、坡地、平原都可以种植，北方可以采用冬暖式大棚栽培，春节前后上市，经济效益极高。长果桑有一定的硬度，耐运输，适合大面积栽种。

4. 对土壤及光照的要求

土壤是果桑生长的基础。果桑所需要的水分和无机养分都是从土壤中吸收来的，其生长发育与土壤有着密切关系。因此，土壤质地、厚度、结构、地下水位高低和土壤酸碱度都直接影响果桑的生长、产量高低和质量优劣。果桑适应性强，可以在各种土壤上生长，但以壤土和砂壤土为好，要求土层深厚，至少 1 m，地下水位低于 1 m，以疏松、通气、排水性能良好，富含有机质的土壤结构为好。果桑对土壤酸碱度适应范围较广，pH 值在 4.5 ～ 9 都能生长，但以 pH 值在 6.5 ～ 7.5 的近中性土壤为好。在含盐量 0.2% 以下的轻盐碱地也可栽培。

光照是桑树进行光合作用、制造有机质的能源，也是叶绿素形成的必要条件。果桑是阳性树种，只有阳光充足才能正常生长。如果照度在 500 ～ 30 000 Lux，光合作用随照度增加而增强，大于 30 000 Lux 时就不再增强，这时称光饱和。在晴天，一般 100 cm^2 桑葚叶面积可同化 10 ～ 12 mg 二氧化碳，阴天的同代产物只有晴天的 50%，雨天只有晴天的 30%。因此，日照越充足，光合作用越旺盛，干物质积累越多，有利于优质高产。

二、土地的整备与改良

建立果桑园要选择光照充足、排灌方便、地下水位低、土质肥沃的沙质或沙壤质土。在适于桑树生长发育的生态条件范围内，选择集中连片的地块建桑果园。应规划建设园区道路、灌溉设施、排水沟渠、贮水池等。

作桑果园的地块在整地前应清除植被，彻底挖除原有桑树。土壤较肥沃、土层深厚的水稻田、耕作旱地，经过翻耕、平整后即可种植；坡度较小，且坡面平整的山地可带状整地；坡度较大的地块要修筑成梯地；山坡地要垦翻，每亩施入有机肥 1 000 ～ 3 000 kg 进行改土。

三、桑苗的栽植

1. 栽植时期

果桑全年均可种植，但应避开高温季节种植，冬春季节种植成活率较高。

2. 挖沟施肥

种植前按种植行距、株距规格拉线定种植点，挖深 30 cm、宽 30 cm 的行沟或定植穴，沟（穴）内施入基肥，并回填部分泥土与基肥拌匀。每亩施农家肥 500 ～ 1 500 kg、过磷酸钙 55 ～ 75 kg。

3. 种植密度

果桑栽植密度视品种、土壤条件及用途等条件而定。一般为采果用桑园 110 ～ 200 株 / 亩，行距、株距有以下不同种植模式：3 m × 2 m（110 株 / 亩）；3 m × 1.5 m（150 株 / 亩）；2.5 m × 2 m（135 株 / 亩）；宽窄行种植，宽行 4 m，窄行 2 m，株距 1.5 m（150 株 / 亩）。果叶兼用桑园（包括制种桑园），每亩栽植株数为 500 ～ 700 株，行距为 1.3 ～ 1.5 m，株距为 0.7 ～ 1.0 m。一些特殊果桑品种采用低密度栽植，例如台湾长果桑，行株距为 4 m × 3 m（55 株 / 亩）。

4. 栽植方法

把苗木的根部埋入种植穴，按桑行线扶正，泥土壅过根茎部 3 cm，淋足定根水。种后统一按植株地上部 20 cm 定高，剪去桑苗的末端。剪定后覆盖黑色地膜，以保持土壤水分、抑制杂草生长。

四、新果桑园的管护

栽植后，土壤干旱要及时灌溉淋水；桑地有积水，应填土平整低洼处，开沟排除积水。

结合除草进行松土，防止土壤板结，增强土壤透气性。新桑发芽开叶后，根据桑树生长情况，及时穴施追肥，施肥量为每亩施复合肥（15–15–15 型）25 ～ 50 kg。8 月下旬至 9 月上旬施追肥 1 次，每亩施复合肥（15–15–15 型）50 ～ 75 kg。发现有缺株，应及时补种。

全面检查鉴定成活植株的种性，挖除杂株，及时补植。

第五节　树型与结果枝养成

一、新种桑果园树型养成

果桑树型根据树干的高低，可分成低干桑、中干桑、高干桑和乔木桑等几种树型。一般以中低干树形为主。

新种桑园第一年，新桑长出第一级新梢 15 ～ 20 cm 时进行第一次打顶，形成第二级新梢分枝，以后新梢长出 15 ～ 20 cm 后再进行第二次打顶，促使植株多发芽多长枝，形成多层分枝树型。8 月底以后长出的新梢不再打顶，让新梢充分生长。

第二年开始，树型宜培养为两级主干，一级主干在距离地面 60 ～ 80 cm 处剪枝定干，每株选留壮枝 1 ～ 2 条作为一级主干；在每条一级主干上选留壮枝 2 ～ 3 条作为二级主干，在距离地面 100 ～ 120 cm 处定干。在二级主干上长出的一年生枝条为挂果枝条。每年果期结束后剪枝，把二级主干上的一年生枝条剪留 5 ～ 10 cm，新长出的枝条为下一年的挂果枝条，去除弱小枝条，选留壮枝，长势旺盛的果桑园可在 7 月中下旬将新枝修剪留 30 ～ 40 cm，以重发新枝增加挂果枝条数。单株挂果枝条数控制在 20 ～ 30 条，栽植密度大者，单株生长枝条数宜稍少，栽植密度小者，单株生长枝条数宜稍多。

二、成林果桑园剪伐与打顶分枝

果桑园宜在春季收果结束后至 5 月底前进行夏伐，在树杈拳部或春季结果枝的基部剪伐，剪下的枝条搬到远离桑果园的地方堆放；剪除枯枝、残叶，清扫落叶，集中处理。

夏伐后长出新梢 15 ～ 25 cm 时进行第一次打顶；第二级新梢长出 15 ～ 25 cm 时进行第二次打顶；在 8 月上旬全部新梢最后打顶 1 次，以后让新梢充分生长。

宜在 12 月下旬进行修剪，可剪去枝条顶端绿色细嫩部分，修剪病枝、枯枝，清除树上全部叶片。

第六节　果桑园管理

一、果桑园施肥

果桑园应重施农家肥料和有机肥料，氮、磷、钾配合施用，肥料的使用应对桑树及其收获物桑果、桑叶的品质、风味和抗性等不产生不良后果。

使用的肥料种类包括：秸秆肥、绿肥、厩肥、堆肥、沤肥、沼肥、饼肥、废菌渣等农家肥料，以及有机肥料、无机肥料、有机无机复混肥料、微生物肥料。

不应使用的肥料包括：添加有稀土元素的肥料，成分不明确的、含有安全隐患成分的肥料，生活垃圾、污泥和含有害物质（如毒气、病原微生物、重金属）等工业垃圾，国家法律法规规定不得使用的肥料。

每次施肥应在桑根旁开沟或挖穴施入，施后盖土。每年施肥至少 3 次：冬季、夏季及促梢肥。冬季施肥在冬至前后 10 天进行，每亩挖穴（沟）施入农家肥（有机肥）1 000 ～ 1 500 kg、复合肥（15-15-15 型）50 ～ 80 kg，施肥后覆盖厚土。夏季施肥在桑园夏伐后进行，每亩挖穴（沟）施入农家肥（有机肥）500 ～ 1 000 kg、复合肥（15-15-15 型）50 ～ 80 kg，施肥后覆盖厚土。促梢肥在 8 月中旬进行，每亩挖穴（沟）施入复合肥（15-15-15 型）55 ～ 80 kg，施肥后覆盖厚土。

二、灌溉与排水

连续干旱、土壤干燥时应及时灌溉；在冬芽膨芽盛期应灌溉 1 次，促使冬芽萌芽整齐、花芽多；11 月中旬至 12 月中旬不宜灌溉，避免枝条顶端冬芽早发，影响枝条中下部冬芽萌发。地下水位高的桑园应及时开通四周排水沟，降低地下水位；地有积水应及时排除。

三、清园与消毒

重视桑园冬季管理，犁土冬翻，做好桑园冬季全面清园。果桑园冬季特别不要间种其他农作物。桑园冬季整枝后结合冬肥施用，全面铲除清理园内杂草和行间土壤耕翻工作，把菌核病病原掩埋，减少越冬病原，清园后及时统一用 0.1% 的强氯精液（即含量 80% 的强氯精 0.1 kg 加水 80 kg）喷洒桑园地面及桑树树干，消灭残留的病原菌。在桑果发育期间经常巡果，及时摘除树上的病果和散落到地上的病果，远离桑园集中烧毁和深埋，减少病原菌在桑园的积累，这是控制次年病情的一个重要措施。对发病严重的桑园，在果期结束后对桑园进行一次全面的深耕和在冬季结合施服对桑园进行深耕，可使部分病原被深埋土中而不利于其萌发侵染。在桑树开花前，桑园地面采用薄膜覆盖，可有效切断传播途径，阻隔子囊盘散发的子囊孢子对花的侵染。

四、提高花芽萌发的措施

1. 定型修剪

定型修剪使桑树有一定的枝条数并分布均匀。对不同类型的桑树要区别对待，要选留健壮枝，剪掉病、残、弱枝；应去弱留强、去差留好，保证侧枝生长，使枝干分布合理，发育均匀，发挥群体优势。果用桑以产果为主，冬季可不剪梢。定型修剪后要加强桑园的肥水管理。

2. 及时打顶修剪

夏伐后长出新梢 15 ～ 25 cm 时进行第一次打顶；第二级新梢长出 15 ～ 25 cm 时进行第二次打顶；在 8 月上旬全部新梢最后打顶一次，之后让新梢充分生长。12 月下旬，可剪去枝条顶端绿色细嫩部分，修剪病枝、枯枝，清除树上全部叶片。

五、保花保果

为了控制花果数量，提高桑果的产量和品质。具体方法是在桑树盛花后期，摘掉过多、过密处的部分雌花或发育不良的雌花。

在桑树幼果期，摘掉过多、过密处的部分幼果或发育不良的幼果，以促进保留桑果的营养供给，提高桑果的商品性状和品质。

六、桑果病虫鸟害防控

危害桑果的病虫害主要是桑葚菌核病、桑天牛、桑白蚧。其他病虫防治与普通桑树大体相同。

（一）桑葚菌核病的防治

应及时清除树上病果和落地病果，集中深埋或焚烧处理，避免病果菌核在桑果园积累。发病较重的园区，夏伐后清扫地表和树桩，去除表土的菌核，进行深埋处理，以清除在地表及树桩的菌核；12 月上中旬桑果园及其外围 4 m 范围内全面覆盖地膜，阻隔地表菌核子囊盘散发的子囊孢子的侵染。在桑树冬芽（花芽）开叶期至雌花收花期采用药物防治。

1. 病原

桑葚菌核病俗称白果病，因感病桑果病变后多呈灰白色而得名。菌核病是果桑的主要病害，分为桑葚肥大性菌核病、桑葚缩小性菌核病、桑葚小粒性菌核病。该病发生严重时可造成毁灭性灾害，严重影响桑果产量和杂交桑种子的生产。桑葚菌核病病原属子囊菌亚门、盘菌纲、柔膜菌目、核盘菌科、杯盘菌属。

病果形成菌核，散落地表，菌核进入休眠期，当条件适宜时（一般南方在 1 月初至 3 月）菌核解除休眠，菌核萌发生长子囊盘（小蘑菇）。子囊盘散发子囊孢子，飘浮空中，落到桑花的柱头上，在花柱糖分作用下孢子发芽，穿入子房内，菌丝生长扩增，吸光果内营养和水分，形成病果。

2. 侵染循环

桑葚菌核病病原以菌核在土壤中越冬，到次年春季桑树开花期间，遇适宜条件时，土壤中的菌核萌发抽生出子囊盘，盘上子实层生出子囊和子囊孢子，子囊孢子借助风力传播到雌花上，引起初次侵染。病原菌入侵雌花后，菌丝大量增殖并侵入子房内，先形成分生孢子梗和分生孢子，最后由菌丝形成菌核，菌核随病果落地，果肉腐烂而菌核残留入土中越冬。病原菌的分生孢子可引起再次侵染。

3. 发病因素

（1）桑树开花期间的气候条件。

在桑树开花期间，若雨水多，土壤湿润，天气暖和，则有利于土壤中的菌核萌发和子囊盘抽生而使本病发生多，为害大（见图 10–12）。

（2）病原菌的积累。

一般头一两年发病轻微的果桑园，如不进行处理，病情会逐年加重，若桑树开花期间遇阴雨温暖天气，会使本病暴发而影响桑果产量。

（3）桑园群体结构。

栽植密度大，通风性差的桑园发病重。

（4）桑树品种。

不同品种的抗病性有差异。

（5）桑园邻近作物。

与油菜菌核病原可以相互感染。

图 10-12　桑葚菌核病的发生规律

4. 防治方法

（1）物理防治方法。

重视桑园冬季管理，犁土冬翻，做好桑园冬季全面清园。果桑园冬季不要间种其他农作物。桑园冬季整枝后结合冬肥施用，全面铲除清理园内杂草和行间土壤耕翻工作，把菌核病病原掩埋，减少越冬病原，也为喷药防治提供干净的环境。

①清除病果：在桑果发育期间经常巡果，及时摘除树上的病果和散落到地上的病果，远离桑园集中烧毁和深埋，减少病原菌在桑园的积累，这是控制次年病情的一个重要措施。

②桑园深耕：对发病严重的桑园，在果期结束后对桑园进行一次全面的深耕和在冬季结合施服对桑园进行深耕，可使部分病原被深埋土中而不利于其萌发侵染。

③地膜覆盖：在桑树开花前，桑园地面采用薄膜覆盖，可有效切断传播途径，阻隔子囊盘散发的子囊孢子对花的侵染。

（2）化学防治方法。

在桑树开花期间，用 50% 多菌灵可湿性粉剂 500 ～ 800 倍液或 70% 甲基托布津粉剂 1 000 倍液喷花，每隔 5 ～ 7 天喷 1 次，直至花期结束（凋谢），可对该病起到良好的防治效果。

要注意喷药时期，一定要从初花期就开始用药，直至授粉结束。

总之，桑葚菌核病的防治以预防为主，物理方法与化学方法相结合。

（二）桑天牛的防治

桑天牛成虫后会为害桑枝条（见图 10–13）。在天牛成虫发生期，人工捕捉天牛成虫。桑果园夏伐后用 80% 敌敌畏乳油 30 ～ 50 倍液塞入新排泄孔，并用泥封口，也可用注射器向孔注药，或用棉签蘸 80% 敌敌畏乳油原液插堵新鲜孔道，或用铁线插入新鲜孔道刺死蛀虫。

图 10–13　桑天牛成虫为害桑枝条（李乙提供）

（三）桑白蚧的防治

桑白蚧常为害桑树（见图 10–14）。夏伐后用 80% 敌敌畏 1 000 倍稀释液加 0.2% 的柴油或洗衣粉，涂抹有蚧壳虫的树干和枝干。

（四）鸟类防范

如有鸟类为害桑果，在桑果成熟期应派专人看护，注意防鸟（见图 10–15）。

（五）关于无公害农药使用

坚持“预防为主，综合防治”的植保方针，以改善桑园生态环境，加强栽培管理为基础，综合应用各种防治措施，优先采用农业防治、生物防治和物理防治措施，配合使用高效、低毒、低残留农药。农药使用按中华人民共和国农业部令（2007 年第 7 号）规定执行，禁止施用高毒、高残留农药及有机磷农药，收获期前 30 天禁止使用化学农药。

图 10-14　桑白蚧为害桑树（李乙提供）

图 10-15　桑果的鸟害

第七节　桑果采收

一、采果适期

广西、广东地区，一般桑葚于 3 月中下旬开始成熟，紫黑色的果桑品种，桑果由红色转变成暗红色、紫黑色时为采果适期；白色的果桑品种，在桑果饱满时为采果适期。根据桑果成熟度，随熟即采，分批进行。宜在晴天露水干后采收，不宜在雨天采收。

二、采收方法

戴上卫生手套逐行逐株采摘适熟桑果，直接装进符合卫生要求的包装盒或果篮中（见图 10-16）。采摘时应不摘伤果、过熟果、畸形果、病虫果；轻采轻放，分级装果盒（果篮），叠放果的层数宜在 8 层以内，不应碰伤、压坏果穗。

图 10-16 桑果的采收

三、桑果包装与运输

用于榨汁的桑果，采摘在果箩（果筐）或果袋中，及时运到果汁压缩车间洁净的仓储场地摊放，堆放高度不宜超过 30 cm，在 10 h 内及时加工处理，不宜长时间堆放。鲜吃销售的桑果，可先用小塑料盒包装，再装入纸箱，一般每箱重 10 ～ 15 kg，运往市场销售（见图 10-17）。

图 10-17 桑果的包装与叠放

（本章编写：林强、朱方容）

第十一章　食用桑栽培及利用初加工

桑叶和桑果是中药，也是食品。桑树按照食品生产技术标准栽培生产，桑叶、桑果能达到食品级要求。食用桑包括桑果、桑叶，因前面已经介绍果桑栽培技术，就不再重复。这里除介绍食用桑叶的栽培技术外，还介绍食用桑利用的初加工。

第一节　食用桑的栽培技术

由于多数食用桑叶实际是用芽叶和嫩叶，故也称之为食用桑芽（见图 11–1）。生产目的不同，其栽培是有区别的。

图 11–1　食用桑园的芽叶

一、食用桑园地址的选择

应选择边界清晰，生态环境良好，远离交通主干道，距离工业污染源、生活垃圾场等大于

3 km 的土地。选择旱地、坡地或水田作园地，园地应易排水，地下水位距地面≥ 1.0 m。建立无公害食用桑园，要求土壤环境质量符合 GB 15618 中的二级标准，具体指标见表 10–3；灌溉用水水质符合 GB 5084 的规定，具体指标见表 10–2；环境空气质量符合 GB 3095—2012 的二级标准的要求，具体指标见表 10–1（参见本书第十章第三节）。

二、品种的选择

选择烹煮不易变黑、发芽多、花少、有诱人香味的桑树品种。

三、苗木繁育

如选用的是杂交桑品种，可用种子育苗，具体参考本书第三章第一节；为了使产品一致，采用嫁接育苗、插条育苗，具体参考本书第三章第二节。

四、食用桑园建设

（一）选好地块并建设好基础设施

应选择生态好的集中连片的地块建食用桑园，并规划建设好园区道路、灌溉设施、排水沟渠、贮水池等基础设施。

（二）整地

按种蔬菜作物要求整备园区土地，要深耕、碎土、平整土地、改良土壤、每亩施入土杂肥有机肥 1 000 ～ 3 000 kg。食用桑需要芽叶较多，土地须肥沃。

种植前按种植行距、株距规格拉线定种植线，挖深 30 cm、宽 30 cm 的行沟施入基肥，并回填部分泥土与基肥拌匀。基肥施用量每亩施农家肥 500 ～ 1 500 kg、复合肥 100 kg。

（三）种植

1. 种植时期

全年均可种植，但应避开高温季节种植，冬春季节种植成活率较高。

2. 种植规格

为作业方便，建议设计宽窄行种植。如果机械作业，宽行能行走拖拉机。宽窄行种植规格：宽行行距 70 cm× 株距（17 ～ 20）cm，亩植 6 700 ～ 9 000 株；或宽行行距 125 cm× 株距（17 ～ 20）cm，亩植 3 300 ～ 4 500 株。

3. 定植

把苗木的根部埋入种植沟，按桑行线扶正，泥土壅过根茎部 3 cm。

4. 剪定

种后统一按植株地上部 20 cm 定高，剪去桑苗的末端。

5. 淋定根水

淋足定根水。

6. 地膜覆盖

剪定后覆盖黑色地膜，以保持土壤水分、抑制杂草生长。

（四）食用桑园的管理

1. 新桑的管护

栽植后，土壤干旱要及时灌溉淋水。桑地有积水，应填土平整低洼处，开沟排除积水。结合除草进行松土，防止土壤板结，增强土壤透气性。新桑发芽开叶后，根据桑树生长情况，及时沟施追肥，施肥量为每亩施复合肥（15-15-15 型）25 ～ 50 kg。8 月下旬至 9 月上旬施追肥 1 次，每亩施复合肥（15-15-15 型）50 ～ 75 kg。发现有缺株，应及时补种。全面检查鉴定成活植株的种性，挖除杂株、及时补植。

2. 树形养成

食用桑园的生产目标是桑叶芽，芽数越多越好。树形如桑果园一般。新桑长出第一级新梢 15 ～ 20 cm 时进行第一次打顶，形成第二级新梢分枝，以后新梢长出 15 ～ 20 cm 后再进行第二次打顶，促使植株多发芽、多长枝，形成多层分枝树型。8 月底以后长出的新梢不再打顶，让新梢充分生长长出更多腋芽。

3. 成林食用桑园的管理

（1）施肥。

①施肥原则。

重施农家肥料和有机肥料，氮、磷、钾配合施用，肥料的使用应对桑树及其收获物芽叶的品质、风味和抗性等不产生不良后果。

②允许使用的肥料种类。

要成为有机的食用桑，要优先施用农家肥料，包括秸秆肥、绿肥、厩肥、堆肥、沤肥、沼肥、饼肥、废菌渣等有机肥料，如农家肥不足够，也可施用有机—无机复混肥料，但有机氮与无机氮之比不超过 1∶1，禁止使用硝态氮肥，化肥应与有机肥、复合微生物肥配合施用，最后一次追肥离收获时间要达 30 天。

③不应使用的肥料。

按《绿色食品肥料使用准则》（NY/T 394—2013）中 6 所述的不应使用的肥料种类执行，具体包括添加有稀土元素的肥料，成分不明确的、含有安全隐患成分的肥料，生活垃圾、污泥和含有害物质（如毒气、病原微生物、重金属）等工业垃圾，国家法律法规规定不得使用的肥料。

④各种肥料的使用方法。

每次施肥应在桑根旁开沟施入，施后盖土。

⑤施肥量。

每年施肥至少 3 次，分为冬季、夏季及促梢肥。冬季施肥在冬至前后 10 天进行，每亩挖沟施入农家肥（有机肥）1 000 ～ 1 500 kg、复合肥（15-15-15 型）50 ～ 80 kg，施肥后覆盖厚土。夏季施肥在桑园夏伐后进行，每亩挖沟施入农家肥（有机肥）500 ～ 1 000 kg、复合肥（15-15-15 型）50 ～ 80 kg，施肥后覆盖厚土。促梢肥在 8 月中旬进行，每亩挖沟施入复合肥（15-15-15 型）55 ～ 80 kg，施肥后覆盖厚土。

（2）夏伐、打顶、修剪与收获芽叶。

①上半年收获。上半年的芽叶大部分由枝条的冬芽长成，所以冬芽数和发芽率决定芽叶量。由

于有顶端优势，枝条上端芽叶生长较快。可先收获顶上较大的芽叶，让基部芽叶多生长几天。全部芽叶每个都留基部 1 ～ 2 节，可快速长出新芽。

②夏伐。根据销售情况确定夏伐时间，于 6 月下旬至 7 月底前进行，在树杈拳部基部剪伐，剪下的枝条搬到远离桑果园的地方堆放；剪除枯枝、残叶，清扫落叶，集中处理。

③打顶。夏伐后长出芽叶进行第一次打顶收获，留基部一节；第二级新梢长出芽叶时进行第二次打顶收获；在 8 月上旬全部新梢最后打顶一次，选留过冬壮枝 6 ～ 9 条让其充分生高长节，以后让新梢充分生长；其余在下半年层层收获芽叶。

④修剪。宜在 12 月下旬进行，可剪去枝条顶端绿色细嫩部分，削弱顶端优势，提高枝条基部发芽率；修剪病枝、枯枝，清除树上全部叶片。

（3）灌溉与排水。

①灌溉。连续干旱、土壤干燥时应及时灌溉；在冬芽膨芽盛期应灌溉 1 次，促进冬芽萌芽整齐、多发。11 月中旬至 12 月中旬不宜灌溉，避免枝条顶端冬芽早发，影响枝条中下部冬芽萌发。

②排水。地下水位高的桑园应及时开通四周排水沟，降低地下水位；有积水应及时排除。

（4）耕翻、除草和清园。

夏伐后应进行清园、耕翻和除草；冬季剪梢后应及时除草和清园；在采摘芽叶前全面铲除清理园内杂草，铲平行间地面，以利采摘芽叶作业。

（5）病虫害防控。

食用桑园是生产人类食品的，禁止在桑树生长和收获期间使用农药（激素），桑园多次收获芽叶，病虫极少。提倡绿色防控病虫害。食用桑绿色防控病虫害的主要意义和措施如下：

①推广应用生态调控、生物防治、物理防治、科学用药等绿色防控技术，不仅有助于保护生物多样性，降低病虫害暴发概率，实现病虫害的可持续控制，而且有利于减轻病虫害造成的损失。

②传统的防治病虫害措施，可能不符合生产绿色食品的要求，不能避免人畜中毒事故，还会造成农药及其废弃物造成的面源污染，不利于保护农业生态环境。

③种植抗病虫品种。有的桑树品种易招病虫不能作为食用桑种植。

④用黄板治桑粉虱、桑芽瘿蚊等。

⑤盖地膜防治在土壤越夏、越冬、化蛹、产卵的病虫，如桑瘿蚊等。

⑥利用冬伐、夏伐时机清园和灭病虫。

⑦用杀虫灯诱杀虫蛾，降低虫口。

⑧及时采芽用叶。除及时收获合格芽叶外，其他桑叶也要及时收获，以免桑叶浪费、养害虫和造成荫蔽环境。

⑨生物农药防控。如白粉病在发病初期，用 3% 多抗霉素 150 ～ 200 倍液或 2% 春雷霉素水剂 400 倍液进行喷雾防控。

⑩化学防治。要遵循“预防为主，综合防治”的植保方针和“公共植保、绿色植保”的植保理念。选用符合《农药合理使用准则》（GB/T 8321）和《绿色食品农药使用准则》（NY/T 393—2013）要求的农药，操作和防护符合《农药安全使用规范总则》（NY/T 1276—2007）要求，牢固树立标准化生产意识。用药时应注意农药种类、浓度、施药方法和农药使用安全间隔期。

第二节　桑叶茶

据载，传统的霜桑叶汤，即霜桑叶茶，有奇效。桑叶茶就是用桑叶制作，能像茶叶那样泡水喝的饮品。桑叶茶有总黄酮、多酚、总生物碱、DNJ（生物碱）等活性成分，但含量多少与原料生产、桑品种、茶类型、制作工艺等因素有关。桑叶茶能治风热感冒或温病初起的头疼、肺热、燥咳、肝阳眩晕、目赤肿痛、视物昏花、血热等。还可以治肝肾阳虚引起的目暗不明、便秘。《本草撮要》就有关于桑叶茶药效记载："以之代茶，常服止汗"。桑叶性寒，故脾胃虚寒者不能当茶饮。有些产品的原料用老叶或霜后叶，有些用嫩叶，更多的是用芽叶；有的产品追求汤色黄绿透明、保持桑芽形状；有的为袋泡茶，对原料、杀青等环节并不要求严格。

一、桑叶茶的工艺

如果桑叶茶原料是桑芽，各类茶的制作是不需要切片环节的。如果原料洁净就不需要清洗，直接晾青到原料含水率适宜。杀青是制茶工艺中的一道工序，芽叶刚采摘下时，细胞并没有死亡，还要存活一段时间，在这段时间中，它们要消耗芽叶中的营养，并使芽叶中的化学成分起变化，最后变成没有营养的黄叶，所以必须尽快将细胞杀死。杀死芽叶中细胞使其保持绿色的方法叫作杀青。杀青的目的是利用高温破坏芽叶中酶的活性，抑制多酚类化合物氧化；进一步逸散青气，发展香气；蒸发水分，使叶质变软，便于揉捻。桑叶绿茶的制作工艺见图 11-2。据研究发现，杀青温度 300 ℃、时间 2 min，能使茶汤黄绿明亮，桑芽绿色。

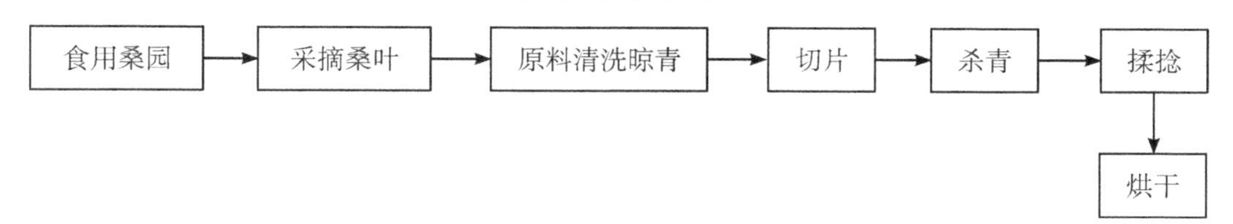

图 11-2　桑叶绿茶制作工艺流程

桑叶黑茶的制作工艺见图 11-3。

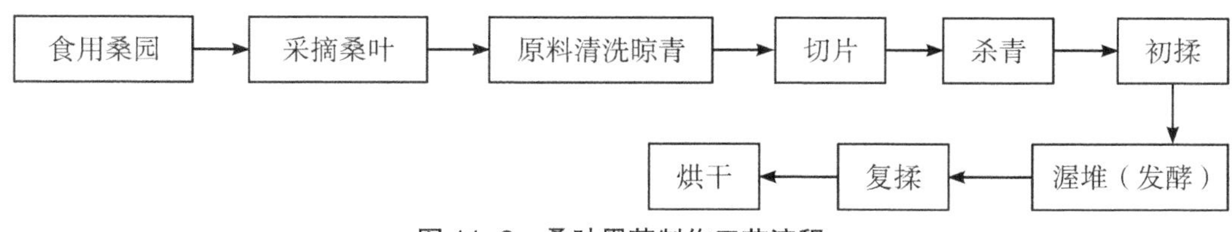

图 11-3　桑叶黑茶制作工艺流程

桑叶红茶的制作工艺见图 11-4。

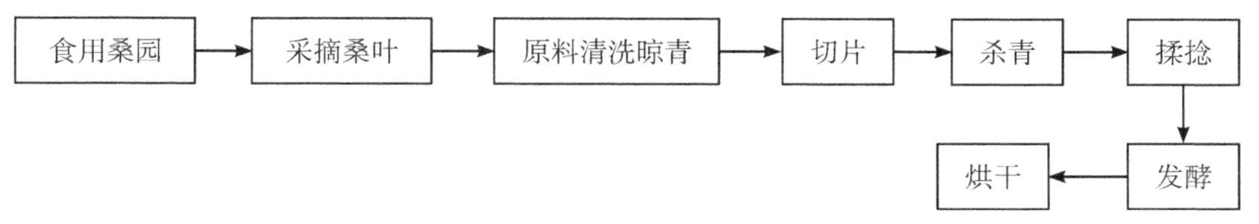

图 11-4　桑叶红茶制作工艺流程

二、制作桑叶茶的主要设备

制作桑叶茶的主要设备包括清洗桑叶设备（见图 11-5）、桑叶除水设备（大型离心机，见图 11-6）、晾青设备（除湿机，见图 11-7）、杀青设备（见图 11-8）、揉捻设备（见图 11-9）、发酵设备（见图 11-10）、烘干设备（见图 11-11）等。

图 11-5　清洗桑叶设备

图 11-6　桑叶除水设备（离心机）

图 11-7　晾青设备（除湿机）

图 11-8　杀青设备（吴丽莉提供）

图 11-9　揉捻设备（吴丽莉提供）

图 11-10　发酵设备（吴丽莉提供）

图 11-11　烘干设备

第三节　桑叶菜

一、桑叶菜的价值

桑叶做菜多用芽叶，所以桑叶菜又称为桑芽菜。桑芽菜色、香、味诱人，深受喜爱。科研人员将采收桑树品种夏伐后长出的桑芽进行烘干，测试氨基酸总量（%）、水分（g/100 g）、蛋白质（g/100 g）、粗脂肪（g/100 g）、总糖（%）、粗纤维（%）、维生素 C（mg/kg）、DNJ 和黄酮含量，测定了 31 个桑树种质资源芽叶的营养成分和活性成分含量，其中 11 个桑树品种的结果见表 11-1。

从营养成分氨基酸总量、蛋白质、粗脂肪、总糖、维生素 C 看，以桂诱 92 L-46、桂诱 92 L-26、桂诱 94-109、A32 开远为优；从活性成分 DNJ、黄酮含量看，恭城 2 号、桂诱 94-109 含量高。有的桑树品种的芽叶营养丰富，活性成分含量高，具有较高的营养和保健价值。多吃一点桑叶菜，对身体有好处。但是，桑叶菜易变黑、不耐贮存、影响食用。颜色发黑的蔬菜和颜色翠绿的蔬菜相比在颜色上明显不被人喜欢。青菜之所以颜色会发黑，一是因为在炒青菜的时候火力不够旺，没将锅子烧到足够热的温度，就将青菜放入其中翻炒；二是因为临近收获时，施用化肥。

桑叶菜收获后处理一下，可解决变黑和不耐贮存问题。

二、桑叶菜初加工和利用

1. 桑叶菜初加工

桑树长出新鲜嫩芽时，人们把它采集经冷冻处理后进行保鲜，可以在市场上出售，人们购买后解冻就能当蔬菜食用。经过水焯的桑叶菜不易变黑，耐冷藏（见图 11-12、图 11-13）。图 11-14 是桑叶菜初加工的工艺流程。

表 11-1　11 个桑树种质的芽叶营养含量和某些活性成分含量

桑品种名	氨基酸总量（%）	水分（%）	蛋白质（%）	粗脂肪（%）	总糖（%）	粗纤维（%）	维生素 C（mg/kg）	DNJ（mg/kg）	黄酮（mg/kg）
灵陆 6 号	3.4	3.84	23.6	3.1	26.4	8.7	505.5	0.238	0.215
池塘 2 号	3.4	4.26	26.8	3.1	20.4	9.4	1 526.8	0.267	0.176
桂诱 92 L-46	6.1	3.04	33.0	4.2	22.9	9.2	3 608.2	0.269	0.166
伦 40	3.9	4.48	22.8	3.7	22.7	9.8	1 668.9	0.195	0.255
桂诱 92 L-26	6.2	4.30	28.9	4.8	22.6	9.1	4 680.3	0.221	0.192
恭城 2 号	3.7	3.74	26.6	3.1	28.0	9.5	1 488.5	0.331	0.269
A32 开远	4.0	3.62	29.6	4.1	27.4	9.7	414.7	0.252	0.220
桂诱 94-109	4.8	5.07	31.4	4.0	18.4	9.0	1 754.4	0.292	0.154
桂 7315	3.0	3.05	24.4	3.4	22.4	8.4	1 374.8	0.186	0.253
桂诱 2028	2.8	5.13	21.7	3.2	31.6	8.5	779.9	0.268	0.257
塘 12	2.7	4.55	29.5	3.5	22.9	8.7	487.6	0.215	0.220

注：此表数据由邱长玉提供。

图 11-12　水焯冷藏桑叶菜

图 11-13　水焯桑叶菜的设施设备

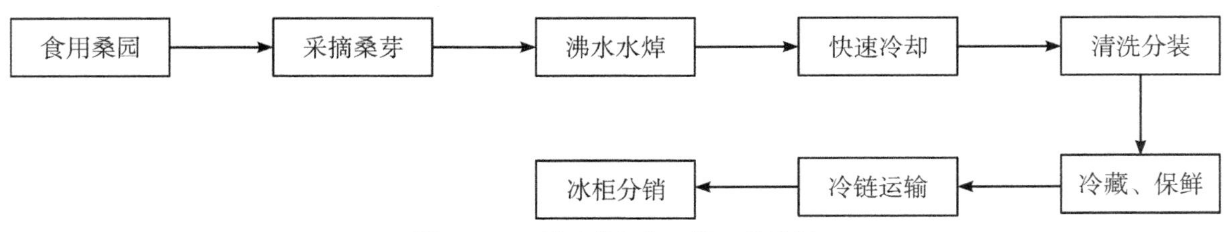

图 11-14　桑叶菜初加工的工艺流程

2. 桑叶菜菜式

用桑芽叶为食材，可以泡茶，也可以烹出很多诱人、美味又有营养保健的菜式（见图 11-15

至图 11–17)。

图 11–15　桑叶茶、桑叶菜

图 11–16　桑叶汤

图 11–17　桑叶菜的部分菜式

第四节　桑果及其利用初加工

一、鲜果食用

桑果色香味诱人，果肉多汁，滋味甘美，被誉为水果中的珍品，素有“中华果王”之美誉。桑果营养丰富，可鲜食和加工利用，梁贵秋等报告分析了鲜桑果的营养成分（见表 11–2）。

由于桑果中含有大量的水分、果糖、果酸、碳水化合物、氨基酸、蛋白质、多种维生素、胡萝卜素及人体必需的矿物元素和微量元素等，能有效地扩充人体的血容量，且补而不腻，吃新鲜的桑果，对我们的身体健康有很大的好处。桑果可以采摘下来直接食用（见图 11–18）。桑果含有活性物质，具有保健和治疗作用。

有的桑果硒元素的含量很高，还含有丰富的花青素和白藜芦醇等功能成分，中国医学认为桑果味甘酸，性微寒，具有补血滋阴，生津止渴，润肠燥等功效，主治阴血不足而致的头晕目眩、耳鸣心悸、烦躁失眠、腰膝酸软、须发早白、消渴口干、大便干结等症。

表 11–2　新鲜桑果的营养分析

种类	单位	成分名称	台湾大果桑	粤椹大 10	桑特优 2 号
基本营养	%	水分	91.0	89.4	89.6
		蛋白质	1.05	0.80	1.46
		总糖（以葡萄糖计）	3.38	6.66	4.50
		总酸（以柠檬酸计）	0.68	0.82	1.02
维生素	mg/100 g	维生素 C	62	62	56
		胡萝卜素	0.3	0.3	0.5
		维生素 B_1	0.14	0.03	0.15
		维生素 B_2	0.02	0.02	0.03
		维生素 E	2.97	2.27	2.27
部分矿物质	mg/kg	钙	413	673	817
		锌	1.93	1.90	3.22
		铁	5.27	3.37	8.87
		镁	86.7	128.0	152.0
		锰	0.77	1.18	0.93
		钾	920	1 172	1 805
部分活性成分	mg/100 g	花青素	118	182	200
		白藜芦醇	1.54	1.72	1.66
		硒	1.93	1.90	3.32

续表

种类	单位	成分名称	台湾大果桑	粤椹大 10	桑特优 2 号
氨基酸	%	天冬氨酸	0.25	0.11	0.27
		苏氨酸	0.03	0.03	0.05
		丝氨酸	0.04	0.03	0.06
		谷氨酸	0.14	0.11	0.21
		脯氨酸	0.01	0.03	0.05
		甘氨酸	0.04	0.03	0.06
		丙氨酸	0.05	0.05	0.08
		胱氨酸	0.01	0	0.01
		缬氨酸	0.04	0.03	0.06
		蛋氨酸	0	0.01	0.01
		异亮氨酸	0.03	0.02	0.04
		亮氨酸	0.04	0.04	0.07
		酪氨酸	0.03	0.02	0.04
		苯丙氨酸	0.03	0.03	0.50
		赖氨酸	0.04	0.04	0.06
		组氨酸	0.02	0.01	0.03
		精氨酸	0.06	0.06	0.13
		氨基酸总量	0.86	0.52	1.28

注：此表数据由梁贵秋提供。

图 11-18　桑果鲜吃（覃嘉庆提供）

二、桑果干制

桑果可以晒干、风干、烘干制成桑果干。质量、风味以晒干、风干为佳。北方桑果糖度高、水分少，空气干燥、阳光充足，桑果易干；南方的桑果糖度低、水分多，空气湿度大，不易干。烘制干果，温度不宜过高。如温度超过 60 ℃，种子发芽率不到 50%，说明用 60 ℃烘桑果会使桑果活力下降 50% 以上。其制作工艺见图 11-19。

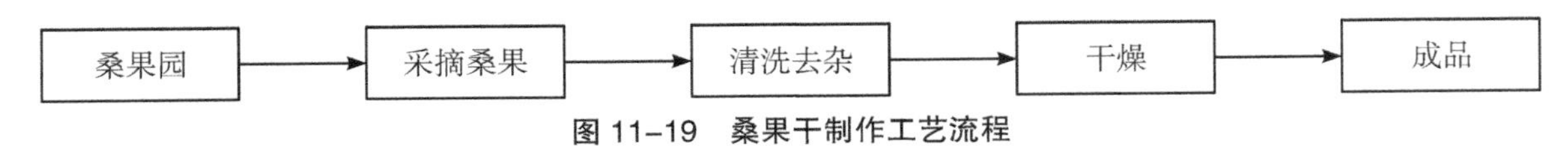

图 11-19　桑果干制作工艺流程

（一）工艺流程

1. 果实采收

制干的桑果必须充分成熟，其标志是果汁有较强的黏着力，品尝时各果甜味一致。

2. 原料的整理

剔除果穗中的枯叶干枝，并用疏果剪除去霉烂或变色的不合格果粒。晾挂桑果果穗用的嵌有硬细木的木椽子，一端用麻绳或铁丝垂直系于晾房屋顶，晾房四壁均留有足够的通气孔。晾晒果穗俗称挂刺。挂一排，系一排，从最下端开始逐层上挂，重重叠叠，犹如宝塔，直挂到屋顶。挂刺后 3 ～ 4 天，有部分果穗果粒脱落，应及时清扫。以后每隔 2 ～ 3 天清扫一次，直到不脱落为止。脱落的果穗和果粒置于阳光下曝晒，制成次等桑果干。

制干晾房都位于荒坡，四周空旷，无植物、高温、干燥、热风阵阵，晾房内平均温度约 27 ℃，平均湿度约 35%，平均风速 1.5 ～ 2.6 m/s。经约 30 天阴干，即可完全下刺，一般每 4 kg 鲜桑果可制成 1 kg 桑果干（见图 11-20 至图 11-22）。

图 11-20　桑果干

图 11-21　晒桑果

图 11-22　白桑果干

3. 成品处理

摇动挂刺，使桑果干脱落。稍加揉搓，借风车、筛子或自然风力去掉果柄、干叶和瘪粒等杂质。然后按色泽饱满度及酸甜度进行人工分级、包装、贮藏、出售。

桑果干去杂后粉碎，可得到食用桑果粉。食用桑果粉可加工成桑果饼等。

（二）桑果的功效

1. 抗癌，降血糖血脂

桑果中含有一种叫“白藜芦醇”（RES）的物质，能刺激人体内某些基因抑制癌细胞生长，并能阻止血液细胞中栓塞的形成。

2. 补血养颜

现代药理研究证明，桑果含有多种维生素，尤其是含有丰富的磷和铁，能益肾补血，使人面色红润，头发漆黑亮丽。若与黑豆、枣肉相配，还能提供使头发变黑的黑色素及供头发生长所需的蛋白质。

3. 补肝益肾

中医认为，肝主藏血、肾主生髓，是人身能量储存基地。桑果性味甘寒，具有补肝益肾的功效。男性朋友要注意：从中医角度说，对于性机能失调、属寒热混杂体质的人，最好不要随便补肾壮阳，否则会越补越“虚”。夏天可饮用桑果汁，不仅可补充体力，还可提高性生活质量。

4. 增强免疫力

增强血液新陈代谢能力，提高身体素质。

5. 补脑益智

促进小孩智力发育，成人用脑过度也可以用桑果调理

三、桑果榨汁

桑果可榨成果汁。不加水和任何东西即为桑果原汁。需要注意的是榨汁器械等接触桑果部分不宜直接接触到铁，以免变黑。如果南方的桑果糖度不够可在原汁加点糖，如果桑果糖度过高可在原汁加纯净水调成合适的口感，即可饮用。榨汁工艺见图 11–23。

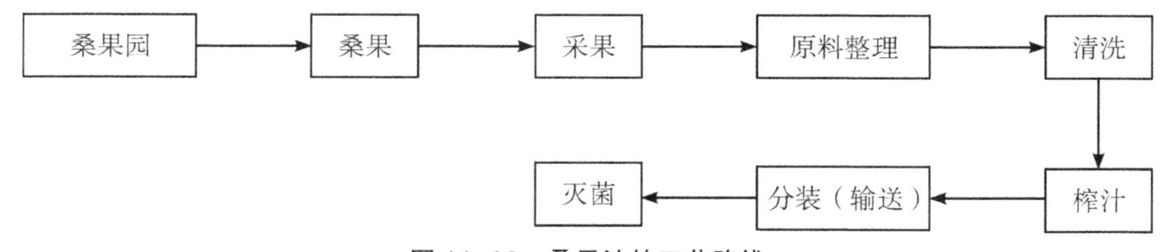

图 11–23　桑果汁的工艺路线

1. 设备及辅材

榨果汁时要准备好纯净水，用不锈钢榨汁机。

2. 果实采收与整理

榨汁的桑果不必充分成熟，据报道桑果过熟，白藜芦醇含量反而会下降。根据桑果成熟度，随熟即采，分批进行。宜在晴天露水干后采收，不宜在雨天。剔除果穗中的枝、叶、泥沙等杂物。用于榨汁的桑果，采摘在果箩（果筐）或果袋中，及时运到果汁压缩车间洁净的仓储场地摊放，

堆放高度不宜超过 30 cm，在 10 小时内及时加工处理，不宜长时间堆放。

3. 桑果清洗

用自来水冲洗桑果表面，把表面污染物清除掉（见图 11–24）。

图 11–24　桑果生产线的清洗环节

4. 榨汁

经过清洗的桑果就可以用不锈钢榨汁机榨汁，并通过过滤达到汁渣分离。

5. 分装与灭菌

以桑果汁为原料深加工制成的桑果汁饮料（见图 11–25）、桑果酒、桑果醋、桑果膏等是集营养和保健为一体的饮料食品，目前很畅销，市场前景广阔。果汁过滤后有的要经沉淀才分装，可在分装后瞬间灭菌，也可在管道输送中瞬间灭菌，再通过管道输送到下一环节。

图 11–25　桑果汁

第五节　食用桑叶粉与桑果粉

桑叶干燥粉化可成桑叶粉，但要达到食用级别，原料要严格要求。食用桑叶粉生产工艺流程见图 11–26。首先要纯正、无异物异味、无毒、无污染。只有按食用桑生产才能达到此要求。饲料级桑叶粉要求相对宽松一些。食用桑叶粉可加工成桑叶面条、桑叶馒头、桑叶饼等（见图 11–27）。

桑果粉也是将干桑果粉碎而得到的。桑果粉制作工艺流程见图 11–28。大规模晾晒桑果见图 11–29。

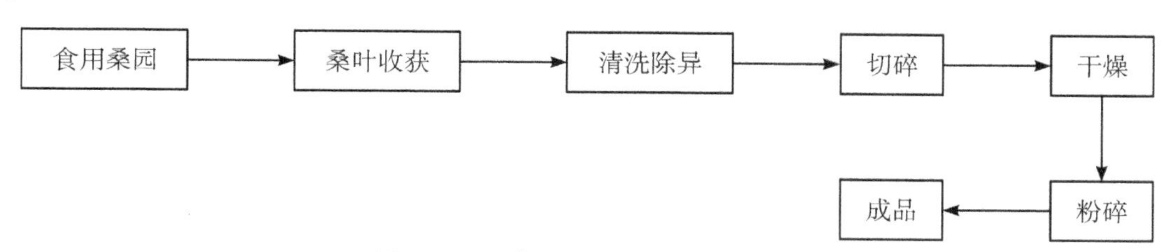

图 11–26　食用桑叶粉生产工艺流程

图 11–27　桑叶馒头（吴婧婧提供）

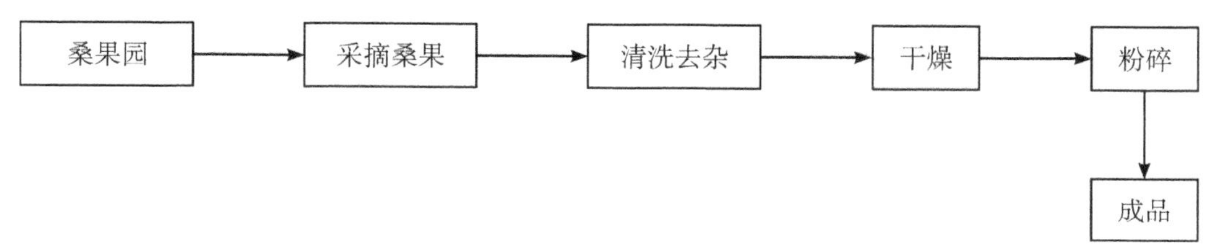

图 11–28　桑果粉制作工艺流程

图 11–29　大规模晾晒桑果（刘茂祥提供）

（本章编写：朱方容、肖丽萍）

第十二章　饲料桑栽培技术与收获加工

桑树是传统的家蚕饲料，因其营养成分全面、含量丰富，含有多种天然活性物质，也可作畜禽饲料，适于多种畜禽养殖饲用，可鲜饲、青贮或晒制成干草，也可将其晒干粉碎与其他饲料配合使用，适口性较好，具有较高的消化率，可提高畜禽抗逆力，改善畜禽产品风味品质，有效地改善生产性能，还能拓宽饲料来源，缓解人畜争粮矛盾，弥补常规饲草夏季缺少青绿饲料的不足，畜禽养殖场与饲料桑栽培结合有利于建立起养种结合生态循环生产模式，从而取得可观的效果，具有极大的开发潜力和重要利用价值。

饲料桑，是指具有生长快速和耐剪伐的特性，能够适应牧草式高密度、草本化栽培及条桑收获的种植模式，专门用作饲料开发利用的桑树品种（见图 12–1）。

图 12–1　饲料桑

第一节　饲料桑品种

栽桑传统上是为了最大限度地收获叶片养蚕。与养蚕不同的是，畜禽不但可以食下桑叶，而且还能消化利用桑树幼嫩的枝条。饲料桑的栽培目标是最大限度地收获地上全部的生物产量，包括叶片和嫩枝。开发桑饲料，除直接利用蚕桑产业副产物养蚕剩余桑叶、桑枝和蚕沙外，还应该培育专用的饲料桑品种。桑树枝叶粉营养成分比较见表 12–1。

表 12–1　几个桑树品种枝叶粉营养成分

样品名称	可溶性糖（以干基计）/%	碳水化合物（以干基计）/%	粗蛋白（以干基计）/%	粗脂肪（以干基计）/%	粗纤维（以干基计）/%	灰分（以干基计）/%	水分 /%
桂桑 5 号枝叶	6.08	66.10	20.70	2.59	28.70	10.70	4.72
桂桑 6 号枝叶	7.08	65.50	21.30	2.49	27.40	10.70	4.04
沙二 × 伦 109 枝叶	7.66	68.10	18.30	2.52	25.20	11.10	4.92
桂桑优 12 枝叶	5.15	66.80	18.50	2.34	27.60	12.40	4.32

注：数据由广西分析测试中心提供。

饲料桑的品种选择标准是植株枝条直立细长、发条数多、耐剪伐性强，叶片厚实、中等大小，生长速度快、生物产量高、叶片和嫩枝粗蛋白含量高等。

目前，生产上没有明确的规定饲料桑品种，实际应用中亦出现名称混淆，有“饲料桑、蛋白桑、营养桑、生态桑、沙地桑”等多种名称。这些名称大多是根据应用的目的不同而命名，同一桑树品种在用于沙漠旱地的防风、治沙栽培目的时，称为沙地桑，而在另一地区栽培目的为饲料开发时，称为饲料桑。生产上常用的饲料桑品种主要有广东的系列杂交桑——沙二 × 伦 109、桑塘 10× 伦 109、粤桑 11 号等，广西的系列杂交桑——桂桑优 12、桂桑优 62、桑特优 2 号、桂桑 6 号等，河北省特产蚕桑研究所的冀桑 3 号，中国农业科学院蚕业研究所的丰驰桑等。

广西的桂桑优 12、桂桑优 62、桂桑 6 号等系列杂交桑品种，具有植株耐剪伐、生长速度快、枝叶产量高和粗蛋白含量较高等优点，作为饲料桑品种非常适宜，可根据桑园的地形、土壤状况和现有各种条件等综合考量选择种植。

一、桂桑优 12

桂桑优 12 是广西蚕业技术推广站育成的二倍体桑树杂交组合（见图 12–2）。该品种生长旺、叶片较大、产叶量高，叶质优，适应性广、耐旱性强，在山坡地、沙漠地、盐碱地均可种植。适宜采片叶，全年条桑育用桑品种。桂桑优 12 桑叶干物质蛋白质含量可达 24% ～ 28%，是我国优良饲料桑品种之一。适合养蚕，也适合饲养畜禽动物，改善品质。

图 12–2　新疆南方沙漠边缘种植的桂桑优 12

二、桂桑优 62

桂桑优 62 是广西蚕业技术推广站育成的二倍体桑树杂交组合。该品种产叶量高，生长期长，叶片大，叶质较优。对花叶病的抗性较强。适宜采片叶，全年条桑育桑品种。桂桑优 62 桑叶干物质蛋白质含量可达 23% ～ 28%，是我国优良饲料桑品种之一。适合养蚕，也适合饲养畜禽动物，改善品质。

三、桂桑 6 号

桂桑 6 号是广西蚕业技术推广站育成的三倍体桑树杂交组合。该品种树型高大，叶大，叶厚，叶质优，枝产叶量高，采叶省工。抗病性中等，耐旱，耐高温，适应性较强。适宜采片叶、全年条桑育。桂桑 6 号桑叶干物质蛋白质含量可达 25% ～ 29%，枝叶干粉粗蛋白含量达 21.3%，是我国优良饲料桑品种之一。适合养蚕，也适合饲养畜禽动物，改善品质。

四、桂桑 5 号

桂桑 5 号是广西蚕业技术推广站育成的三倍体桑树杂交组合。该品种树型高大，叶大，叶厚，叶质优，产叶量高，采叶省工。抗病性中等，耐旱，耐高温，适应性较强。适宜全年采片叶和全年条桑收获，枝叶干粉粗蛋白含量达 20.7%，是我国优良饲料桑品种之一。适合养蚕，也适合饲养畜禽动物。

第二节　饲料桑栽培管理技术

桑树抗逆性强，适栽范围广，对土壤条件要求不高，pH 值为 4.5 ～ 9.0 的各类土壤均适合其生长，属于乔木，枝条木质化程度较高。对畜禽来说，桑树叶片和嫩枝都是优良的饲料来源。饲料桑要求桑树木质化较低、桑叶与嫩枝一起收获、一年收获多次，因此饲料桑需要桑树快长、高产、易收割，栽培管理上就比普通的桑园要求栽植密度大、水肥需要量大。

饲料桑采用高栽培密度的草本化栽培技术，不仅能提高单位面积的生物产量，而且枝叶木质化程度较低，使其作为桑饲料的饲用价值得到较大提高。因此，饲料桑为达到高产、高效、优质、一年种植多年受益的目标，应该选用饲料桑品种，采取草本化栽培技术，同时配以合理的肥培管理。

一、草本化密植栽培

饲料桑草本化栽培是指利用饲料桑的快速生长特性和耐剪伐性，采用超高密度种植，在株高 0.8 ～ 1.0 m、枝条的木质化程度较低时留茬 5 ～ 8 cm 刈割，桑叶和嫩枝一起收获利用。

饲料桑的育苗、栽培方法同常规桑园，但因栽培的目的差异，饲料桑的栽培密度较高。江苏地区一般于 5 月中下旬播种（条播），每亩桑园播种 0.5 ～ 0.7 kg 桑种，为方便后期农事操作（如施肥、除草、收获等），微耕（割）机可在行间作业，将行距设为 0.8 ～ 1.0 m；当苗高 3 cm 时，按株距 3 cm 进行间苗；当苗高 6 ～ 9 cm 时，按株距 3 ～ 5 cm 间苗；最后按 15 ～ 20 cm 定苗，每亩桑园留苗 3 500 ～ 4 500 株。广西饲料桑一般采用杂交苗直栽成园，苗木来源为自行播种育苗，待幼苗长到一定规格后移栽，或者直接购置商品杂交苗；栽培密度常见有行距 0.70 m× 株距 0.15 m，为适应桑园机械化管理操作，也有宽窄行种植，宽行 1.30 m× 窄行 0.40 m× 株距 0.15 m 或者宽行 0.80 m× 窄行 0.40 m× 株距 0.15 m，具体种植规格可根据使用的微耕机、收割机等机械设备的大小调整确定。桂桑优 12 草本化密植栽培见图 12–3。

图 12–3　桂桑优 12 在山东省泰安市草本化密植栽培（崔为正提供）

有研究表明，饲料桑收获采用草本化栽培根刈法比一般的留枝采叶法节省用工 43.2%；收获物中枝叶比为 39 : 61，枝条中树皮和幼嫩木质比为 17 : 26，全部收获物中牛羊采食率达 92.3%。

饲料桑的最终栽培目的是为了获取植株产生的蛋白质，所以确定其最佳的栽培密度的重要指标之一就是单位面积的产蛋白总量。单位面积产蛋白总量一般由下列公式计算得出：

单位面积产蛋白总量 = 单位面积桑枝叶产量 × 粗蛋白含量（%）

饲料桑适宜的种植密度根据桑品种的不同有差异。广西对饲料桑桂桑优 12、桂桑优 62 和桂桑 6 号进行栽培试验，发现在 5 230 株 / 亩、6 350 株 / 亩、7 400 株 / 亩这 3 个种植密度中，不同的种植密度对饲料桑的桑枝叶产量、株高、枝条数、枝叶比和枝叶养分含量均有不同程度的影响（见表 12–2、12–3）。将各项指标结合起来考量后，认为较适宜的种植密度桂桑优 12 为 7 400 株 / 亩，桂桑优 62 为 6 350 株 / 亩，桂桑 6 号则为 5 230 株 / 亩。

崔为正研究了桑树草本化栽培，3 年枝叶产量以亩植 1 万株的桂桑优 12 为最高，其中，第 2 年和第 3 年枝叶产量最高，其次为亩植 0.8 万株的桂桑优 12 桑园。3 年净叶产量以亩植 1 万株的桂桑优 12 为最高，其中，第 2 年和第 3 年的亩植 0.8 万株的桑园净叶产量最高，其次为亩植 0.8 万株的桂桑优 12 桑园。桑叶水分含量约为 80%，桑叶粗蛋白含量最高的为亩植 1 万株的桂桑优 12。

表 12-2　桑树草本化栽培不同品种与种植密度对枝叶生长和叶片质量的影响

桑树品种（杂交桑）		桂桑优 12		桂桑优 12		桂桑优 12		沙 2× 伦 109	
亩栽株数（株 / 亩）		6 000		8 000		10 000		6 000	
发条数（条 / 株）	第 1 年 2 造合计	4.13	bB	4.06	bB	4.18	bB	7.6	aA
	第 2 年 4 造合计	34.18	abAB	29.15	bB	28	bB	40.4	aA
	第 3 年 3 造合计	26.36	aAB	21.65	bB	21.55	bB	31.9	aA
	3 年合计	64.67		54.86		53.73		79.9	
	3 年平均	21.56	abAB	18.29	bB	17.91	bB	26.63	aA
第 1 年单株平均条长（米 / 株）		326.94	bB	302.66	bB	316.52	bB	608.33	aA
第 1 年米条长叶重（克 / 米）		77.15	aA	69.44	bA	65.41	bA	66.63	bA
枝叶产量（千克 / 亩）	第 1 年 2 造合计	2 068.38	dC	2 310.31	cC	3 028.21	bB	3 758.44	aA
	第 2 年 4 造合计	4 823.68	bBC	5 122.23	aAB	5 226.94	aA	4 514.45	bcC
	第 3 年 3 造合计	4 969.89	cBC	5 793.73	bA	6 125.83	aA	5 603.21	bABC
	3 年合计	11 861.95		13 226.27		14 380.98		13 876.10	
	3 年平均	3 953.99	dC	4 408.75	cB	4 793.66	aA	4 625.37	bAB
净叶产量（千克 / 亩）	第 1 年 2 造合计	1 261.45	dC	1 420.30	cC	1 827.00	bB	2 182.97	aA
	第 2 年 4 造合计	3 101.70	bBC	3 263.60	aAB	3 335.00	aA	2 899.50	bcC
	第 3 年 3 造合计	3 065.08	cBC	3 557.08	bA	3 763.07	aA	3 423.05	bABC
	3 年合计	7 428.23		8 240.98		8 925.07		8 505.52	
	3 年平均	2 476.08	dC	2 746.99	cB	2 975.03	bAB	2 835.17	bAB
桑叶水分含量（%）		80.17		79.31		80.53		79.90	
桑叶粗蛋白含量（%）		31.06		29.19		32.13		31.25	

注：数字右侧字母为差异性检验新复极差检验结果；有相同小写字母为差异不显著；小写字字母不同为差异显著；有相同大写字母为差异不显著；大写字母不同为差异极显著。（此表数据由崔为正提供）

江苏、四川和广东等地在 2010 年左右就已经开始饲料桑栽培及管理技术的研究，各地因为桑树品种、气候条件和水肥条件等差异，种植密度略有不同，每亩桑园种植约 3 500 ～ 8 000 株。

饲料桑栽培与普通桑相比，主要有以下几点较明显的差异：一是选用杂交桑品种，苗木直栽，不需要嫁接；二是采取草本化栽培，以便后期利用机械进行收割，可提高生产效率；三是高密度栽培，一般每亩桑园栽培 3 500 株以上。

表 12-3　几个桑品种枝与叶干粉营养成分含量

样品名称	可溶性糖 /%	碳水化合物 /%	粗蛋白 /%	粗脂肪 /%	粗纤维 /%	灰分 /%	水分 /%
桂桑 5 号枝叶	6.08	66.1	20.7	2.59	28.7	10.7	4.72
桂桑 6 号枝叶	7.08	65.5	21.3	2.49	27.4	10.7	4.04
沙二 × 伦 109 枝叶	7.66	68.1	18.3	2.52	25.2	11.1	4.92
桂桑优 12 枝叶	5.15	66.8	18.5	2.34	27.6	12.4	4.32
桂桑 5 号叶	9.48	58	24.1	4.00	15.2	13.9	4.42

续表

样品名称	可溶性糖 /%	碳水化合物 /%	粗蛋白 /%	粗脂肪 /%	粗纤维 /%	灰分 /%	水分 /%
桂桑 6 号叶	8.52	57.8	23.5	3.51	16.1	15.2	4.72
沙二 × 伦 109 叶	6.55	55.4	25	3.42	13.6	16.2	4.86
桂桑优 12 叶	4.49	54.9	24.6	3.76	13.2	16.7	4.76
桂桑 5 号枝	2.68	74.2	17.3	1.18	42.2	7.5	5.02
桂桑 6 号枝	5.64	73.2	19.1	1.47	38.7	6.2	3.36
沙二 × 伦 109 枝	8.77	80.8	11.6	1.62	36.8	6.0	4.98
桂桑优 12 枝	5.81	78.7	12.4	0.92	42.0	8.1	3.88

注：桑枝叶、桑叶成分含量数据为广西分析测试中心实测数，桑枝成分含量数为计算数。

二、肥培管理措施

桑园肥培管理是影响桑叶产量与品质的重要因素，普通桑园无论是用于丝茧育或种茧育栽培管理上都是极为重视肥培管理的。就普通栽培桑园而言，早已确立了相对成熟的施肥技术，一般根据春期和夏秋期桑树生长的不同特点结合蚕期布局，采用按季节施肥的技术模式。但是，饲料桑园即草本化栽培桑园由于全年实施多次条桑收获呈现多个生长季节，植株体内养分产生与消耗的特征与普通桑园有所不同。饲料桑品种一般都采用杂交桑品种，植株发芽期较早、再生能力较强、生长旺盛、抗逆性较弱，要求采取相应栽培措施，与传统的施肥技术和方法有所不同。一般认为杂交桑栽培需要“大水大肥”的肥水条件，在超密植无干养成的草本化栽培条件下，由于实行全年多次条桑收获，因此需要更高水平的肥培管理。

肥培管理对饲料桑的栽培是十分重要的。在赣南丘陵山区，饲料桑施肥后生长速度显著加快，产量比未施肥的对照提高 3.47 倍，未施肥时饲料桑长速缓慢，叶片数量少且小，生长后期出现枯黄现象。

由于早春桑树生长速度受多方面因素的影响，即便是同一时期，桑芽发育的开差也很大，此时地温气温都比较低，根系吸收功能较弱。若施肥过早，会降低施用肥料的利用率，影响桑树后期生长。施肥过迟，则不利于早期枝叶生长，且有可能影响桑叶的成熟。因此，结合桑树生长情况来看，可认为桑芽发育至露青阶段为草本桑园第 1 次春肥的施用适期。应该注意的是，在春季发芽前施用有机肥料作为基肥时，施肥时期则应适当提前。

广西饲料桑园每年施夏肥和冬肥各 1 次。夏肥，是在 6 月底采用开沟施肥法施用复合肥（22–5–13），施肥量为 50 kg/ 亩。冬肥，则是在 12 月底采用开沟施肥法施用 250 kg/ 亩的农家有机肥和 25 kg/ 亩的复合肥（22–5–13）。桑园行间铺盖防草布，能有效抑制大部分杂草的生长，极大减少除草所需人工和时间等成本支出。饲料桑园实行条桑收获，且一年收获多次，有利于桑园病虫害防治，桑园病虫害发生较少，一般很少喷施农药。

北京林业大学的孙双印研究发现，饲料桑园每亩分别施用 N、P、K 肥为 60 kg、30 kg、40 kg 时，桑叶产量、枝叶产量达到最佳，施肥次数为 3 次，时间分别为每年的 4 月、6 月、8 月。2007 年，饲料桑叶最佳产量为 700.62 kg/ 亩，栽培管理各因素的相对重要性大小依次为：施肥次数、刈割次数、施磷肥量、施氮肥量、施钾肥量；饲料桑枝叶最佳产量为 1 260.71 kg/ 亩，栽培管理各因素的相对重要性大小依次为：刈割次数、施肥次数、施钾肥量、施氮肥量、施磷肥量。栽培管理因素间存在一定的交互作用。在饲料桑叶产量因素交互影响中磷肥、施肥次数的交互作用最大，其次为氮肥、刈割次数的交互效应。在饲料桑枝叶产量因素交互影响中则氮肥和磷肥的交互作用最大，其次为氮肥和钾肥的交互效应。五项因素之间又存在互作效应。因此，在生产中，应注意协调五项栽培措施间的关系，适时刈割，合理施肥，重视氮肥、钾肥、磷肥的配合施用，发挥其综合增产效应，以利增产增收。

第三节　饲料桑收获与利用

一、饲料桑的收获

（一）收获方式

饲料桑的收获方式以条桑收获为主，可采用镰刀、割草机人工收割，也可采用收割机机械收获（见图 12-4）。

图 12-4　饲料桑机械化收割（李法德提供）

以牛、羊为主的家禽对桑树嫩枝的采食率可达 90% 以上。因此，饲料桑采用草本化高密度栽培模式，配合条桑收获，不仅能提高全株的生物产量，而且为饲料桑机械化的设计制造和使用提供了可能性和可操作性，节省生产费用，更能满足牛、羊等中大型草食畜禽对饲料的需求。

饲料桑收获桑枝叶的长度不同，收获物的干物质、粗纤维含量也不同，一般随着采收长度的增加而递增，达到某一长度后下降，且粗蛋白含量也有变化，品种间有差异，因此生产中应综合考量桑枝叶产量和干物质、粗纤维、粗蛋白含量等因素以确定最佳饲料桑收获长度。经研究发现，广西饲料桑的栽培品种不同，所对应的适宜收获的桑枝条长度也不一致，桂桑优 12 适宜收获的枝条长度是 120 cm，桂桑优 62 和桂桑 6 号则为 100 cm。江苏、四川和广东等地饲料桑的桑枝叶收获长度一般保持在 50 ～ 70 cm。

（二）收获时期

饲料桑的收获期通常主要集中在每年 4 ～ 10 月，一般在桑树木质化前进行，与当年的饲料桑植株生长状况密切相关。

因饲料桑的生长速度与时间、温度、湿度、光照强度有关，在 1 年中不同时期饲料桑的生长速度不同，收割过早，产量太少，而且水分含量大；收割过晚，饲料桑枝叶木质化严重，不适合制作桑饲料。饲料桑木质化的程度与其生长时间有关，确定适宜的收获时期就是以生长时间为参数，通过检测不同时间内饲料桑木质化的程度，确定适宜的收割时间区间。适时刈割，枝条蛋白质含量较高，木质素含量较低，叶子成熟度适宜，是产量和木质化程度的最佳结合点。

江苏地区的饲料桑，为了更好地养树，一般栽培当年只采叶不割枝，当年秋季每亩可收获桑叶 1 000 kg，次年 6 月即可连枝带叶一起收割，第 3 年饲料桑达到盛产期，每亩桑园可收获桑枝叶 5 000 kg 以上。

饲料桑一般每年可收获 3 ～ 5 次。北京的饲料桑园收获次数为 3 次，时间分别为每年的 5 月、7 月、10 月。在广西当地气候环境条件下，土壤条件较好的饲料桑园，栽培优良的饲料桑品种，加上肥培管理得当，枝叶收获次数一般可达较高水平。饲料桑采收频率应控制在合理范围之内，以兼顾产量与质量。采收频率过高会直接影响植株的再生，过低则会显著降低收获物的品质，对产量造成影响。

同时，还要综合考虑其他因素以确定饲料桑最适宜的收获时期，例如桑饲料的使用用途等方面。饲喂生猪的青贮饲料与饲喂牛、羊的有所不同，饲喂生猪的饲料桑要求纤维素含量较低、蛋白质含量较高。

二、桑饲料的利用

（一）直接饲养动物

很多动物喜欢桑树。牛、羊、豚狸等对桑树嫩枝的采食率可达 90% 以上，可直接饲养生长（见图 12-5）；桑叶、桑枝属于中药，能治很多种病、提高免疫能力。

图 12-5　用桑枝叶养羊

（二）桑枝叶加工成饲料

饲料桑收获后，加工方式多种多样，可根据当地的桑园种植规模、实际收获产量、现有加工机器设备、加工人员安排、桑饲料使用用途、农户饲喂畜禽习惯等因素综合选择具体的加工方法。经过切割、稍微晾晒等简单处理后，可以适当加入乳酸菌进行发酵制作成青贮饲料，提供牛羊等反刍动物食用（见图 12–6）；或者经过干燥后粉碎，作为优质饲料添加在肉羊日粮中，可以代替部分豆饼、玉米等精饲料；或者将桑叶粉碎后制作成颗粒饲料，经研究证实饲育肥羊时添加桑叶比单一玉米粒补饲精料带来的经济效益更大，饲粮适口性同时得到提高。

图 12–6　饲料桑鲜饲黄牛

1. 饲料桑的加工方式

我国桑园面积广阔，分布地区和规模多有差异，在农民散户家庭和小型饲养场，可采用鲜饲、青贮或干制等方法调制桑饲料喂养家畜，而在蚕桑产业较发达或桑资源较集中地区，可以建立专门的饲料加工企业，实现桑饲料工业化生产。

（1）青贮。

桑饲料的加工方式中，青贮是研究较多的也是减少贮藏过程中营养损耗和保证畜禽对饲料的周年性需求的最佳方式。桑青贮中含有较高的活性物质，大概含量为 1.0% ～ 1.2%，会提高饲料利用效率，提高饲喂奶牛的健康水平，同时可以提高其初乳里的免疫球蛋白 G 含量。饲料桑青贮适口性好，采食量上有一定提高。

饲料桑具有蛋白含量高、水分高、含糖量低、缓冲能高等特点，属于不易青贮的原料之一。青贮的步骤如下：

①碎。切碎至 1 ～ 2 cm，木质化程度较高时可使用揉丝机破碎。

②控制好含水量。新鲜饲料桑水分过高，可添加麸皮、米糠、玉米面或木薯渣等含糖高的农副产品调节水分至 55% ～ 65%。在天气允许和实际操作方便情况下，也可晾晒半天到一天，水分降低至放在手中潮湿但不会捏出汁液为宜。

③添加发酵促进剂。青贮时建议添加青贮乳酸菌等发酵促进剂，确保青贮发酵良好，降低青

贮过程中营养的损耗。

④青贮方式。可进行裹包青贮或窖贮，如果生产规模小，可利用专用的发酵塑料袋或压捆进行青贮。

为保证青贮饲料的品质优良，青贮原料需保持适当的含水量，水分含量常规为60%～70%。条桑的含水量多为65%～80%，春季较高、夏秋较低。为了提高青贮的成功率，对收获的条桑略加晾晒即可。条桑鲜样中，叶片的比例约占60%，晾晒过程中应综合考虑桑叶较薄，晾晒时失水较枝条快的因素。

将收获的条桑做切段处理便于青贮压实。窖藏时，枝条长度以不超过20 cm为佳；裹包青贮时，以不超过10 cm为宜。在有条件的养殖场，可通过合理选用青贮机械同步实现枝条切段、碾碎。机械的使用不仅能提高青贮效率，同时得到的青贮原料物理结构更合理，更有利于压实，其产物无论窖贮或裹包青贮均适宜（见图12-7）。同其他作物的青贮一样，青贮料的快速填入和密封是青贮成功的保证，一层层压紧、边角充实和上部压实的每一步都不能出错。青贮过程中，务必要注意防水、防鼠，保证密闭。青贮料在取用过程中一定要尽量控制取用次数，同时减少余料和空气的接触。对青贮料日均需求量较少的养殖户，尽量采用裹包青贮或修建较小的青贮设施。

图12-7　桑青贮饲料生产线

饲料桑的青贮是一个发酵过程，适量的可溶性碳水化合物（WSC）是发酵成功的根本保证。桑叶的WSC为11%～20%，带叶桑枝中WSC含量较净叶低。同时，发酵底物的添加是乳酸菌发酵产生乳酸的主要原料，目前采用的底物添加方式主要有2种：一种是采用添加糖蜜、葡萄糖或蔗糖等直接弥补原料中WSC的不足；另一种是添加木聚糖酶、葡聚糖酶等酶制剂，通过助力于植物细胞壁的分解提高WSC的含量。研究发现，单独青贮桑叶时添加蔗糖和糖蜜，其发酵品质并未得到有效改善；青贮条桑时添加不同剂量的木聚糖酶和葡聚糖酶，青贮产品的营养品质得到显著改善。饲料桑原料中的WSC含量是决定是否需要添加底物及其添加量的关键；同等条件下带枝青贮较只青贮桑叶更需要添加底物。

乳酸菌在青贮过程中的作用主要是分解原料中的糖分，生成乳酸，进行乳酸发酵，不引起蛋白质的分解，同时利用饲料中的各种氨基酸合成菌体蛋白，增加青贮饲料的营养价值。桑叶原料表面附生的乳酸菌数量与玉米、紫花苜蓿附着的乳酸菌数量相当，但在不做任何处理的条件下，桑叶青贮前 7 天未见大量乳酸生成，可能是由于桑叶本身附着的乳酸菌数量多，但活性不强，产酸能力较弱；抑或产酸能力强的乳酸菌在菌群中不占优势。适当添加乳酸菌后，青贮样 pH 值显著下降，发酵品质得到显著改善。因此，可通过桑叶喷施绿汁发酵液或专用乳酸菌制剂提高青贮产品的发酵品质。

（2）干制粉化。

饲料桑干制，是指饲料桑采用收获机进行刈割、晾晒、翻晒，或者利用烘干设备快速烘干，粉碎制成草粉，装袋保存。饲料桑叶干粉含蛋白 18% ～ 30%、粗脂肪 4% ～ 10%、钙 0.3% ～ 0.86%、钾 1.9% ～ 2.87%、镁 0.47% ～ 0.63%，还含有大量的铁、锌、铜等矿物质及多种微生物，氨基酸种类齐全，含有多种天然活性物质，具有抗应激、增强肌体耐力和提高抗病能力的效果（见图 12-8）。

图 12-8　桑枝叶粉

畜禽饲喂干粉料，其增重和饲料利用率均比喂湿拌料好，在自由采食、自动饮水条件下，可提高劳动生产率和围栏的利用率。饲喂 30 kg 以下的猪时，干粉料的颗粒直径以 0.5 ～ 1 mm 为宜；饲喂 30 kg 以上的猪时，颗粒直径以 2 ～ 3 mm 为宜，粉料过细容易黏于口腔中难以下咽，影响采食量。

喂干粉料省工、易于掌握喂量，同时可促进畜禽的唾液分泌与咀嚼，促进消化，也可以保持舍内清洁干燥。剩料不易霉变，冬天不结冻，便于自由采食，且干粉料易抛撒。目前大型养猪场均采用干喂。

干粉饲料的生产加工可以依据饲料桑的栽培规模的大小选择多种方式，规模小的可以收割后直接晾晒，规模大的可以选择机械烘干，用时短效率高。

（3）制作颗粒饲料。

由于颗粒饲料配方有多种原料，营养全面，可防止动物从粉料中挑选其爱吃的，而拒绝摄入其他成分，可避免动物挑食现象，而且颗粒饲料在贮运和喂饲过程中可保持均一性，减少喂饲损失 8% ～ 10%，颗粒饲料具有较大市场（见图 12-9）。在一些地区，有饲料加工企业进行桑饲料工业化生产，将饲料桑制成颗粒饲料。

饲料桑在制粒过程中，由于水分、温度和压力的综合作用，使饲料发生一些理化反应，使淀粉糊化，酶的活性增强，能被喂饲动物更有效地消化，转化为体重的增加。用颗粒饲料喂养禽类和猪，与粉料相比，可提高饲料转化率（即报酬率）10% ～ 12%。用颗粒饲料喂育肥猪，平均日增重 4%，料肉比降低 6%；喂肉鸡，料肉比降低 3% ～ 10%。

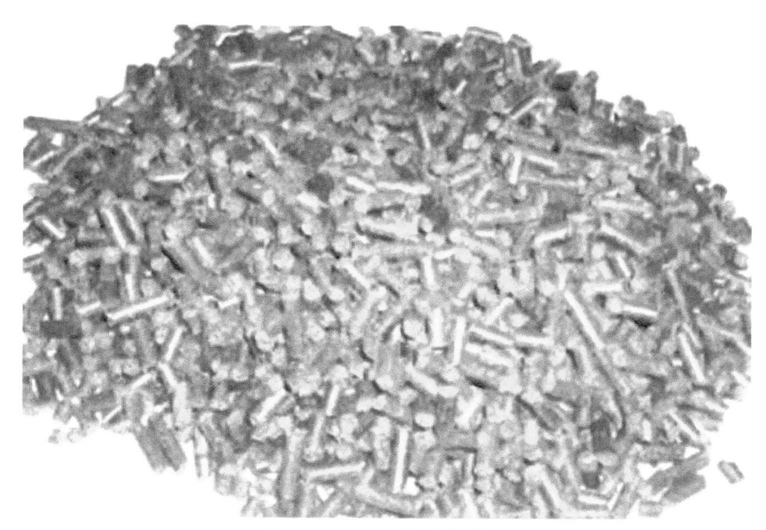

图 12-9　桑颗粒饲料

饲料桑经制粒，一般会使饲料的散装密度增加 40% ～ 100%，可减少仓容，节省运输费用，贮存运输更为经济。

许多粉料特别是比重小的绒状饲料，添加糖蜜或高脂肪及尿素的饲料经常黏附在料库中。由于颗粒饲料流动性好，很少产生黏附现象，对于那些应用自动供料器的规模化饲养奶牛或家禽的农场来说，颗粒饲料流动性好，便于管理，最受欢迎。

饲料桑颗粒饲料可避免饲料成分自动分级，减少环境污染。在粉料贮运过程中由于各种粉料的体积质量不一，极易产生分级。制成颗粒后就不存在饲料成分的分级，并且颗粒料不易起尘，在喂饲过程中颗粒料对空气和水分的污染较粉料少得多。

饲料桑制成颗粒饲料还可以杀灭动物饲料中的沙门氏菌。沙门氏菌被动物摄入体内后会保留在动物组织中，人吃了感染这种细菌的动物会得沙门氏菌的肠胃病。采用蒸汽高温调质再制粒的方法能杀灭存在动物饲料中的沙门氏菌。

2. 饲料桑的加工销售模式

饲料桑利用的主要加工方式是青贮（即微贮），加工模式主要有农户个人自产自用和集体生产外销等两种模式。

（1）饲料桑个人自产自用模式。

饲料桑个人自产自用模式，是指农户种桑养蚕之余收集自种桑园生产的桑枝，自己加工成桑青贮饲料，用于饲养畜禽。其中，根据农户主要种植桑树品种的不同，形成了两种子模式："粤椹大 10—果桑—养蚕—养畜禽"子模式和"桂桑优 12—养蚕—养畜禽"子模式。

桑饲料的生产成本主要包括生产机械购置、场地建设、饲料包装袋、发酵菌、玉米粉、食盐等购置费用和电费、水费等其他费用。例如马山县龙昌村，2017 年全年全村平均生产桑青贮饲料大约 600 t，生产成本大约为 284.8 元 /t。其中，饲料包装袋、发酵菌、玉米粉、食盐等包装材料和添加物为生产耗材，占总生产成本的 86.03%，是生产成本中最大的一部分；机械设备和场地建设，虽然前期投入较大，但是设备购置安装和场地建设完成后可长期使用，计算生产成本时按使用时间 20 年和每年生产 600 t 饲料分摊，只占总生产成本的 6.32%；生产每吨桑饲料需要的电费和水费共占总生产成本的 7.65%。桑枝原料为农户自家桑园桑枝，未产生桑枝购置费；饲料生产基本是农户自己生产加工，无人工费支出。

2017 年，两个子模式中种桑养蚕收入平均每亩达 5 000 元 / 年和 3 888 元 / 年，加上将废弃桑枝叶加工成桑饲料饲养黑山羊，除去饲养成本后，由黑山羊增重得到年效益增加约 350 元 / 只，农户经济效益增加明显。

（2）饲料桑集体生产外销模式。

集体生产外销模式是村集体收购农民的桑枝，雇佣工人进行桑青贮饲料加工，加工后以 50 kg/袋规格压缩包装好，再以桑饲料成品面向市场出售。村集体收购农民夏伐、冬伐桑园的桑枝作为主要生产原料来源，具有较明显的季节性，桑饲料生产时间主要集中在桑园夏伐、冬伐的时间段内，全年生产时间大约为 6 个月。例如广西凌云县平怀村，2017 年桑饲料的生产成本大约为 1 029.13 元 /t。总生产成本中，桑枝粉、玉米粉、食盐、发酵菌、饲料包装袋等原料、添加物和包装材料为生产耗材，是占比最大的一部分，达 74.58%；机械设备和场地建设前期投入较大，设备购置安装和场地建设完成后可长期使用，按使用时间 20 年和全村每年生产 540 t 饲料分摊，占总生产成本的 4.82%，人工费为 19.43%，电费约为 1.17%。

饲料桑的个人自产自用模式和集体生产外销模式在生产成本上具有较大差别，其中集体生产外销模式的生产成本远高于个人自产自用模式，主要是因为其增加了桑枝粉、人工费两项支出。同时二者具有共同之处，生产耗材在生产成本中均占比最大，达 74.58% ～ 86.03%；机械设备和场地建设前期投入较大，但折旧费用占比较小，仅为 4.82% ～ 6.32%。

（三）饲料桑的蚕粪（蚕沙）作饲料

家蚕不能食用桑枝、不能消化并利用淀粉、纤维、木质素等成分，而某些动物却能食用并消化利用这些物质，表明饲料桑养蚕的蚕粪（蚕沙）作饲料是可行的（见图 12-10）。计东风报道用桂桑优 62 条桑收获养蚕的蚕粪（蚕沙）粉碎后拌入豆渣可饲喂湖羊。

图 12-10　喂桑枝的湖羊

第四节　饲料桑加工技术与设备

一、饲料桑的作用和加工方式

饲料桑具有适口性好和消化率高等优点。以干物质计，饲料桑含有粗蛋白22%、粗脂肪6%、碳水化合物45%、粗纤维15%，其他Ca和K等矿物质含量为12%，是优良的禽畜饲料。

20世纪八九十年代以来，将饲料桑作为畜禽饲料已引起养殖行业的重视，国内外开始进行将饲料桑用作畜禽饲料的研究，在猪、牛、羊和鱼等动物中的研究偏多。近10多年来，饲料桑在鸡饲料中的应用研究也逐渐增多。

将饲料桑用作畜禽饲料，可以起到以下五大作用：

（1）高蛋白原料。饲料桑中的蛋白质含量高，且利于动物的消化吸收，是非常优良的高蛋白原料，可以替代部分豆粕和鱼粉等常规的蛋白原料。

（2）氨基酸补充剂。饲料桑中的氨基酸种类齐全，其中谷氨酸的含量最高，谷氨酸在糖代谢及蛋白质代谢过程中起重要作用，因此有利于调节饲料中的氨基酸平衡。

（3）矿物质和维生素补充剂。饲料桑中高含Ca和K等矿物质，同时富含维生素B和维生素C等，可以作为饲料中矿物质和维生素的补充剂。

（4）增强免疫力。饲料桑中富含多种生物活性物质如植物甾醇、黄酮类、生物碱和多糖等，具有增强免疫力和提高成活率的作用，可以替代抗生素。

（5）提高肉类品质。饲喂饲料桑可以嫩化禽畜肉质，同时具备去腥、增鲜、增香和延长保鲜时间等作用，极大地提高禽畜肉类的品质。

广西饲料桑的加工方式主要分为桑叶粉加工和桑枝微贮饲料加工。目前广西主要推广应用的是桑枝微贮饲料加工。

对广西饲料桑加工模式的生产成本与经济效益调查后发现，除去生产成本后经济效益增加明显，具有较好经济效益，可行性较强，发展潜力较大，可在广西适宜地区根据当地的具体实际情况进行应用推广。在具有黑山羊等畜禽养殖传统的地区，例如马山县龙昌村，发展种桑养蚕的同时可以采用个人自产自用模式大力发展饲料桑；在种桑养蚕发展具有一定规模基础但是没有黑山羊等畜禽养殖传统的地区，例如凌云县平怀村，可以采用集体生产外销模式积极发展饲料桑。因地制宜，就能达到理想的经济效益。

广西除了种桑养蚕的传统蚕桑发展模式外，还利用桑枝、淘汰桑叶为原料，积极发展饲料桑，利用桑饲料饲养黑山羊等畜禽，养殖所产生的羊粪等用以还田，综合利用蚕桑生产副产物，建立了生态循环、可持续发展的饲料桑加工模式，同时实现农民经济效益的提高、蚕桑资源的生态循环利用、蚕桑产业的转型升级、农村的环境改善。

饲料桑利用传统蚕桑产业的优势，进行桑树草本化栽培、饲料化开发、多元化利用，打破了传统栽桑养蚕的模式，草本化栽培桑树，开发桑饲料，实现蚕桑产业养蚕与养畜禽共同发展，延伸了蚕桑产业链，为地方农民增收、产业增效提供了新思路、新途径。

二、桑叶粉的加工技术

（一）桑叶粉的加工流程及主要设备

桑叶粉的加工流程见图 12-11。桑叶粉加工的常用设备有粉碎机、割碎机、烘干机，分别见图 12-12、图 12-13、图 12-14。

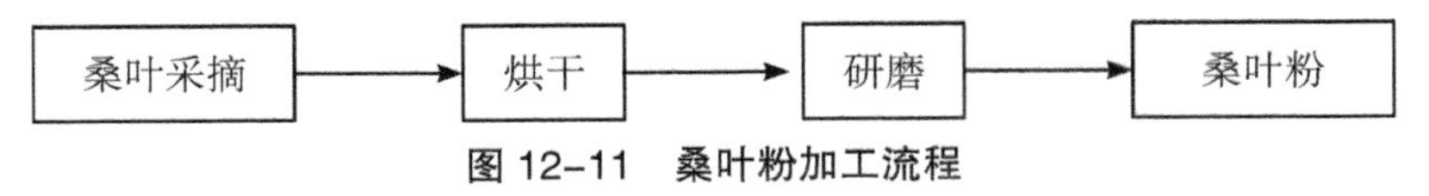

图 12-11　桑叶粉加工流程

图 12-12　粉碎机

图 12-13　割碎机

图 12–14　烘干机

（二）桑叶粉在养殖中的应用

桑叶粉目前主要是作为饲料添加剂使用，主要应用于肉鸡、蛋鸡、肉鸭、草鱼和罗非鱼等方面的养殖。日本山梨县往配合饲料里添加 2.1% 的桑枝叶粉，鸡蛋内的氨基酸含量可提高 5% ～ 8%，同时，鸡蛋蛋黄内的 β－胡萝卜素含量可提高 2 倍。日本群马县在养鸡场的配合饲料里添加 3% 的桑枝叶粉，可使鸡肠道内感染沙门氏菌的风险降低，同时能延迟粪便中氨的发生达 3 天之久，抑制臭气对养殖环境的影响。在我国的江苏、浙江、广西、广东和重庆等地区，有一些养殖企业在配合饲料里添加 5% 的桑叶粉，用于养殖土鸡、蛋鸡和土鸭等，产品的品质非常优良（见图 12–15、图 12–16）。广东和重庆的一些水产养殖企业，在饲料中添加 5% ～ 10% 的桑叶粉，用于养殖罗非鱼和草鱼，鱼的生长性能不受影响，同时可有效调节鱼的脂质代谢和改善其肌肉品质。

（三）桑叶粉在推广应用中的优缺点

桑叶粉在养殖中应用的优点是：易于存放及使用方便。

图 12–15　饲料桑加工成鸡饲料养鸡

图 12–16　饲料桑加工成鸭饲料养鸭

桑叶粉在养殖应用中存在以下缺点：①桑叶中含有抗营养因子，对禽畜的生长具有强烈的作用，特别是对鸡、鸭、鹅等家禽。干桑叶粉中含有的抗营养因子要较新鲜桑叶更多，比如干叶粉中单宁的含量要比新鲜叶片高 3 ～ 4 倍。②根据广西蚕业技术推广站的调查统计，桑叶粉目前的加工成本是 14 元 /kg 左右。豆粕是饲料中常用的蛋白原料，蛋白质含量是桑叶粉的 2 倍，而价格却只有桑叶粉的 20% 左右。因此，在配合饲料中添加桑叶粉，会导致饲料成本的大幅度增加，是大多数养殖企业所不能承受的。

三、桑枝微贮饲料的加工技术

（一）定义

1. 桑枝微贮饲料

在桑枝粉碎颗粒中添加有益微生物菌剂，通过有益微生物的发酵作用而制成的一种具有酸香气味、适口性好、消化率高、耐贮存的粗饲料。

2. 微贮技术

把可饲用的秸秆等农副产品粉碎或铡短后按比例添加一种或多种有益微生物菌剂拌匀，在密闭和适宜的条件下，通过有益微生物的繁殖与发酵作用，使质地粗硬的秸秆变成柔软、气味酸香、适口性好、利用率高的粗饲料。

（二）桑枝微贮饲料的加工技术

1. 桑枝微贮饲料的加工流程

桑枝微贮饲料的加工流程见图 12–17。

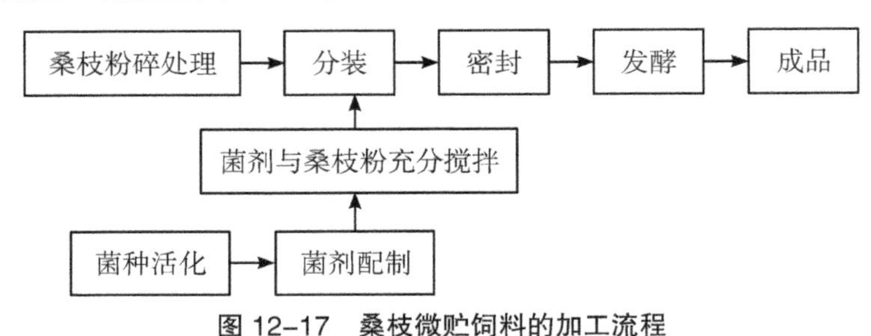

图 12–17　桑枝微贮饲料的加工流程

原料切断粉碎机见图 12–18。

图 12–18　原料切断粉碎机

饲料搅拌机见图 12–19。

图 12–19　饲料搅拌机

2. 微贮设施

用于存放及发酵微贮原料的能够密封的设备或器具。主要形式有微贮池、微贮桶、微贮袋等。

3. 微贮菌剂

由一种或多种有益菌组成，用于调制秸秆等粗饲料的一类活性微生物添加菌剂（亦称微贮接种剂、生物微贮剂、微贮饲料发酵剂、微贮添加剂等）。

4. 原料要求

（1）饲料桑应选择生长快、耐剪伐、产量高的杂交桑品种。

（2）宜选择生长高度在 0.8 ～ 1.2 m 的桑枝刈割作为微贮原料。猪、鸡、鸭等不耐粗饲禽畜应选取较嫩的桑枝；牛、羊等耐粗饲家畜可选桑园夏伐和冬伐后的老桑枝。

（3）选取的桑枝叶应清洁、无腐烂变质。

（4）根据所贮原料宜选择有针对性的复合益生菌的微贮剂。有效活菌数大于 5 000 万个 /g。添加量宜为 0.5% ～ 1.0%，具体操作参照产品说明。

（5）在使用新微贮菌剂前，应进行少量微贮试验。试验方法是取 5 ～ 10 kg 微贮原料，粉碎后，按比例加入水和菌剂，装入塑料袋或其他容器中，压实后密封。在适宜的温度下发酵 15 ～ 30 天，启封观察微贮质量，质量合格即可使用。

5. 微贮方法

大型养殖场宜采用微贮池法，小型养殖场宜采用塑料袋微贮法或桶装微贮法。

（1）微贮池法。

将桑枝叶揉碎切短，调好水分，分层喷洒菌液，适当翻搅后，装入微贮池内，分层压实，加盖塑料薄膜后覆土密封。

（2）塑料袋微贮法。

在光滑干净的地面上，将桑枝叶揉碎切短，调好水分，分层喷洒菌液，适当翻搅后，将原料装入塑料袋内压实，排出空气，或抽出袋内的空气后将塑料袋口扎紧保存。

（3）桶装微贮法。

在光滑干净的地面上，将桑枝叶揉碎切短，调好水分，分层喷洒菌液，适当翻搅后，将原料装入微贮桶内，装满压实后盖好桶盖，密封保存。

6. 微贮饲料加工技术

（1）桑枝叶粉碎处理。

经过秸秆粉碎机揉搓成长度为 0.1 ～ 0.5 cm。

（2）菌种复活。

根据所贮的桑枝叶量，按产品说明操作，确定所使用的菌种和添加比例，计算出所需的调制剂菌种量，将菌种倒入用于活化的干净容器中，然后添加 10 ～ 20 倍的水（水中宜加适量红糖）充分搅拌，在常温下放置 1 ～ 2 h，制成活化菌液。活化好的菌液应在当天用完，不可隔夜使用。

（3）菌液的配置。

将活化好的菌液按产品说明，倒入充分溶解的 0.8% ～ 1.0% 食盐水中拌匀，加水至菌液量的 30 倍以上进行稀释。

（4）调节水分。

新鲜桑枝的含水量为 75% ～ 85%，在粉碎后，通过摊晾或添加适量玉米粉将水分调节至 60% ～ 65%。微贮原料在加水、喷洒菌液和压实过程中，要随时检查原料的含水量是否合适。现场判断水分的简易方法是用单手或双手抓取粉碎的原料，稍用力挤压后慢慢松开，指缝见水不滴、手掌沾满水为含水量适宜；指缝成串滴水则含水量偏高；指缝不见水滴，手掌有干的部位则含水量偏低。含水量偏高可添加适量玉米粉将水分调节至 70% 左右，这是桑枝微贮发酵的适宜含水量。桑枝微贮料如含水量太高，则会出现色泽发黑和气味发酸的情况，不利于长期保存，对品质影响较大。

（5）调节含糖量。

微贮原料在发酵过程中要有足够的能量，在含糖量不能满足的情况下，可添加一定的玉米粉、糖渣、糖蜜等含糖量高的物质，调节到所需量。

（6）分装压实与密封。

桑枝叶粉碎喷洒活化菌液搅拌均匀，调节好湿度后尽快分装，压实，密封。

（7）密封。

不能漏气、漏水，防止在发酵期空气进入，确保发酵质量。饲喂期每次取完料后袋内还有剩余，要立刻将袋口扎紧；微贮池取料时，不可全面打开，用多少取多少，取后立即封好，尽可能减少与空气接触的面积和二次发酵。

（8）发酵温度及时间。

桑枝微贮饲料在 10 ～ 40 ℃都可以正常发酵，一般经过 15 ～ 30 天发酵就可完成。如过早取出，饲料酸度不够，香味不浓，适口性差，在使用过程中容易变质。

（9）成品性状特征。

桑枝微贮饲料成品具备以下特征：呈金黄色或黄绿色或橄榄绿；具有醇香或果香味，并具有弱酸味，气味柔和；在微贮袋里压得坚实紧密，但拿到手中比较松散、柔软湿润，无黏滑感；桑枝微贮料的 pH 值应低于 4.5（见图 12–20）。

图 12–20　桑枝微贮饲料

（三）桑枝微贮饲料在养殖中的应用

桑枝微贮饲料的适用面非常广，鸡、鸭、鹅、猪、牛、羊、鱼、虾和狗等动物都可以饲喂。内蒙古种植饲料桑有几十万亩，全部加工成桑枝微贮饲料用于养牛、羊。湖南有企业利用桑枝微贮饲料养殖蛋鸡和宁乡花猪。四川、山东和江苏等地区也有养猪企业利用桑枝微贮饲料养猪。广西也开始逐步推广桑枝微贮饲料，主要用于养鸡、鸭、鹅、猪、牛、羊和鱼等（见图 12–21、图 12–22）。

图 12–21　桑枝微贮饲料养牛

图 12-22　桑枝微贮饲料养黑山羊

（四）桑枝微贮饲料的优缺点

桑枝微贮饲料的缺点是含水量高，不利于运输，同时，加工成颗粒料的难度较大。

桑枝微贮饲料有以下优点：①生产过程可以全部实现机械化，利于实现工厂化和规模化生产。②生产成本低，利于推广应用。③使用效果好。桑枝微贮饲料可以全部保留饲料桑的养分，同时通过发酵来降低抗营养因子和粗纤维的含量，提高蛋白质和糖分的含量。

（本章编写：曾燕蓉、聂良文、朱方容）

第十三章　桑园农机与装备

毛主席说，农业的根本出路在于机械化。桑园工作繁重，迫切需要农机装备帮助解决，桑园管理要实现机械化、智能化，人们才能从繁重的劳作中解放出来，提高劳动生产率和劳动效率。2020年6月16号，国家农机装备创新中心在洛阳发布中国首台5G氢燃料无人驾驶电动拖拉机（ET504-H），见图13-1。该拖拉机基于中国移动5G网络，采用了蘑菇头GPS天线、毫米波雷达、大数据云平台等先进技术，可实现远程控制。相对于全国农业机械化工作发展而言，桑园的机械化工作已经远远滞后，必须加强发展与应用。

图13-1　中国首台5G拖拉机

第一节　桑园耕整地机械

一、耕作的意义

桑园耕作的目的是疏松土壤，消除土壤板结，增加土壤的孔隙度，引导水分和空气进入深层土壤，协调土壤中的水、肥、气、热状况，从而改善桑树的根系生长条件。在桑树生长过程中必须依据桑树的根、茎、叶对土壤环境的不同需求进行不同程度的耕作，如栽植前的深耕（见图13-2）、桑园封行前的浅耕等。

二、桑园耕整地机械的种类

土壤耕作的机械很多，根据耕作的深度和用途的不同，可以将桑园中的耕作机械分为耕地机械和整地机械。

图 13-2 机械深耕

（一）耕地机械

耕地机械是指对整个耕作层进行耕作的机械，在桑园中使用的耕地机械主要包括铧式犁、旋耕机。

1. 铧式犁

以犁铧为主要耕作部件的犁称为铧式犁（见图 13-3），是目前桑园中应用最广泛的耕地机械。

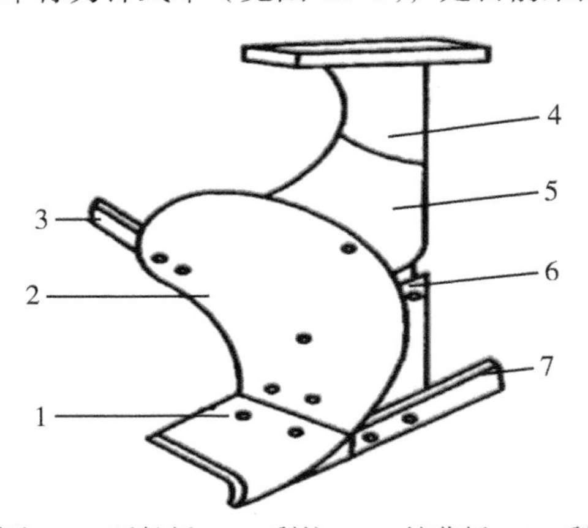

1—犁铧；2—犁壁；3—延长板；4—犁柱；5—挡草板；6—犁托；7—犁侧板

图 13-3 铧式犁

依据犁铧的数量，桑园中所使用的铧犁一般可以分为单铧犁、双铧犁及三铧犁。依据犁铧的强度和适应土壤的比阻值范围不同，铧犁又可以分为重、中及小型犁。由于桑树树根入土可达 50 cm 以上，耕层较深，因此在桑树栽植前及栽植后一定时间间隔内都要进行深耕使土壤中的水、肥、气、热达到下层，深耕时就必须使用中型甚至重型犁耕作，中、重型犁一般配置大功率的拖拉机。而以消除杂草及土表板结为目的的耕作，其耕作深度为 10 ～ 20 cm，即通常所说的中耕，使用手扶拖拉机配置小型犁即可。桑园常用的铧式犁型号见表 13-1。

表 13-1　桑园中主要铧式犁系列

型号	设计耕幅（cm）	设计耕深（cm）	犁铧个数（个）	配套拖拉机功率（kw）
1L-120	20	10 ～ 15	1	8 ～ 10
1L-230	30	18 ～ 25	2	12 ～ 14
1L-335	35	30 ～ 42	3	30 ～ 40

2. 旋耕机

旋耕是近年来随着农业机械化程度的提高和土壤耕作观念的变化而逐渐发展起来的一种以保护土壤原有结构和层次为目的的少耕耕作法，一般来说耕作深度低于 10 cm，即浅耕。旋耕机的特点是碎土能力强，耕深一致，耕后地表较平整均匀，比犁耕省时省力。一般来说，在桑树栽植前才使用大型的旋耕机进行作业（见图 13-4），桑树栽植后由于受行距限制，只能使用小型的手扶拖拉机旋耕机组作业（见图 13-5）。在桑树生长的旺盛期，浅耕是很有必要的，但是间隔一定的时间后还是有必要进行适当的深耕以便改良土壤结构，为根系创造良好的生长条件。

图 13-4　大型旋耕机

图 13-5　手扶拖拉机旋耕机

（二）整地机械

一般来说，耕地以后土块较大且土壤表面凹凸不平，必须对表层土壤进行平整松碎，使土壤松软而紧密，为播种和桑树的后期生长创造有利的土壤条件（见图 13-6）。随着农业机械化的发展，耕整一体的机械逐步得到应用，如旋耕机除了有耕地的作用外，还增加了整地的作用。除了旋耕机外，桑园常用的整地机械主要为带圆盘耙拖拉机（见图 13-7）。

图 13-6　机械碎土与平整

图 13-7　拖拉机的圆盘耙

第二节　田间管理机械

一、田间管理的意义

桑树在生长过程中需要进行除草、松土、培土、灌溉、施肥和防治病虫害等作业。通过松土防止土壤板结和返碱并减少水分的挥发，提高地温促进微生物活动进而加速土壤中肥料的分解；通过培土促进桑树根系的生长，并有效防止植株倒伏；通过化学与生物防治措施消灭病虫害及杂草；通过现代化的喷滴灌技术保证桑树得到足够的水分及温湿度。目前在桑园中使用的田间管理机械主要是中耕机械和植物保护机械。

二、中耕机械

中耕机械是指在桑树生长的各个时期对土壤的不同需求而进行的包括松土、除草、施肥、盖肥、排水在内的土壤耕作机械。现在市场上中耕机的种类很多，而且能够配置很多的工作部件，如除草铲、松土铲、培土铲等。

第三节　植保机械

桑园中喷施化学制剂的机械统称为桑园植保机械。根据喷施对象，这类机械的用途主要包括喷洒杀虫杀菌剂防治桑树病虫害、喷施除草剂消灭杂草、喷洒土壤消毒剂及喷施促进植物生长的激素等。根据喷施药剂的种类，可以将桑园植保机械分为喷雾机、烟雾机及喷洒机等。

一、喷雾机

喷雾机所喷出的雾滴大小较均匀，浓度一致，颗粒大小为 80 ～ 120 mm，能轻易喷到桑树的各个部位，有良好的人身安全保护。目前桑园中普遍使用的主要是人力喷雾器、离心式喷雾机和液压喷雾机（见图 13–8）。

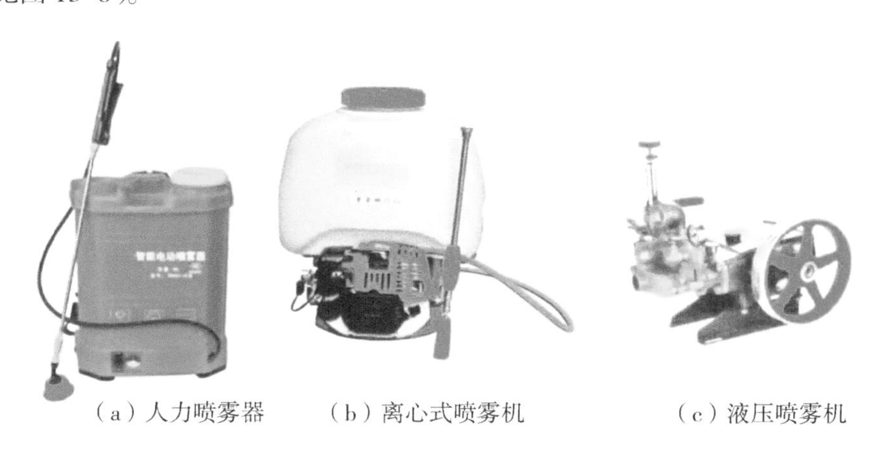

（a）人力喷雾器　（b）离心式喷雾机　（c）液压喷雾机

图 13–8　喷雾器械

二、烟雾机

与喷雾机相比，烟雾机所喷出的颗粒更小，一般小于 50 nm（见图 13–9）。普遍使用的常温烟雾机可以在常温下使农药雾化，水剂、乳剂、油剂均可使用，颗粒大小可达 5 ～ 10 mm。在密植桑园中使用烟雾机具有其他喷雾机无法比拟的优势，农药可以渗透到桑园任何角落，尤其是在桑树封行以后防治效果最好。烟雾机与喷雾机相比，所需农药用量及人工都大大减少，一般只需喷雾机的十分之一，缺点则是喷雾范围不易控制，易受风力影响产生漂移，对其他不需要防治的地块造成污染。

图 13-9　烟雾机

三、植保无人机

随着我国农业机械化、智能化的发展，成片大规模的桑园也已经与时俱进地应用植保无人机进行喷药（见图 13-10）。但是，近村庄、有电线的桑园是不宜使用无人机喷药的。

图 13-10　植保无人机

第四节　修剪机械

桑树的修剪是为了培养树形、剔除病弱枝条、提高叶质叶量等。传统的手工作业耗费大量人力物力，且截口不平整，出现裂口、树皮损伤的现象，使树体水分损失增大，为病菌传染留下隐患。目前市场上的桑树修剪机械主要有电动剪刀、气动剪刀、液压剪伐机及机械省力剪刀四种。

一、电动剪刀

电动剪刀的优点是使用锂电池作为动力源，质量轻，便于携带操作，能轻松剪下直径 2 ～ 3 cm 的枝条，相比人工剪效率提高 2 ～ 3 倍，一般于打顶剪梢及剔除侧枝时使用，特别适合家庭农户使用（见图 13-11）。缺点是动力不足以修剪桑树主枝干，待机时间比较短。

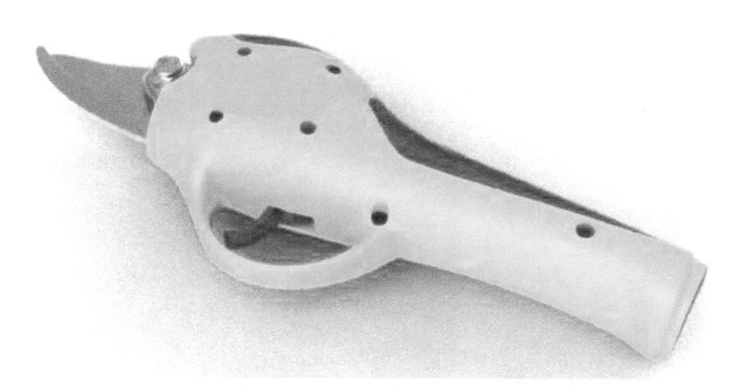

图 13-11　电动剪刀

二、气动剪刀

由一台空气压缩机提供动力，可外接多根气管进行多人同时作业，剪刃可进行 360 度旋转，能剪下直径 3 ～ 4 cm 的枝条，与电动剪刀相比，修剪效率相当，但解决了电动剪刀待机时间短的问题，适合有一定规模的专业用户使用（见图 13-12）。缺点是移动不便，使用空间容易受到限制。

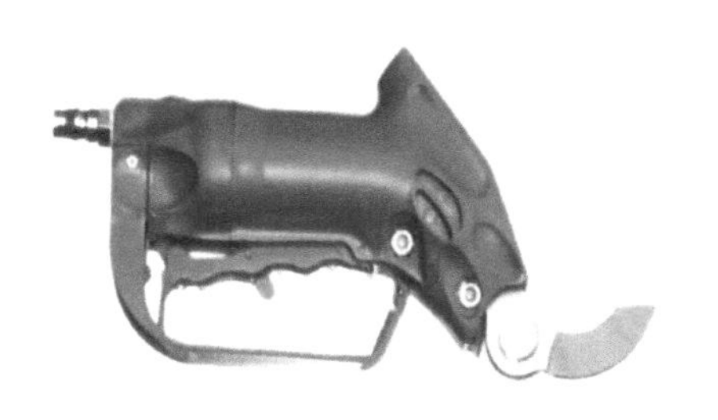

图 13-12　气动剪刀

三、液压剪伐机

液压剪伐机的原理是以油液为介质将液压能转换为机械能完成各种剪伐动作，液压系统提供的动力强劲，将刀头调整至需要的剪伐高度后，可进行大面积剪伐，剪伐过程中拨叉可将桑枝拨至另一边。相比其他桑树修剪机械，液压剪伐机最为省力，且可与桑园中普遍使用的微耕机搭配使用，无须另外配制液压系统。

四、汽油动力圆盘锯伐条机

该机由汽油动力割灌机改装而成，以锂电池提供电能设计为背负式，用圆盆锯片进行切割，锯片最大设计直径为 200 mm，可同时对多个枝条进行切割，是所有修剪机械中功效最高的，特别适合密植桑园伐条时使用（见图 13-13）。该机锂电池可充电，以直流电动机为动力代替汽油机，整机结构简单便捷，设计小巧灵活，振动幅度小，进一步减轻了劳动强度。

图 13–13　圆盘锯伐条机（充电、电动）

第五节　收获机械

一、桑叶收获机械

桑叶收获的特殊性在于，它不同于其他作物以收获果实为目的，而是以收获桑树最为重要的营养器官叶片为采收目的，收获过程中对桑树损害非常严重，为了将这种生理伤害减轻到最小，在采叶的过程中必须尽量不伤枝皮、保护腋芽。传统的人工采收不仅效率低下，而且容易损伤腋芽。目前对桑叶收获机械化的研究国内外都甚少涉及，这主要是跟桑叶采摘的复杂性有关。关于采摘机的专利很多，但生产许可证很少，说明其不太适合扩大和推介。

二、条桑收获机械

条桑收获机械由牧草收割机改装而成，具有操作简单、使用方便、重量轻、体积小等优点，配套手扶拖拉机就可使用，可以收割条桑，收割后桑枝条成排堆放，还可打捆（见图 13–14、图 13–15）。

图 13-14　条桑机械收获（李法德提供）

图 13-15　条桑收获机

第六节　运输机械

桑园运输机械主要以运输桑叶、肥料及农药为主，绝大多数都建立了以拖拉机为核心的运输体系，包括中型拖拉机（50 ～ 80 马力）和手扶拖拉机（20 马力）两种，可根据作业规模、桑树株行距、养成树形及树冠扩展大小选择合适的机型。一般只有在大面积作业且桑园地面平坦宽阔时才适合使用中型拖拉机，更多的时候通常都采用机动灵活的手扶拖拉机。条桑或桑枝的搬运可利用现有货物搬运车进行改装（见图 13-16）。

图 13-16　桑园条桑的装运（李法德提供）

第七节　排灌机械

水分是干旱地区和干旱时节桑叶产量提高的主要限制因素，当水资源有限而无法进行足量供应时，就不能为了追求桑叶单位面积最大产叶量而进行盲目灌水，而是需要针对桑树的关键生长期进行节约灌水。桑树在生长前期蒸腾面积比较小的时候日需水量并不大，只有当树冠展开达到生长旺盛期的时候需水量才达到最高峰，随后又逐渐下降。为了保证桑树的正常生长，在建造桑园时都必须建设排灌机械系统，主要包括水泵和微喷灌机械。

一、水泵

水泵机组包括水泵、动力输出机及输水管道。水泵的类型分为离心式、轴流式、混流式、潜水式及自吸式等，在此仅以离心式水泵作为介绍。离心式水泵（见图 13-17）在启动前先将进水管装满水，启动后随着叶轮的旋转，叶片夹道中的水由于离心力的作用而向外流动并被甩出叶轮，从而造成叶轮中心空间形成真空。由此，水池中的水在大气压力下不断进入叶轮中，水泵完成吸水工作。

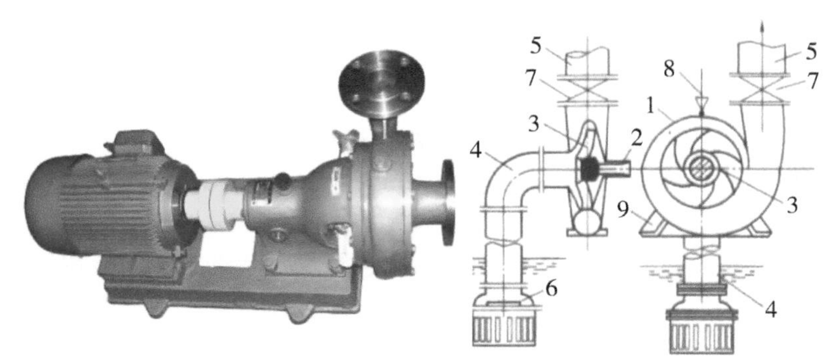

（a）离心机水泵外观　（b）离心机水泵构造

1—泵壳；2—泵轴；3—叶轮；4—吸水管；5—压水管；6—底阀；7—控制阀门；8—灌水漏斗；9—泵座

图 13-17　离心式水泵

二、微喷灌机械

微喷灌机械是一种高效的节水省力灌溉技术，主要包括喷灌机械及微灌机械。这里以广西蚕业技术推广站武鸣基地桑园的微喷灌机械系统进行介绍。

（一）喷灌

喷灌是通过压力将水喷洒到空中形成小水滴后洒落至桑叶上的灌水方式。由水泵机组、地下输水管道、直立竖管及喷头组成。该系统最主要的工作部件是喷头（见图 13-18），这种喷灌系统效率高，管理方便，使用寿命长，而且占用耕地少，节省人力，还可用于施肥、喷药作业，综合利用程度高。

喷灌桑园

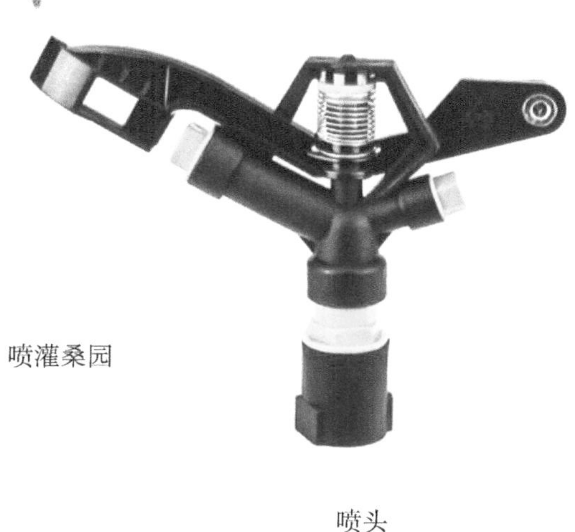

喷头

图 13-18　桑园喷灌

（二）微灌

微灌是直接将水送至桑树根部附近土壤的灌水方式，微灌减少了水流渗漏、地面径流和输水过程的挥发损失，极大节约了水资源。还可以搭配肥料进行水肥一体化作业，节省人力。微灌包括滴灌、微喷灌、涌泉灌和渗灌四种形式。桑园中普遍采用的是滴灌、微喷灌两种灌水技术。

1. 滴灌

滴灌是通过滴头将输水管道内的水流一滴滴灌入桑树根部附近土壤中的灌水方式（见图 13-19）。优点是最为省水，而且由于是缓慢给水，所需压力小，极大降低了所需的动力消耗。缺点是桑园土壤长期定点灌水会使土壤干湿交界处盐分积累，从而导致盐碱化，而且滴头容易堵塞。

图 13-19　桑园滴灌（计东风提供）

2. 微喷灌

微喷灌与滴灌的基本原理相同，唯一的不同是以微喷头代替了滴头进行灌水（见图 13-20），解决了滴头容易堵塞的问题，同时增加了降温补湿、除尘及调节田间小气候的作用。

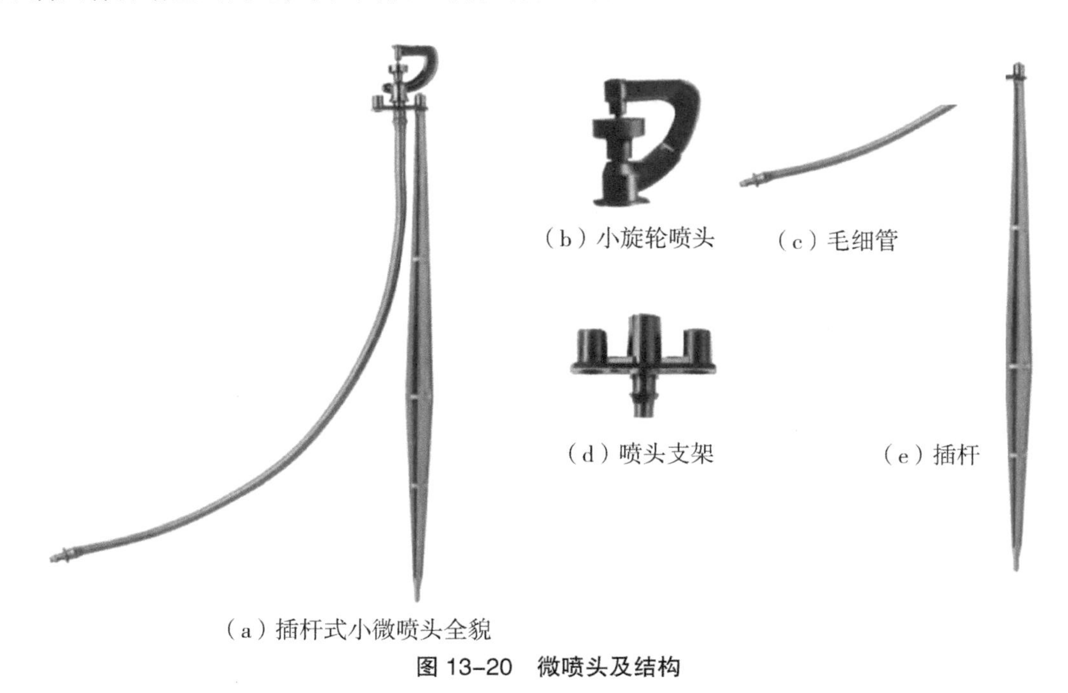

图 13-20　微喷头及结构

（本章编写：黄景滩、朱方容）

第十四章　桑园主要灾害、污染与应对

热带、亚热带地区气候温暖、雨量充沛、日照充足，适宜蚕桑生产。桑树发芽早、落叶晚、生长期长，养蚕批次多，增产潜力大。但一些地区因发生洪涝灾害、旱灾、低温冻害、冰雹等自然灾害，有的桑园受到氟化物污染，使蚕桑生产受到较大的损失。现根据桑树生长特点，分析热带、亚热带地区自然灾害和主要污染发生规律及其对蚕业生产的影响，探讨蚕桑防灾减灾及灾后恢复生产技术措施。

第一节　桑园洪涝灾害及抗洪减灾技术

一、洪涝灾害对桑园的影响

热带、亚热带地区，雨季长，雨量丰沛，年降水量较大。但降雨在时间季节、空间区域上分布不均，一些地区或一些季节暴雨频繁，甚至出现特大暴雨，使当地及其下游地区发生洪涝灾害。珠江流域的5月下旬至8月上旬，长江流域的6～8月，是暴雨频繁、洪涝灾害最集中的时间；一些地区成为暴雨中心点，江河沿岸、湖边的低水位区、低洼集雨区、库区常常遭受洪涝灾害。桑园受特大洪水冲刷，造成土壤流失，植株倒伏，桑根外露，甚至被洪水冲毁。连续暴雨，江河、湖泊、水库的水位上涨使桑园受洪水淹没，山区洼地、谷地及防洪堤内，雨水排泄不畅，使桑园受内涝淹没（见图14-1）。因受淹的程度、受淹的时间及桑品种、树龄的不同，桑园及养蚕灾害损失有显著的差异。地上部淹没越少受害越轻；洪涝淹没7天以内，洪水过后能及时排除积水的，洪水没有淹没整树、新梢能露出水面的桑树基本上均能存活，除桑叶受淹当造养蚕损失外，下一造养蚕用叶也会受到影响；桑树整树受淹没、没有芽叶露出水面，受淹10天以上，较难存活；受内涝死水淹没的桑园比流动洪水淹没的桑园更容易发生死株。另外，洪涝灾害还会造成灾区养蚕房屋设施受淹，当造养蚕受到影响；甚至养蚕房屋设施被洪水冲毁，灾区人民生命财产受到重大损失。

图 14-1　桑园洪灾（广西象州县农业农村局潘家宽提供）

二、桑园抗洪减灾技术

（一）江河沿岸及洼地建设新桑园

应提前在秋季种植，选粗壮大苗适当深栽。河岸桑园的桑行方向应与河水方向平行。种植后加强管护，使之当年成活，长出新枝，翌年春新桑能够提早发芽，争取 5 月上旬新桑园开始采叶养蚕，洪水来临前桑根已扎较深，新梢已较高；投产第一年不夏伐，注意养树，使植株形成高大树型，促进地下部向深层扩展，提高桑树自身的抗洪抗旱能力。

（二）成林桑园冬伐宜早

在冬至前 10 天进行冬伐，采用冬留长枝的剪伐方式（剪留下半年生长的枝条高 30 ～ 50 cm），重施冬肥，萌芽期及时灌溉 1 次，促进春芽早发快长，争取洪水到来之前多产叶多养蚕。

（三）洪灾后蚕桑生产的补救措施

（1）洪水退去后，尽快排除桑园渍水，防止桑园长时间浸渍。低洼桑园受内涝浸渍，应组织人力及时疏通渠道、尽快排除积水，降低地下水位，防止桑树烂根。

（2）冲刷严重，造成土壤沟蚀、桑根裸露的桑园，应尽快扶正桑树，及时填土保根促进新梢萌发。剪伐高度用低刈方式（离地面 20 ～ 30 cm）、根刈方式（平地面剪）均可。

（3）离江河较近、经常受洪水危害的低水位桑园及低洼土地常有内涝危害的桑园，如预计到还会有洪涝危害，第一次洪涝退水后不要急于夏伐降枝，以免剪伐后又受到第二次洪涝的“没顶之灾”（淹没树顶的灾害）。桑树剪伐后还没恢复树势又被洪水长时间淹没，会降低桑树自身抗涝能力，易造成桑园毁灭性灾害。此类桑园可先让桑树恢复，促进根系生长，增强树体自身抗涝耐渍能力，待汛期将过时再考虑是否夏伐降枝。

（4）大水淹过的桑园，常有淤泥沉积，土壤容易板结，但这些淤泥相当于给桑园改土施肥，利于培肥土地。待土面稍干时要及时耕翻，打碎沉积泥块，增强土壤的透气性。桑树长出新梢后增施肥料，加强管理，及时灌溉和排除积水，争取下半年多产叶、多养蚕，弥补洪涝损失。

（5）洪涝灾后，桑园易招致斜纹夜蛾等虫害发生，要注意观察桑园虫情，及时防治。斜纹夜蛾 1 ～ 3 龄幼虫有群居习性，此时在桑园巡视，人工捕捉斜纹夜蛾幼虫，可达到彻底、高效的除虫效果；斜纹夜蛾大龄幼虫抗药性及活动力很强，可用 90% 万灵可溶性粉剂 5 000 倍液（10 g 万灵粉兑 50 kg 水）喷施，杀灭效果较好，喷药后间隔 15 天才能用叶。

只要加强灾后桑园管理，重视养蚕投入，改善养蚕生产条件，全面贯彻养蚕消毒防病制度，科学养蚕，精心经营，就能夺取养蚕丰收，把洪涝灾害的损失降到最低。

第二节　桑园旱灾及抗旱减灾技术

一、热带、亚热带地区蚕桑旱灾特点

长期雨水稀少就会出现气象干旱，但气象干旱不等同于农业干旱。即使是特旱级气象干旱，如有灌溉条件，能保证土壤适宜含水量，作物就不会发生旱灾。桑树为木本植物，根系发达，扎得深、伸得远，耐旱力比水稻、麦类、甘蔗、蔬菜等作物强。在热带、亚热带地区，5 ～ 8 月是雨季，冬季为桑树落叶休眠期，此时干旱对其影响不大；蚕桑的旱灾主要是春旱和秋旱（见图 14–2）。同一地区因桑园土地类型不同、灌溉条件不同，桑园干旱程度也不同。

图 14–2　桑树旱灾

2010年春季我国西南地区发生了严重的干旱，2月至3月底云南大部分无降水或降水量极少；广西地处云贵高原边缘地带的东兰、巴马、凤山、南丹、凌云、靖西、那坡等县无降水或降水量极少；贵州省黔西南、黔南州地区降水量极少。这些地区出现重度以上气象干旱。干旱影响了桑园扩种、新桑的成活和生长，造成桑园新梢生长缓慢，桑叶产量下降，养蚕时间推迟，生产受到重大损失。

珠江流域雨季过后，雨水就稀少，8月中旬以后常出现秋旱，此时气温高、太阳辐射强度大，土壤水分蒸发大，土壤持水量小，植株蒸腾作用大，新梢芽叶容易萎蔫，植株生长缓慢，叶片提前黄落，产量明显下降。

二、桑园防旱抗旱栽培技术

（一）种植耐旱的桑树品种

杂交桑根系发达，适应性广，耐旱能力较强。近几年的春旱、秋旱，不管是在喀斯特地区的石山旱地，还是在海拔1 850 m的高山坡地种植的桂桑优12、桂桑优62、桂桑5号、桂桑6号都表现出较强的耐旱耐瘠能力和丰产性能，热带、亚热带地区应大力推广种植。

（二）改善桑园的灌溉条件，及时灌溉抗旱

加大桑园水利建设的投入，组织农民修建灌溉水渠、蓄水池塘、地头水柜，购置抽水机、输水管，做好引水、贮水等抗旱的准备工作，建立村屯联户灌溉抗旱协作机制，充分发挥水利设施作用，及时灌溉补充桑树水分，达到节水节本灌溉增收目标。

（三）桑园深耕改土、护土保墒、培肥土地

山坡旱地，较易干旱，种桑前修筑成梯地，结合挖沟填入肥土，石山瘠薄土地筑埴保土、客土垒土，增厚土层；桑园种植前及每年冬伐后深耕使土壤疏松；桑园行间铺盖或深埋秸秆、杂草，防止水土流失、蓄积水分、减少蒸发，增加土壤有机质，改良土壤，提高土壤蓄水保水能力。

（四）合理密植和剪伐，加强肥培管理

加强桑园管理，使桑园迅速形成茂密、荫蔽、湿润的小气候。热带、亚热带地区桑园种植密度以每亩6 000株为宜，新种桑园要做好淋水保苗工作，加强新桑管护，确保新桑成活，加快新桑成园投产养蚕。桑园冬伐在冬至前后进行，采用留长枝（即中刈）的剪伐形式（剪留下半年生长的枝条高30～50 cm），促进桑树提早发芽，增加发条数；开沟重施冬基肥，及时施催芽肥、追肥；促进新芽嫩梢快生快长，桑园提早封行，可有效减轻春旱危害，珠江流域常有秋旱，桑园夏伐宜早不宜迟，夏伐最适时期为6月下旬至7月下旬，此时还是雨季，夏伐后桑园土壤能保持适宜水分，桑树发芽齐、新梢生长快，桑园很快就可封行，新根也扎得深，秋旱来临时桑园已是枝叶繁茂，形成一个荫蔽的小气候，可减轻太阳热辐射，减少土壤水分的蒸发，增强桑树的耐旱能力，达到稳产高产。而8月底以后夏伐，因降雨较少，光秃秃的桑地在烈日下暴晒，土壤水分迅速蒸发，表土很快被晒干，旱情加重，影响桑树生长。

第三节　桑树冻害及防冻害技术措施

桑树属多年生、阔叶型、落叶性植物。随着一年四季气候条件的变化，桑树呈现出有规律性的发芽抽枝和落叶休眠的周期性活动，其中最明显的是一年中有生长期和休眠期两个截然不同的时期。从春季桑树发芽、开叶至秋冬落叶为止，称为生长期。每到秋末冬至，日照时数缩短，气温下降到 12 ℃以下，桑树停止生长，叶片黄落，进入休眠状态。桑树落叶休眠是对外界环境条件变化的适应，是品种固有的遗传特性，但也受光照、温度、内源激素及肥水管理影响。桑树休眠可分为自然休眠和被迫休眠，在自然休眠状态，即使具备了萌芽生长的环境条件，桑树也不会继续生长。桑树除了脱落叶片、进入冬眠状态、不萌芽生长来增强抗寒力外，更多的是植株体内的蛋白质和淀粉在酶的作用下，水解成可溶性的氨基酸和糖类，后者增加了细胞液的浓度，使细胞不易结冰，有利于加强抗寒能力。广西的桑树品种，如桂桑优 12、桂桑优 62、桑特优 2 号等具有明显的冬眠期，一般每年的 11 月底落叶进入冬眠状态。桑树冬芽萌发时间，桂南地区在 12 月底至次年 1 月中旬，桂中地区在 1 月中旬至 2 月上旬，桂北地区在 2 月上旬至 2 月下旬。这几个桑树品种的适应性较强，在广西极少发生严重的冻害。

一、冰冻灾害气候对桑树的影响

严重的冻害可直接使桑树全株死亡，说明这个桑树或这个品种不适宜在这里生长，只能改种。比严重稍轻一点的冻害不是全株死亡，虽然 100% 植株受害但只有梢端及嫩的部分变黑、干枯；再轻一点，只是部分或零星发生变黑和干枯。2008 年 1 月 12 日至 2 月 18 日广西连续遭受低温雨雪冰冻天气过程，全区各地气温为 0.9 ～ 11.5 ℃，平均气温 6.6 ℃，比常年同期偏低 4.9 ℃；全区平均气温连续 30 天低于 8 ℃，这是广西近 50 多年来没遇到过的长期低温冻害天气。一些农作物遭受严重灾害，蚕桑也受到一定的灾害影响。

（1）桑苗遭受冰雪危害后，部分苗木茎皮失水坏死导致植株枯死。秋播苗受害较重，且枯死的大多数为比较幼嫩细小的苗木。

（2）新种桑园受雨雪天气影响，造成部分新种桑苗枯死。苗木幼小的、种时埋得浅的受害较重。

（3）成林桑园受冰冻灾害天气影响的程度，依桑树品种及生长发育进程、灾害气候强弱而不同（见图 14-3）。已发芽的桑园，受低温冷冻危害，部分嫩叶、新芽受到损伤，有的幼叶、嫩芽已萎凋，但并无冻害死株，主芽、副芽、潜伏芽均保持萌发生长的活力。桂桑优 12、桂桑优 62 等桑树品种的适应性较强，桂北地区虽然出现特大的冰冻、雨雪天气，但该地区桑树还处在休眠期，冻害天气对其影响不大。雪灾的桑园见图 14-4。

（4）冰冻灾害对春季蚕茧产量影响较大。长期的冰冻灾害天气严重影响桑树生长和产叶，导致广西春季少养蚕 0.5 ～ 1 批，全区 4 月底前的发种量比上一年同期减少 51.6 万张，降幅达 27.96%，历年桑树发芽比较晚的地区，受灾相对较轻，仅少养半批蚕。

图 14-3　成林桑园受冻害

图 14-4　雪灾的桑园（李法德提供）

二、桑树防冻害技术措施

（一）桑苗防冻害技术措施

1. 适时播种，秋播育苗不宜太迟

春播育苗，因苗龄较长，桑苗生长发育充分，苗茎已木质化，组织细胞的营养积累较多，又经过自然的落叶休眠过程，耐寒能力较强。秋播育苗，苗龄较短，有的苗木苗茎尚未木质化，组织细胞的营养积累不够，耐寒能力较弱，播种越晚、苗龄越短，耐寒力越弱。秋播育苗时间应在中秋节前播种完毕。

2. 加强苗圃地管理，培育壮苗

播种后要加强水肥管理，保持苗地适宜的水分，及时追肥，促苗快长。前期（播种至小苗 6

片叶前）保持苗地畦沟有小半沟水，6 片时及时淋足水肥，苗高 30 cm 后应适当控制苗地水分，达到炼苗、控制徒长、加快木质化的作用，提高苗木耐寒能力。

3. 特殊苗圃的防冻

播种较晚、苗木幼小的苗圃，可加盖小拱膜防冻害过冬。

4. 密切注意天气预报，采取措施应对

当预报当地当晚至次晨有可能发生霜冻时，可采用熏烟防结霜，预先在桑园周围准备半干秸秆杂草等熏烟材料，每亩桑园 4 ～ 5 堆备用（每堆材料的量能熏 3 小时左右），于下半夜 2 时左右，当气温降至 3 ℃左右时，点燃柴草，笼罩整个桑园，烟幕能抑制苗圃低层热量的发散与冷空气向低层部位的沉降，可避免或在一定程度上缓解霜冻对桑苗的危害，达到预防霜冻的效果。在雪灾到来之前开通排水沟，平整畦面坑洼处，下雪后及时排除雪水，防止雪水浸泡苗木。

（二）新种桑园防冻害技术措施

1. 选择适合亚热带地区种植的高产桑品种

杂交桑桂桑优 12、桂桑优 62、桑特优 2 号具有发芽早、落叶晚、发条多、生长快、叶大叶厚、产量高等优良特性，而且适应能力较强。经过 2008 年长时间寒灾的考验，充分证明了其耐寒性、适应性。

2. 选择壮苗、适时种植、深栽覆盖

冬季是广西、广东等亚热带地区种桑的适宜季节，但要避开在霜冻、下雪时段种植；应选用苗龄较长、较为粗壮、茎已木质化的桑苗，栽植时适当深埋，覆土至根茎交接处以上 5 ～ 7 cm，实盖土，覆盖秸秆、杂草，增强桑苗耐旱、耐寒能力和再生能力。

3. 新种桑园护理

新种桑园，如遇霜冻气候，可采用熏烟驱霜；如遇雪雨，应及时排除积水。

（三）成林桑园防冻害技术措施

1. 适时冬伐

根据桑树发芽时间和历年养蚕时间来确定冬伐时间，桂南、桂中地区冬伐时间在冬至前后 10 天进行，桂北可推迟至 1 月上旬冬伐。寒冷地区可以在立春再剪伐。

2. 采用冬留长枝的冬伐形式

即冬伐时剪留夏伐后生长的枝条高 30 ～ 50 cm，可促进桑树发芽早、发芽多、发芽齐、发芽壮、新梢长势旺、桑芽再生力强，起到增强耐寒能力、有效控制桑花叶病发生、增产桑叶、提高叶质的作用。

3. 已萌芽长叶的桑园防冻

如遇霜冻天气，可在霜冻当晚至下半夜熏烟防结霜；如遇雨雪天气，应及时排除桑园冻水。虽然幼叶和嫩芽易受冻害损坏，但天气回暖后桑树的副芽、潜伏芽及新梢的腋芽均可自然萌发生长，已进行冬伐的桑园不必重新修剪。要抓住土壤湿润的有利时机，及时松土、开沟施冬基肥、追施催芽肥，促进桑树恢复旺盛生机，提高产叶量。

4. 用泥沙覆盖基部能提高耐寒抗冻能力

在沙漠和北方地区，寒冷季节用泥沙覆盖或起垄培根护根，能显著提高桑树耐寒能力。

第四节 蚕桑冰雹灾害

一、冰雹的形成和对蚕桑生产的危害

冰雹是由于天空生成强盛的积雨云，即冰雹云。冰雹云由水滴、冰晶和雪花组成，一般分为三层：最下面一层温度在 0 ℃以上，由水滴组成；中间层温度为 -20 ～ 0 ℃，由过冷却水滴、冰晶和雪花组成；最上面一层温度在 -20 ℃以下，基本由冰晶和雪花组成。在冰雹云中，上升气流变化无常，时强时弱。当上升气流比较强时，它把云的下部水滴带到云的中上层，水滴便很快变冷，凝固成小冰晶。小冰晶在下降过程中，跟过冷却水滴碰撞后，就在小冰晶身上冻结成一层不透明的冰核，这就形成了冰雹胚胎。由于冰雹云中气流升降变化很剧烈，冰雹胚胎也就这样一次又一次地在空中上下翻滚着，附着更多的过冷水滴，好像滚雪球似的，越滚越大。一旦滚成大的冰雹，在云中上升气流托不住时，它就一落千丈，从空中摔下来，即“下雹”了。冰雹云中气流强盛，强烈的上升气流不仅给冰雹云输送了充足的水汽，而且支撑冰雹粒子在云中不断增长，使它长到相当大才降落下来。

受冷暖空气的共同影响，2009 年 3 月 28 日下午 6 时许，河池市环江县思恩镇文化村、大才乡同进村等 11 个村遭受冰雹大风袭击，蚕桑受到严重危害。冰雹大风持续 10 分钟，重灾区桑树枝叶已被毁坏得七零八落，新梢、顶芽折断，桑叶、嫩芽普遍受到损坏，已无法养蚕（见图 14-4、图 14-5）。据环江县农业农村局统计，部分农户已出库蚕种，有的已收蚁养蚕，因无桑叶养蚕直接损失蚕种 1 000 多张；受灾桑园共 9 775 亩，预计少养蚕 1 ～ 2 批，减产蚕茧 700 多吨。灾区蚕农指望当年蚕桑生产有所起色，偏偏刚开始养蚕就严重受灾，蚕农痛心不已。桑枝断了，桑叶碎了，蚕农养蚕致富的信心也碎了。

图 14-5 桑园冰雹灾害（广西环江毛南族自治县农业农村局提供）

二、灾后采取的措施

（1）大力宣传蚕桑新形势，树立蚕农养蚕致富的信心。我国丝绸在纺织业具有特殊地位，外需、内需均不可缺少。随着世界经济的复苏，茧丝市场形势将有所好转。各地应把蚕茧收购最新消息广泛向蚕农宣传，使蚕农认清形势，树立信心，自觉行动，采取有效措施，灾后积极恢复生产。

（2）根据受灾情况采取相应的技术措施。

①从头来：受灾特别严重、全部枝叶受损的桑园，应及时剪枝，统一在新梢基部 20 cm 处剪伐，促使重新长芽长叶，恢复生机。但不宜用根刈法剪伐（即平地面剪伐），因为根刈法剪伐，发芽迟，芽数少，恢复较慢。

②不用从头来：少量枝条折断、部分芽叶受损的，应及时修剪断枝，扶正植株，修剪清理萎凋的芽叶，保留还未完全坏死的新梢和芽叶，使其继续发挥光合作用、长芽长叶的机能，加快植株的恢复。

（3）受灾桑园整修后，用 72% 农用链霉素 1 500 倍液加 50% 多菌灵可湿性粉剂 600 倍液全面喷洒，防治芽叶病害发生。

（4）及时施肥，促进桑树生长。开沟亩施复合肥 20 ～ 25 kg 加尿素 7 ～ 9 kg，或亩施尿素 15 kg、过磷酸钙 20 kg、氯化钾 6 kg，结合施肥盖土，进行桑根培土。

第五节　桑园污染

蚕为昆虫，桑树为蚕唯一的饲料植物，动植物因素都可能影响蚕。有些因素污染桑园会直接影响桑树的生长发育；有些因素污染桑园虽对桑树生长没有影响，但通过桑叶媒介会对蚕产生影响。这些都是桑园有害的污染。

一、氟化物污染

氟化物是造成我国大气污染的主要污染物之一。氟化物主要来源于磷肥厂、砖瓦厂、金属冶炼厂、铸造厂、水泥厂、玻璃厂、陶瓷厂、火力发电厂等。在自然界中，氟是分布极广的一个元素，在水、土壤、岩石、空气中和动植物体内都含有一定的数量。氟的化学性质非常活泼，绝大部分都以化合物的形态存在，如氟化氢、氢氟酸和四氟化硅等，大都来自含氟原料的高温处理而产生大量氟化物排放。由于氟化物对植物的毒性比较大，易排易污染，再加上氟化物被植物吸收后在体内转移和积累，并可通过食物链进入动物体中，引起动物的氟中毒，如氟化物污染了桑叶和牧草，会在部分地区造成家蚕和耕牛中毒，所以它早已为世界各地所重视和关注。

（一）氟化物污染对桑树的影响

各种植物都能从大气中吸收和积累氟，当氟的数量不太大时，不会影响生长。废气中排出的氟化物有尘氟和气氟两种。尘氟为含氟的尘埃；气氟主要是氟化氢和四氟化硅。尘氟可附着在桑树枝叶表面，而氟化氢气体等从叶片气孔进入组织后，并不马上伤害气孔附近的细胞，而是溶于体液，与机体内的水反应，形成氢氟酸，通过细胞间隙进入维管束等输导组织，并沿输导组织随蒸腾向叶尖和叶缘移动，所以桑叶叶尖、叶缘的积累量多，叶心少。氟化氢溶于叶组织内的水分中，形成氢氟酸，具有强烈的腐蚀作用，使桑叶严重受害，并流向叶尖、叶缘等部位，逐渐在叶组织内累积。氟离子还可以与组织中的钙盐、镁盐反应，形成难溶性的氟化钙和氟化镁沉淀，虽然这是桑叶的一种保护性反应，但当这些物质积累到一定程度，就会干扰酶的活性，妨碍代谢机能，严重时组织细胞失水坏死，使桑叶枯萎（见图 14–6）。

图 14–6　桑树氟化物中毒

据研究观察，很多作物对氟化物比桑树敏感，受危害比桑树严重。不同桑树品种桑叶含氟量耐受性有显著差异；桑叶含氟量与大气中氟浓度密切相关。大气没污染，桑叶含氟量是不会超标的；大气污染越大桑叶含氟量就越大，蚕受害就越重。

桑叶含氟量与桑树品种相关，不同桑树品种对大气中氟化物的吸收和累积能力有较明显的差异。同一桑枝条上的叶片，其含氟量是自上而下逐渐递增，桑叶叶龄越长，含氟量越高，对蚕的危害性越大；三眼叶因叶龄长，桑叶含氟量较高；同一桑叶不同部位的氟化物浓度分布是不均匀的，桑叶含氟量以叶片边缘最高，越往叶片中心部越低；叶片的含氟量，与氟化物进入叶片后的流向及其累积规律有密切关系。

桑叶含氟量与气象因素关系密切。排污口的下风向污染较重，风速越小污染越重。气温高、日照充足天气，单位时间内叶片吸收累积的氟化物量也高。在污染区养蚕季节，晴朗天气，氟化物污染危害较重。桑园喷灌或用清水漂洗氟污染桑叶，对降低桑叶含氟量也有明显作用。在污染区，养蚕多雨的春夏季节比干旱秋季氟化物污染危害轻。

据有关试验研究，桑叶含氟量在 76 mg/kg 时，外观尚未表现危害症状，但嫩叶含氟量达 98.5 mg/kg 或老叶含氟量达 143.5 mg/kg 时，叶缘开始出现黄褐色斑块。据报道，当桑树接触 30 μL/L 氟化氢 12 h 后，桑叶已出现危害症状（含氟量约 100 mg/kg），约 72 h 后，整张叶片开始褐变，此时的桑叶含氟量约为 250 mg/kg。桑叶对氟化氢的吸入量与外观出现危害症状之间有较高的相关性，桑叶刚出现危害症状时的含氟量为 98 ～ 107 mg/kg，而整张叶片发生褐变时的含氟量已达 205 ～ 264 mg/kg。一般认为对蚕安全的桑叶含氟量临界值为 30 mg/kg

（二）氟化物对家蚕的危害

动物的呼吸作用受到大气氟化物的影响而致死未有报道。家蚕发生氟化物中毒的主要原因是工厂向大气排放出的氟化物污染桑叶，当蚕食下这种被氟化物污染的桑叶时，就会引起中毒。不同蚕品种，或同一蚕品种但其原种、杂交种的产地不同，其幼虫耐氟性有一定差异。桑叶对家蚕安全的氟化物含量临界值为 30 mg/kg。桑叶含氟量 90 ～ 120 mg/kg，对各龄蚕均有明显的影响，会造成蚕死亡率高，结茧率低；含氟量 150 ～ 200 mg/kg，蚕食后 2 ～ 3 天，当龄死亡率达 95% ～ 100%。蚕品种之间、龄期等对氟的抗性有显著差异。

氟化物污染对家蚕的危害症状如下：

（1）氟化物中毒蚕，一般表现为小蚕期发育缓慢，食桑不旺，群体发育显著不齐，身体瘦小，常呆伏蚕座内，病蚕龄期延长（见图 14-7）。

图 14-7　家蚕氟化物中毒（闭立辉提供）

（2）皮肤多皱、体色锈黄，胸部萎缩或呈空头，节间膜处隆起，形如竹节状，或沿节间膜出现带状黑斑，甚至全身密布黑斑，黑斑处的体壁易破，流出淡黄色血液。

（3）蚕排粪困难或排念珠状粪。蚕体平伏呆滞，行动不活泼，陆续死亡，临死前有吐液现象，尸体多呈黑褐色，不易腐烂。轻度中毒蚕虽然不死，也往往因体质下降，并发病毒病。

（4）氟化物在蚕体内的积累有一个渐进过程，蚕体本身也有一定的排毒功能，所以在一定条件下家蚕氟化物中毒具有可逆性。只要蚕体上未出现环状黑斑等严重中毒症状，改用清洁桑叶后能逐渐恢复，并可吐丝结茧。

（三）防治措施

（1）桑园统一规划，合理布局。新建桑园要详细了解附近排污情况，是否有排污工厂。桑园要远距污染源。桑园要在污染源上风口，减少或避免污染源的危害；已确有污染风险，应改作他用。

（2）从源头上治理、控制污染源。关停污染严重的工厂；改革工艺流程或装备除氟装置，以减少氟化物的排放；积极开展环境监测和氟污染预报，有效应对氟污染。

（3）选育应用耐氟能力强的桑树品种和家蚕品种。饲养耐氟品种效果很好。如广西，专门选育有“桂蚕F95”耐氟品种。经省级鉴定，从4龄第2口叶开始至5龄第3天止，用含氟量280 mg/kg左右的桑叶饲养，桂蚕F95虫蛹率为90.02%，表现出较强的抗氟性；在氟污染蚕区养蚕，“桂蚕F95”共112张，平均张种产茧35.417 kg，比“两广二号”增产404.87%。

（4）消洗桑叶可有效预防氟化物中毒。蚕氟化物中毒是由于食下氟污染的桑叶，消洗桑叶，可去除叶片表面及气孔周围附着、沉积、累积、吸收的氟化物，从而消除、减轻对蚕的危害。例如，广西壮族自治区蚕业技术推广站位于南宁市郊，周围工厂林立，以前秋天养蚕经常有蚕氟化物中毒，自从推行全程消洗桑叶后已经没有蚕氟化物中毒。

（5）小蚕对氟的抵能力比大蚕弱，因此，小蚕期应尽量减少或不食用氟污染叶，不得已在氟污染桑园采叶时，应采用污染源上风向的新梢嫩叶，以减轻氟化物对小蚕的危害。

（6）大蚕采用氟污染桑叶喂饲时，最好能与清洁叶或污染轻的桑叶间隔使用。对已经受氟化物污染的桑叶，用清水洗涤或添食3%～5%的石灰浆也可减轻氟化物对蚕的危害。如发现蚕氟化物中毒，应立即改用清洁桑叶，分批提青，精心饲养，以减少损失。

（7）在氟污染地区的桑园，适当增施硅肥、镁肥等，对减轻氟化物对桑、蚕危害也有一定效果。

二、白僵菌污染

白僵病是昆虫患的一种病，其病原为丛梗孢科白僵菌属。白僵菌的生长发育周期分为分生孢子、营养菌丝和气生菌丝3个阶段。

白僵菌能分泌毒素，导致蚕迅速死亡，白僵菌对蚕的致病力最强，病势也最急。林业部门应用白僵菌作为生物农药防治松树的松毛虫害虫，已经取得很好的效果。但白僵菌使用不当会造成桑园污染，危害蚕桑生产。松毛虫白僵病见图14–8。

图14–8　松毛虫白僵病尸体

（一）白僵菌对蚕桑生产的危害

林业上所用白僵菌农药，是对松毛虫等昆虫的致病力很强的菌株，经过扩繁后生产出白僵菌农药，带有大量病原。

为了防治林木的松毛虫，用飞机喷白僵菌农药（见图 14–9），造成大片污染，其中也污染了桑园和桑叶。用叶养桑蚕，桑蚕被感染，暴发白僵病，造成“虫传蚕”（见图 14–10）。白僵病会水平传播至邻户、邻村；会垂直传播至下一造。有的病区、病户收购晾晒僵蚕，桑园施用未经无害化处理的蚕粪，造成“蚕传蚕”，加重病情，导致白僵病流行。桑蚕白僵病流行的途径见图 14–11。

图 14–9　飞机喷白僵菌农药

图 14–10　桑蚕白僵病尸体

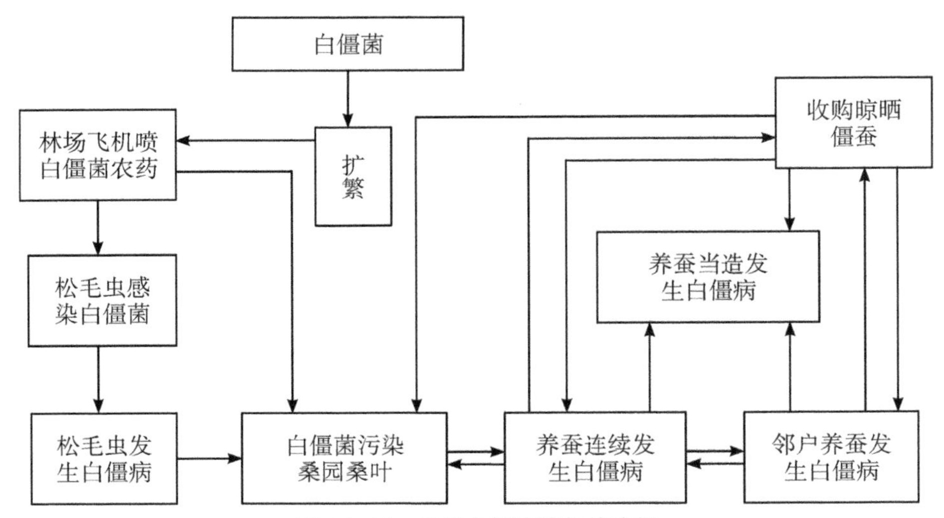

图 14-11　桑蚕白僵病流行的途径

蚕桑生产大范围流行白僵病一般都与林场用白僵菌农药防治松毛虫有关。在寒冷的冬天，桑树不生长、不长叶，即使桑园被白僵污染，由于桑园裸露，有利于阳光紫外线杀死白僵菌而降低蚕桑生产暴发流行白僵病的风险。在蚕桑生产季节，桑园桑叶在生长或使用，污染的桑叶很容易使蚕感染发病。

（二）防治措施

（1）各有关部门要与林业部门加强联系、互通信息、形成协调机制。

（2）规范白僵菌农药的使用：①在蚕区限制使用或尽量少用白僵菌农药；②应规范使用白僵菌农药，不要在蚕区使用白僵菌农药，如需在蚕区使用白僵菌农药，应在桑树休眠期间（12 月至次年 1 月）；③林区在蚕区使用白僵菌农药，应及时沟通，以便采取相应的应对措施。

（3）加强对养蚕户进行消毒防病知识的宣传和技术指导；大力宣传白僵菌农药对养蚕的危害性，提高贯彻执行白僵菌等生物农药安全使用的自觉性，提高广大蚕农自我保护的意识，密切注意林场、林地喷药治虫作业，及时制止和避免在蚕区及附近使用白僵菌农药。

（4）小蚕共育室和养蚕户要加强消毒防病工作，养蚕前和养蚕后要及时对养蚕场所、用具、环境等进行彻底消毒，严格处理病蚕尸体，严禁乱堆放蚕粪、乱晒僵蚕，保持养蚕环境卫生；养蚕期间要做好蚕体、蚕座和室内空气消毒；避免蚕座多湿诱发僵病。

（5）桑园附近林地已使用白僵菌农药，或附近林地出现不少松毛虫僵尸，或桑园桑叶有桑虫僵病尸体，说明桑叶已被白僵菌污染，这些桑叶用来养蚕，应在采叶前半天用含有效氯 0.3% 的漂白粉液（1 kg 漂白粉加 90 ～ 100 kg 水）或强氯精液（1 kg 含量 80% 的强氯精加 270 kg 水）全面喷洒消毒桑叶，杀灭黏附在桑叶表面的病原菌，避免桑叶传播蚕病。

（6）受污染的桑园适当推迟用叶。随着时间推迟和夏季高温的来临，桑园的白僵菌对桑蚕的致病力减弱，对桑蚕的危害性和引起桑蚕白僵病流行的风险下降。

三、其他毒物污染

桑园污染造成对桑蚕危害的因素还有很多，如拮抗植物污染会对桑树生长不利，除草剂污染使桑树生长不正常，土地污染使桑蚕中毒，桑园使用农药不当，药效期未过用叶使桑蚕中毒，桑园大气农药污染使蚕中毒，等等，应引起重视。

（一）拮抗物质对桑树危害

1. 危害

拮抗是一种物质（或过程）被另一种物质（或过程）所阻抑的现象，包括代谢物间或药物间的拮抗作用。一植物对另一植物的生长发育有抑制作用为植物的拮抗作用。例如，在一些树木下寸草不生。一些未知物会对桑树生长有影响。例如，新开垦的深层土地，土层虽深厚，开始时桑树并不长得好，要等其他植物长几年，把土地毒物除掉一部分后桑树才长得好。在桑苗地或附近有桉树林，桑苗成苗率很低；在桑园有桉树或附近有桉树林，桑树会患上不知名病症，生长受到影响，甚至死亡（见图 14-12）。

图 14-12　桉树林旁的桑园

2. 预防措施

（1）不在桉树林下或附近播桑苗或种桑。

（2）新开垦的土地（俗称“生地”）先种绿肥改土，或先长草，让植物自然除掉不利生长的毒物或平衡土壤成分配比，再种桑。

（3）桑园间套种选择对桑树友好的作物。新开垦的生地先种绿肥熟化（见图 14-13）。

（二）除草剂污染

1. 危害

除草剂草甘膦是一种非选择性、灭生性除草剂，对桑树的危害是很大很长久的。在桑叶生长时期，被草甘膦直接喷中的桑叶，通过吸收后传导到植物各部位，使蛋白质合成受到干扰，严重者导致植物死亡。不重者虽不死亡，剪伐后萌发畸形芽叶新梢，有的三年后此桑剪伐仍有畸形（见

图 14-14）；有的除草剂，会污染大气，进一步危害桑园。因邻地使用除草剂 2，4-D，虽然药液没喷到桑，但因污染空气，桑树也会受到微量中毒，枝条新芽叶变色变薄，节间伸长疯长（见图 14-15）。

图 14-13　新开垦的生地先种绿肥熟化

图 14-14　桑树草甘膦中毒后第二年夏伐出现的症状

图 14-15　除草剂 2，4-D 空气污染后桑树微量中毒

2. 应对措施

（1）蚕桑生产包括植物生产和动物生产两方面，使用除草剂要考虑其对桑树的影响。

（2）非选择性、灭生性除草剂草甘膦要注意安全使用。喷药时选择在伐进行，并加上桑树挡板确保桑叶不吸收。

（3）一些易挥发除草剂还要防止空气污染。喷药时要压低喷头、不在中午气温高时间喷药作业减少污染。

（三）杀虫化学农药污染

1. 危害

杀虫化学农药污染桑园的多种情况：①桑园土壤污染，由于前作根施长效农药造成桑园仍有农药残留；桑园根施农药仍有农药残留；桑园施入混有杀虫农药的肥料（即“药肥”）仍有农药残留。②桑叶喷农药仍有残留。③附近使用农药，造成桑园污染。

2. 应对措施

（1）土地种植的作物是人和动物的食物来源，要高度重视安全生产。

（2）加强宣传培训，大力宣传桑蚕农药安全使用常识，使广大蚕农懂得安全用药的知识，掌握安全用药的技术要领。桑园推荐使用残毒期较短、对养蚕安全的农药。

（3）发生农药中毒事件，应多方面查找原因。具体问题具体分析，查找引起蚕中毒的真正原因，以便制订防范蚕中毒及补救的有效措施。

（4）加强对农药、肥料的执法管理。根据《中华人民共和国农药管理条例实施办法》第四十五条，农药与肥料等物质的混合物（即“药肥”），适用《中华人民共和国农药管理条例》和《中华人民共和国农药管理条例实施办法》，因此“药肥”应按农药来管理。应严格查处没有农药登记证的含有农药的肥料产品。

（本章编写：朱方容、肖丽萍）

参考文献

[1] 吴仁儒，垄垒，樊也彰，等 . 实用桑树栽培学［M］. 成都：四川科学技术出版社，1989.

[2] 苏州蚕桑专科学校主编 . 桑树栽培及育种学［M］. 北京：农业出版社，1986.

[3] 浙江省农业科学院蚕桑研究所 . 桑树栽培技术［M］. 北京：农业出版社，1978.

[4] 浙江省嘉兴地区农业学校 . 栽桑学［M］. 北京：农业出版社，1979.

[5] 中国农业科学院蚕业研究所 . 中国桑树栽培学［M］. 上海：上海科学技术出版社，1985.

[6] 蒋猷龙 . 桑叶的发育和高产［M］. 北京：农业出版社，1980.

[7] 施炳坤，林寿康，夏明炯，等 . 中国桑树品种志［M］. 北京：农业出版社，1993.

[8] 龚垒，任德基，王勇，等 . 桑树高产栽培技术［M］. 北京：金盾出版社，1995.

[9] 鲁成，计东风，朱方容，等 . 中国桑树栽培品种［M］. 重庆：西南大学出版社，2017.

[10] 柯益富，赵正龙，楼程富，等 . 桑树栽培及育种学［M］. 北京：农业出版社，1999.

[11] 蒋文伟，钟泰林，石柏林，等 . 对 3 个桑品种生理生态特征的比较研究［J］. 蚕业科学，2007（2）：264–267.

[12] 柯裕州，周金星，张旭东，等 . 盐胁迫对桑树幼苗光合生理生态特性的影响［J］. 林业科学，2009，45（8）：61–66.

[13] 王茜龄，余茂德，徐立，等 . 人工三倍体桑树新品系光合生理的研究［J］. 西南大学学报（自然科学版），2008，30（7）：93–97.

[14] 王茜龄，余茂德，鲁成，等 . 果叶兼用多倍体新桑品种的选育及其光合特性研究［J］. 中国农业科学，2011，44（3）：562–569.

[15] 楼程富 . 不同叶位桑叶的光合速率和蒸腾强度［J］. 蚕桑通报，1985，16（4）：14–17.

[16] 林强，扈东青，方荣俊，等 . 桑树光合系统Ⅰ psaE 基因的克隆及表达分析［J］. 蚕业科学，2010，36（3）：377–382.

[17] 扈东青，林强，戴瑞强，等 . 桑树光合系统Ⅱ MPsbR 基因的克隆及在不同部位表达分析［J］. 西南农业学报，2011，24（2）：560–565.

[18] 余茂德，于适高，刘永久，等 . 人工三倍体桑品种嘉陵 16 号叶绿素含量及光合速率的比较分析［J］. 蚕业科学，1999，25（3）：190–191.

[19] 谌晓芳 . 鸡桑叶片光合速率和气孔导度及微气象因子的相关性分析［J］. 中国农学通报，2008，24（11）：197–201.

[20] 谌晓芳，任迎虹，罗蔓 . 影响桑叶片光合速率的因素分析［J］. 现代农业科技，2008（20）：12–13.

[21] 许楠，孙广玉 . 低温锻炼后桑树幼苗光合作用和抗氧化酶对冷胁迫的响应［J］. 应用生态学报，2009，20（4）：761–766.

[22] 楼程富 . 桑叶不同含水量与光合速率、蒸腾强度及气孔阻力的关系［J］. 蚕业科学，1984，10（3）：129–138.

[23] 任迎虹 . 干旱胁迫对不同桑品种保护酶和桑树生理的影响研究［J］. 西南大学学报（自然科学版），2009，31（4）：94–99.

[24] 梁铮 . 构树和桑树对聚乙二醇诱导的干旱以及低磷的生理响应［D］. 苏州：苏州大学，2010.

[25] 刁丰秋，章文华，刘友良 . 盐胁迫对大麦叶片类囊体膜脂组成和功能的影响［J］. 植物生理学报，1997，23（2）：105–110.

[26] 宋尚文，孙明高，吕延良，等 . 盐胁迫对 3 个桑树品种幼苗光合特性的影响［J］. 西南林学院学报，2010，30（3）：20–23.

[27] 刘政军，谷淑波，王开运，等 . 不同剂型溴虫腈对桑叶光合特性及叶质的影响［J］. 蚕业科学，2009，35（2）：362–366.

[28] 伊藤大雄 . 普通桑和密植桑的桑树行向与 CO_2 收支［R］. 日蚕 61 次讲要，1991.

[29] 久野胜治 . 氮施用量对桑叶光合作用及形态变化的影响［J］. 研究成果报告书，1983（3）：2–25.

[30] 伊藤光政 . 环割对桑树 14 C 光合产物运转及光合速率的影响［J］. 日本蚕丝学杂志，1982，51（6）：469–473.

[31] 失泽盈男，等 . 环状剥皮对桑树光合速率及碳水化合物的输送、蓄积的影响［J］. 蚕丝昆虫研报，1990（1）：71–79.

[32] 冼幸夫，等 . 残叶对桑叶光合速率和无机成分的影响［R］. 日蚕关东支部第 37 次讲演要旨，1986.

[33] 学增，郑小坚 . 湖桑条桑收获研究［J］. 江苏蚕业，1991（2）：16–18.

[34] 佐藤光政 . 桑树光合作用及光合产物运转的研究：Ⅱ剪去新梢、摘去腋芽对留存叶的光合速率［R］. 日本作物学会纪事，1971，40（4）：525–529.

[35] 罗国庆，肖更生，唐翠明，等 . 多倍体桑的光合作用特性［J］. 广东蚕业，1998，32（3）：62–65.

[36] 钟勇玉，杜军宝，薛三勋，等 . 土壤缺硼对桑叶光合作用和呼吸作用的影响［J］. 西北农业学报，1996，5（1）：58–62.

[37] 林寿康，吕志强，吴云翔，等 . 赤霉素和乙烯利对桑花性的影响［J］. 蚕桑通报，1993，24（3）：20–21.

[38] 林寿康，吕志强，计东风，等 . 桑树新品种农桑 12 号、农桑 14 号的育成［J］. 蚕业科学，2001，27（3）：210–213.

[39] 王登成 . 西藏桑树资源考察：桑种资源及其分布［J］. 蚕业科学，1985，11（3）：129–133.

[40] 朱方容，雷扶生，林强，等 . 桑树品种资源的收集引进与创新研究［J］. 广西蚕业，2009，46（3）：8–14.

[41] 谢桂萍，夏跃明 . 桑园 N、P、K 肥的施用及缺肥诊断［J］. 云南农业，2020（2）：66–68.

[42] 李奕仁 . 桑叶叶质判断中的层次、方法与问题 [J] . 国外农学：蚕学，1988（2）：7–11.
[43]朱方容，陆瑞好，胡乐山，等. 广西桑树品种 2002 — 2006 年区域试验报告[J]. 广东蚕业，2007，41（3）：14–22.
[44] 朱光书，朱方容. 桑树多倍体杂交组合叶质养蚕测试分析 [J]. 广西蚕业，2010，47（3）：1–6.
[45] 朱光书，朱方容. 38 个桑树多倍体杂交组合的叶质鉴定 [J]. 蚕业科学，2013，39（3）：614–619.
[46] 周若梅 . 按家蚕绝食生命时数的叶质鉴定 [J]. 蚕业科学，1982，8（4）：186–192.
[47] 王泽林，陈继久. 种茧育桑园测土配方施肥比例的试验初报 1. 春季不同施肥比例对桑叶产质量的影响 [J]. 四川蚕业，2009，37（2）：19–22.
[48] 王泽林，陈继久. 种茧育桑园测土配方施肥比例的试验初报 2. 夏秋季不同施肥比例对桑叶产质量的影响 [J]. 四川蚕业，2009，37（4）：23–27.
[49] 王泽林，陈继久. 种茧育桑园测土配方施肥比例的试验初报 3. 冬季不同施肥比例对土壤理化性状的影响 [J]. 四川蚕业，2010，38（3）：19–21.
[50] 王泽林 . 浅析影响桑叶产质量的主要因素及对策 [J]. 四川蚕业，2011，38（4）：57–58.
[51] 王泽林. 桑黑枯型细菌病的防治方法 [J]. 蚕学通讯，2011，31（1）：26–27.
[52] 王泽林. 桑树褐斑病的药剂防治效果初报 [J]. 四川蚕业，1999，27（1）：25–26.
[53] 冯跃平，王泽林. 桑蓟马生活习性及防治措施 [J]. 蚕学通讯，2010，30（3）：28–29.
[54] 罗平，黄汉达，滕色伟，等 . 桑园套种马铃薯“三高”技术试验初报 [J] . 广西蚕业，2011，48（2）：55–57.
[55] 姜铭北，余爱珍 . 桑园套种绿肥效益好 [J] . 杭州农业科技，2008（4）：33.
[56] 彭晓虹 .新栽桑园套种早大豆、花生栽培技术 [J] . 蚕桑茶叶通讯，2011（1）：10–11.
[57] 毛平生，叶武光，姚金宝，等 . 桑园套种竹荪栽培技术 [J] . 蚕桑茶叶通讯，2011（6）：14–15.
[58] 杜周和，左艳春，严旭，等 . 饲料桑草本化栽培及其在畜禽养殖中的应用 [J] . 中国人口 · 资源与环境，2015，25（S2）：413–416.
[59] 左艳春，杜周和，严旭，等 . 饲料桑青贮技术 [J] . 现代农业科技，2018（4）：225，228.
[60] 杜光波 . 饲料桑在家禽和肉羊上的应用前景 [J] . 中国畜禽种业，2019（10）：178–179.
[61] 王诚，王彦平，崔太昌，等 . 猪用青贮饲料桑饲喂技术产业化开发的重要意义和亟待解决的几个技术问题 [J] . 猪业科学，2019，36（4）：120–123.
[62] 孙双印 . 饲料桑高产栽培数学模型及优化研究 [D] . 北京：北京林业大学，2008.
[63] 谈建中，皇甫兴成，是丰，等 . 草本化栽培桑园施肥技术的研究 [J] . 中国蚕业，2005，26（1）：14–17.
[64] 聂良文，曾燕蓉，陆瑞好，等 . 广西牧用型桑树适宜栽植密度及收获枝条长度初探 [J] . 广西蚕业，2017，54（4）：54–58.
[65] 曾燕蓉，聂良文，潘启寿，等 . 广西桑微贮饲料应用模式与经济效益调查分析 [J] . 广西蚕业，2017，54（4）：59–66.

[66] 陈荣强，雷小文，黄际发，等．饲料桑在赣南丘陵山区试种效果[J]．江西畜牧兽医杂志，2019（5）：31-32.
[67] 赵梅梅，张照新，庄英，等．传统蚕桑产业转型的新途径：饲料桑[J]．中国蚕业，2014，35（4）：79-81.
[68] 梁贵秋，吴婧婧，沈蔚，等．桑葚鲜果的营养分析与评价[J]．现代农业科技，2011（16）：320-321.
[69] 朱方容，陆瑞好．广西蚕桑品种创新及其繁育体系可持续发展对策[J]．中国蚕业，2007，28（1）：8-13.
[70] 朱方容，陈日彩，田智得．杂交桑直播套种成园，当年大收益[J]．广西蚕业，2000（4）：25-26.
[71] 朱方容，胡乐山，何彬，等．桑树不同品种和冬伐形式对花叶病抗性的影响[J]．植物保护学报，2000（3）：255-260.
[72] 朱方容，沈昌平，雷扶生，等．桑树对花叶病抗性遗传规律的研究[J]．遗传，1999，21（3）：34-36.
[73] 朱方容，何彬，林强，等．冬伐形式对桑树的花叶病抗性及春叶产量和叶质影响的研究[J]．蚕业科学，1999，25（3）：135-140.
[74] 朱方容，林强，朱光书，等．桑园条桑收获与片叶收获的产量和效益比较[J]．蚕业科学，35（3）：700-709.
[75] 朱方容，祁广军，林强，等．冰冻灾害对广西蚕业影响的研究[J]．广西农学报，2008（S1）：64-69.
[76] 朱方容，陆瑞好．桑树缺铁性黄化病的诊治[J]．广西蚕业，2002（3）：30-31.
[77] 崔为正，王彦文，张升祥，等．杂交桑草本式栽培全年条桑收获及饲料价值鉴定[J]．蚕业科学，2013（3）：420-423.
[78] 李法德．草本桑割捆机的批量化生产及全国推广应用[J]．蚕学通讯，2019（3）：54.
[79] 滕少花，梁英彩，赖志强．等．优良豆科牧草紫花苜蓿 WL-525 在广西地区引种利用研究[J]．黑龙江畜牧兽医，2015（4）：126-131.
[80] 滕少花，赖志强，梁英彩．等．不同施肥量对桂牧 1 号杂交象草产量的影响[J]．广西畜牧兽医，2004（2）：206-207.

后 记

本书终于要出版了，写几年才完成。印象中应该是2014年，当时设计了目录和大纲，落实了编写人员并做了分工。开始的时候就否定了写成小丛书的方案，认为小丛书太小，不利于走向全国、走出中国，后来因事情太多，就一直没完成。

2016年申请科技项目，被广西科学技术厅列入重点项目并立项（编号：桂科AB16380159），项目设立编写专著及编列了出版经费，对此资助表示感谢！

后来想到要有担当，既然当初承诺了就要努力去完成，编写书稿是力所能及的工作。2019年本书的编写工作重新开始，经过两年多时间最终完成共14章书稿。在编写过程中，广西蚕业技术推广站的领导给予了大力支持，很多同行热情提供了照片，在此一并表示衷心感谢！

2021年春节前看到陕西省安康市的一幅关于桑园冬季管理的照片（陈正余摄），当地桑园冬季管理十分认真，草除得光，地做了深耕，每株桑树的基部都进行了刷白除虫防病，桑园管理非常标准、专业。我向作者索要了照片，得到支持，现通过本书跟大家分享。山东省李法德教授等研制的条桑收获机械是最新成果，我也通过本书向读者介绍。在此感谢他们！

随着工业化和城市化的发展，很多原有桑园已经消失，很多传统农具也已经很难寻找到。本书通过大量的图片，把桑树栽培的许多过程记录了下来，除了使读者易懂、会做外，也想把桑园、产品、设施、设备、工艺、技术记录下来，当然，也想把全体编写人员的工作尽量记录下来，顺带感谢大家！

朱方容

2021年5月30日

于南宁